高等职业院校教学改革创新示范教材·数字媒体系列

HTML+CSS+JavaScript 网页客户端程序设计

谢英辉　主　编

胡胜丰　雷军环　彭维捷　刘灿勋　副主编

電子工業出版社

Publishing House of Electronics Industry

北京·BEIJING

内容简介

本书通过一个完整的门户网站项目全面系统地介绍了使用HTML+CSS+JavaScript技术来制作静态网站的方法，内容包括网站开发流程和相关岗位职责与要求、HTML+CSS+JavaScript的基本语法、网页客户端开发方法与技巧、网站的部署和运营等。本书以"讲清语法、学以致用"为指导思想，秉承"教、学、做合一"的原则，以"激发学者兴趣"为着眼点，认真组织内容，精心设计案例。书中内容浅显易懂并且实用，不仅仅将笔墨着力于语法讲解上，还通过一个个鲜活、典型的小实例，以及完整的门户网站来贯穿全书，达到学以致用的目的。同时又紧跟HTML5与CSS3的最新发展动态，适应性和实战性较强。

本书可作为高职院校计算机相关专业的网站制作、客户端程序设计等课程的教材，也可作为网页制作初学者的入门教程，以及为网站建设的专业人士提供一些参考。本书的配套资源包括PPT课件、书中案例源文件和整体门户网站源代码，请登录华信教育资源网（http://www.hxedu.com.cn）免费下载。

图书在版编目（CIP）数据

HTML+CSS+JavaScript网页客户端程序设计 / 谢英辉主编. —北京：电子工业出版社，2014.1
高等职业院校教学改革创新示范教材·数字媒体系列
ISBN 978-7-121-21994-8

Ⅰ. ①H… Ⅱ. ①谢… Ⅲ. ①超文本标记语言－程序设计－高等职业教育－教材②网页制作工具－高等职业教育－教材③JAVA语言－程序设计－高等职业教育－教材 Ⅳ. ①TP312②TP393.092

中国版本图书馆CIP数据核字(2013)第280442号

策划编辑：左　雅
责任编辑：左　雅　　特约编辑：朱英兰
印　　刷：三河市兴达印务有限公司
装　　订：三河市兴达印务有限公司
出版发行：电子工业出版社
　　　　　北京市海淀区万寿路173信箱　邮编　100036
开　　本：787×1 092　1/16　印张：17.5　字数：448千字
版　　次：2014年1月第1版
印　　次：2016年3月第2次印刷
定　　价：35.00元

凡所购买电子工业出版社图书有缺损问题，请向购买书店调换。若书店售缺，请与本社发行部联系，联系及邮购电话：（010）88254888。

质量投诉请发邮件至zlts@phei.com.cn，盗版侵权举报请发邮件至dbqq@phei.com.cn。

服务热线：（010）88258888。

前　　言

本书适合的读者

本书通过一个整体门户网站项目来讲解 HTML、JavaScript 和 CSS 的基本语法，书中每个知识点都有一个鲜活、典型的小实例，并在每章后面有一节为知识综合案例，使读者能够学以致用。本书可作为高职高专相关专业的教材和网页制作初学者的入门教程，同时也可为网站建设的专业人士提供一些参考。

为什么要学习 HTML、JavaScript 和 CSS 技术

Internet 又称因特网，是全球性的网络，是一种公用信息的载体，这种大众传媒比以往的任何一种通信媒体都要快，它缩短了人与人之间的距离，而网站就是 Internet 中信息载体的宿主单元，网站中的网页是人与人交流的主要窗口，因此，作为计算机相关专业的学生，无论是专业的网站设计人员，还是网站爱好者，都应该掌握一定的网站建设与制作技术。

如今建设互联网的各种新技术层出不穷并且日新月异，但有一点是肯定的，不管是采用什么技术设计的网站，用户在客户端通过浏览器打开看到的网页都是静态网页，都是由 HTML、JavaScript 和 CSS 技术构成的，所以如果想从事网页设计或网站管理相关工作，就必须学习 HTML、JavaScript 和 CSS 技术，哪怕只是简单地了解，因为这些技术是网页制作技术的基础和核心。

本书特色

（1）针对性强、实用性强。

本书的编者都有 10 年以上专业教学经验，3 年以上软件企业项目开发与企业管理经验，教材的编写是在大量的企业需求调查、学校学生调查的基础上进行的，重点讲解了 HTML、JavaScript 和 CSS 网站客户端技术。

在本书的编写中，本着“学生会学、教师好教、企业需要”的原则，注意理论与实践的一体化，并注重实用性。每个知识点的介绍通过理论介绍、案例源代码、运行效果和源代码解释 4 个步骤完成。每章有一个综合案例，综合案例针对软件企业项目开发过程来讲解，步骤为提出问题、分析问题、解决问题，实用性强。同时为了学生扩展能力的培养，每章还安排了学生任务扩展的项目实训。

（2）精心设计，理论与案例实训完美结合。

本书介绍了 HTML 语言、JavaScript 脚本、CSS 样式三方面的知识，将教材分为 15 章，每章的讲解都是先讲解理论知识，再介绍小案例，最后以完整网站项目贯通详解。同时，本书试图为读者描绘一幅 HTML、CSS、JavaScript 的角色图，即三者在网页制作这个大的生态环境中各自扮演的角色。其中，HTML 是网页制作的主要语言，是页面的基础架构；CSS 简称样式表，是目前唯一的网页页面排版样式标准，它能使任何浏览器都听从指令，可开发 Internet 客户端的应用程序；JavaScript 是基于对象和事件驱动并具有相对安全性的客户端脚本语言，主要用来给 HTML 网页添加动态功能，比如响应用户的各种操作、减轻服务器端压力等。

设计网站时需要利用相关工具来完成，好的工具能使设计者事半功倍，目前比较流行的网页设计工具是 Dreamweaver，利用 Dreamweaver 进行网页设计在本书中有详细介绍。

设计出来的网站，必须能通过浏览器访问，甚至能通过 Internet 来访问，所以网站必须要部署与发布，有局域网或 Internet 发布，发布需要熟悉过程和一些网络术语，在本书中也有详细介绍。

了解了以上内容，可以使读者理清思路，避免盲目学习，不会有盲人摸象的感觉。

致谢

本书的编写过程是一个不断解决问题和完善的过程，所有参加教材编写的老师都是尽心尽力，利用宝贵的休息时间来编写，是他们对本书编写进行了大量的调研，多次审订，并提出宝贵的修改意见，才使得本书得以顺利出版，在此表示忠心的感谢，同时也感谢书后参考文献的所有作者们，感谢他们的资料给予本书的引导作用。

本书由谢英辉任主编并负责教材总体设计与统稿，胡胜丰、雷军环，彭维捷，刘灿勋任副主编，参与了本书的编写工作和相关资料的整理工作，其中，谢英辉编写了第 1、2、3、13、14、15 章，胡胜丰编写了第 8、9、10、11、12 章，雷军环编写了第 4、5 章，彭维捷编写了第 6 章，刘灿勋编写了第 7 章。

本书的结构是一种新的尝试，能否得到同行的认可，能否给教学带来新的感受，都要经过实践的检验。由于作者水平有限，错误之处在所难免，恳请各位读者给予批评和指正。

编　者

目 录

CONTENTS

第1章 网站部署与发布及设计分析

基本介绍

软件开发设计有一个严格的过程，即软件开发流程。软件开发流程是软件设计思路和方法的一般过程，包括设计软件的功能和实现的算法及方法、软件的总体结构设计和模块设计、编程和调试、程序联调和测试，以及编写、提交程序。软件项目的开发实践表明，软件开发各个阶段所需要的技术人员类型、层次和数量是不同的，在软件开发过程中，人员的选择、岗位分配和组织是决定软件开发效率、软件开发进度、软件开发过程管理和软件产品质量的重大因素。而网站部署与发布是把信息放在局域网或 Internet 上，让用户可以通过浏览器在局域网或 Internet 上访问。

需求与应用

对于软件企业来说，软件过程是整个企业最复杂、最重要的业务流程，软件产品就是软件企业的生命，改进整个企业的业务流程，最重要的还是要改进它的软件开发流程。目前，中国软件产业之所以落后，不是因为技术落后，而是对软件生产过程的管理落后。

某网络服务提供商公司招聘一职位，需要该职位的员工专门负责个人或企业租用该公司 Web 服务器在 Internet 上发布门户网站的工作。该职位技术需求为了解万维网、Web 网页、网站、IP 地址、域名等基本知识，掌握利用 IIS 部署发布网站的整个流程。

学习目标

- 了解万维网、Web 网页、网站、IP 地址、域名的基本概念。
- 掌握 IIS 的安装。
- 掌握利用 IIS 发布网站的方法。
- 认识软件开发流程。
- 了解软件开发过程中的岗位需求情况。
- 建立模拟项目团队。

1.1 网页的基本概念

1. Internet 网络与万维网

Internet，中文正式译名为因特网，又称国际互联网，起源于美国 20 世纪 60 年代末。它是由那些使用公用语言互相通信的计算机连接而成的全球网络。只要连接到它的任何一个节点上，就意味着你的计算机已经连入 Internet 了。

万维网（World Wide Web，简称为Web或WWW）是一个资料空间。在这个空间中，所有资料采用统一资源标识符（Uniform / Universal Resource Locator，URL）来标识，每个URL由通信协议、通信主机服务器和服务器上的资源路径所组成，如电子工业出版社的留言簿的URL为http://cbjj.phei.com.cn/bbs/index.jsp，其中，cbjj.phei.com.cn为服务器（这里采用的是唯一的域名），bbs/index.jsp为服务器上的资源路径。

2. 网页

网页（Web Page）是一个文件，是构成网站的基本元素，是承载各种网站应用的平台，它存放在世界某个角落的某一台计算机中，而这台计算机必须是与因特网相连的。网页由网址（URL）来识别与存取，当我们在浏览器中输入网址后，经过一段复杂而又快速的程序，网页文件会被传送到你的计算机上，然后再通过浏览器解释网页的内容，最后展示到你的眼前，它是万维网中的一“页”，是超文本标记语言格式的文件（文件扩展名为.html或.htm，.asp或.aspx，.php或.jsp等）。网页通常用图像文档来提供图画，网页要通过浏览器来阅读。

3. 网站

网站（Web Site）开始是指在因特网上，根据一定的规则，使用HTML等工具制作的用于展示特定内容的相关网页的集合。简单地说，网站是一种通信工具，人们可以通过网站来发布自己想要公开的资讯，或者利用网站来提供相关的网络服务。人们可以通过网页浏览器来访问网站，获取自己需要的资讯或者享受网络服务。衡量一个网站的性能通常从网站空间大小、网站位置、网站连接速度（俗称“网速”）、网站软件配置、网站提供服务等几方面来考虑，最直接的衡量标准是网站的真实流量。

网站是因特网上一块固定的面向全世界发布消息的地方，由域名（也就是网站地址）和网站空间构成，通常包括主页和其他具有超链接文件的页面。

4. Web标准

Web标准不是某一个标准，而是一系列标准的集合。网页主要由三部分组成：结构（Structure）、表现（Presentation）和行为（Behavior）。对应的标准也分三方面：结构化标准语言主要包括XHTML和XML，表现标准语言主要包括CSS，行为标准主要包括对象模型（如W3C DOM）、ECMAScript等。这些标准大部分由W3C起草和发布，也有一些是其他标准组织制定的标准，比如ECMA（European Computer Manufacturers Association）的ECMAScript标准。Web标准用来创建和解释基于Web的内容。这些规范是专门为了那些在网上发布的可向后兼容的文档所设计，使其能够被大多数人访问。

5. IP地址

IP是英文Internet Protocol的缩写，意思是“网络之间互连的协议”，也就是为计算机网络相互连接进行通信而设计的协议。在因特网中，它是能使连接到网上的所有计算机网络实现相互通信的一套规则，规定了计算机在因特网上进行通信时应当遵守的规则，IP协议也可以称为“因特网协议”。

所谓IP地址就是给每台连接在Internet上的主机分配的一个32位二进制表示的唯

一的地址（也叫 IPv4），而采用二进制表示太难记忆，所以采用十进制进行表示，分为 4 个字节，每个字节为 8 位，字节与字节间用“.”分隔，每个字节十进制数的范围为 0～255。如一个采用二进制形式的 IP 地址是“00001010000000000000000000000001”，用十进制表示为“10.0.0. 1”。IP 地址编址方案将 IP 地址空间划分为 A、B、C、D、E 五类，其中 A、B、C 是基本类，D、E 类作为多播和保留使用。

A 类 IP 地址由 1 字节的网络地址和 3 字节的主机地址组成，网络地址的最高位必须是 0，地址范围为 1.0.0.0～126.0.0.0。可用的 A 类网络有 126 个，每个网络能容纳 1 亿多个主机。B 类 IP 地址由 2 字节的网络地址和 2 字节的主机地址组成，网络地址的最高位必须是 10，地址范围为 128.0.0.0～191.255.255.255。可用的 B 类网络有 16 382 个，每个网络能容纳 6 万多个主机。C 类 IP 地址由 3 字节的网络地址和 1 字节的主机地址组成，网络地址的最高位必须是 110，范围为 192.0.0.0～223.255.255.255。C 类网络可达 209 万余个，每个网络能容纳 254 个主机。

由于因特网的蓬勃发展，IP 地址的需求量愈来愈大，使得 IP 地址的发放愈趋严格，各项资料显示全球 IPv4 地址将可能在 2015 至 2025 年间全部发完。地址空间的不足必将妨碍因特网的进一步发展。为了扩大地址空间，拟通过 IPv6 重新定义地址空间。IPv6 采用 128 位地址长度。在 IPv6 的设计过程中除了一劳永逸地解决了地址短缺问题以外，还解决了在 IPv4 中不好的其他问题。

6. 域名

域名（Domain Name），是由一串用点“.”分隔的名字组成的 Internet 上某一台计算机或计算机组的名称，用于在数据传输时标识计算机的电子方位（有时也指地理位置），一个域名，它定义了行政自主权、权力或控制因特网的境界。域名是一个 IP 地址上的“面具”。域名是便于记忆和沟通的一组服务器的地址（网站、电子邮件、FTP 等）。域名作为力所能及和难忘的因特网参与者的名称，如计算机网络和服务。世界上第一个域名是在 1985 年 1 月注册的。

通俗地说，域名就相当于一个家庭的门牌号码，别人通过这个号码可以很容易地找到您，和 IP 地址一样，域名也具有唯一性，采用域名映射关系和 IP 地址唯一对应，在访问某个网站时，只需要输入域名就可访问，解决了 IP 地址太难记忆，不方便在访问时输入的问题。

域名可分为不同级别，包括顶级域名、二级域名等。顶级域名又分为国家顶级域名和国际顶级域名两类。

国家顶级域名（national Top-Level Domainnames，nTLDs），200 多个国家都按照 ISO3166 国家代码分配了顶级域名，例如中国是 cn，美国是 us，日本是 jp 等。

国际顶级域名（international Top-Level Domainnames，iTLDs），如表示工商企业的.com，表示网络提供商的.net，表示非营利组织的.org 等。大多数域名争议都发生在.com 的顶级域名下，因为多数公司上网的目的都是为了赢利。为加强域名管理，解决域名资源的紧张，Internet 协会、Internet 分址机构及世界知识产权组织（WIPO）等国际组织经过广泛协商，在原来三个国际通用顶级域名的基础上，新增加了 7 个国际通用顶级域名：firm（公司企业）、store（销售公司或企业）、web（突出 WWW 活动的单位）、arts（突出文化、娱乐活动的单位）、rec（突出消遣、娱乐活动的单位）、info（提供信息服务的单位)、nom（个人），并在世界范围内选择新的注册机构来受理域名注册申请。

二级域名是指顶级域名之下的域名，在国际顶级域名下，它是指域名注册人的网上名称，例如 ibm、yahoo、microsoft 等；在国家顶级域名下，它是表示注册企业类别的符号，例如 com、edu、gov、net 等。中国在国际互联网络信息中心（Inter NIC）正式注册并运行的顶级域名是 cn，这也是中国的一级域名。在顶级域名之下，中国的二级域名又分为类别域名和行政区域名两类。类别域名共 6 个，包括用于科研机构的 ac，用于工商金融企业的 com，用于教育机构的 edu，用于政府部门的 gov，用于互联网络信息中心和运行中心的 net，用于非营利组织的 org。而行政区域名有 34 个，分别对应于中国各省、自治区和直辖市。

三级域名用字母（A～Z，a～z）、数字（0～9）和连接符（-）组成，各级域名之间用实点（.）连接，三级域名的长度不能超过 20 个字符。如无特殊原因，建议采用申请人的英文名（或者缩写）或者汉语拼音名（或者缩写）作为三级域名，以保持域名的清晰性和简洁性。

7. ISP 互联网服务提供商

ISP（Internet Service Provider），互联网服务提供商，即向广大用户综合提供互联网接入业务、信息业务、和增值业务的电信运营商。ISP 是经国家主管部门批准的正式运营企业，受国家法律保护。中国三大基础运营商为中国电信、中国移动和中国联通。

（1）中国电信：拨号上网、ADSL、1X、CDMA1X，EVDO rev.A、FTTx。

（2）中国移动：GPRS 及 EDGE 无线上网、TD-SCDMA 无线上网、一少部分 FTTx。

（3）中国联通：GPRS、W-CDMA 无线上网、拨号上网、ADSL、FTTx。

中国电信重组之后，中国网通并入中国联通，剔除中国联通 CDMA，组成新联通；中国铁通并入中国移动，成为其旗下全资子公司；中国联通 CDMA 并入中国电信组成新电信。

8. IIS Web 服务器

IIS 是 Internet Information Services（互联网信息服务）的缩写，是一个 World Wide Web server。Gopher server 和 FTP server 全部包容在 IIS 里面。IIS 意味着能发布网页，并且由 ASP（Active Server Pages）、Java、VBscript 产生页面，有一些扩展功能。IIS 支持一些有趣的东西，像有编辑环境的界面 FrontPage、有全文检索功能的 Index Server、有多媒体功能的 Net Show。IIS 是随 Windows NT Server 4.0 一起提供的文件和应用程序服务器，是在 Windows NT Server 上建立 Internet 服务器的基本组件。它与 Windows NT Server 完全集成，允许使用 Windows NT Server 内置的安全性及 NTFS 文件系统建立强大灵活的 Internet/Intranet 站点。IIS 是一种 Web（网页）服务组件，其中包括 Web 服务器、FTP 服务器、NNTP 服务器和 SMTP 服务器，分别用于网页浏览、文件传输、新闻服务和邮件发送等方面，它使得在网络（包括因特网和局域网）上发布信息成了一件很容易的事。

1.2 网站的发布与测试

1.2.1 在实验室或局域网内部发布 HTML 页面

本地的 HTML 页面可以直接用浏览器打开显示，但如果想要让局域网（比如同一个办公室或机房教室）里的其他机器访问该 HTML 页面的话，就必须用 Web 服务器进行发布，发布过程如下。

1. 安装 IIS Web 服务器

IIS 作为当今流行的 Web 服务器之一，提供了强大的 Internet 和 Intranet 服务功能，它是 Windows 平台服务器的首选 Web 服务器。IIS 通过超文本传输协议（HTTP）传输信息，还可配置 IIS 以提供文件传输协议（FTP）和其他服务，如 NNTP 服务、SMTP 服务等。IIS 在 Web 服务器阵营里一直稳居 Number 2 的位置，其安装步骤如下。

打开“控制面板”→“添加/删除程序”→“添加/删除 Windows 组件”→按图 1-1 设置操作→按提示提供 Windows 安装盘并完成安装。

2. 利用 IIS Web 服务器部署 HTML 页面

IIS 服务器默认 Web 站点的主目录是“c:\InetPub\wwwroot”，而实际要发布的信息是存放在其他目录下的，如“d:\soft\example”，这时，就需要在“默认 Web 站点”创建一个虚拟目录，实际上虚拟目录（如 example）并不是一个真正存在的目录，它是实际的物理路径（如 c:\InetPub\example）的别名，文件是存放在实际的物理路径下的，而在 IIS 服务器中，是以虚拟目录进行管理的，与物理路径无关。用户在浏览器中用虚拟目录名来访问实际的物理路径目录，这样做比较安全，用户不知道文件在服务器中的实际位置，并且不能用此信息修改文件。Web 服务器部署过程如下。

打开“控制面板”→“性能与维护”→“管理工具”→“Internet 信息服务”→按如图 1-1 所示设置操作→“下一步”→输入要访问网站的别名如“web”→“下一步”→选择页面或网站所在的文件夹→“下一步”→“下一步”→“完成”。关键步骤如图 1-2 和图 1-3 所示。

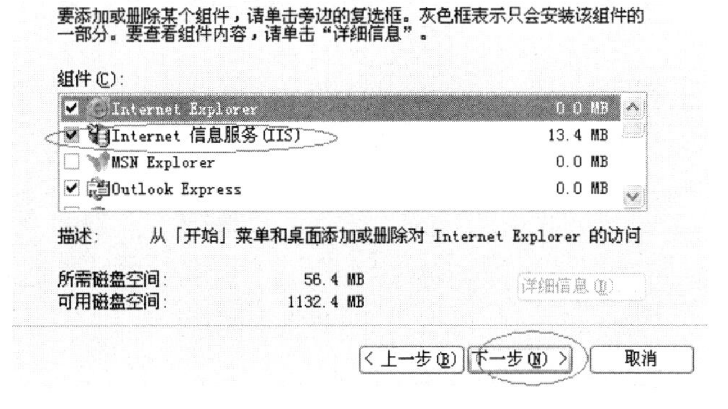

图 1-1 添加 IIS Web 服务器

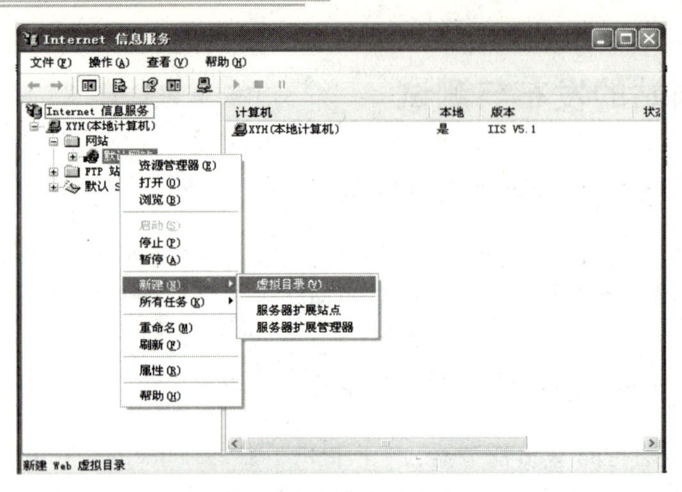

图 1-2　新建虚拟目录

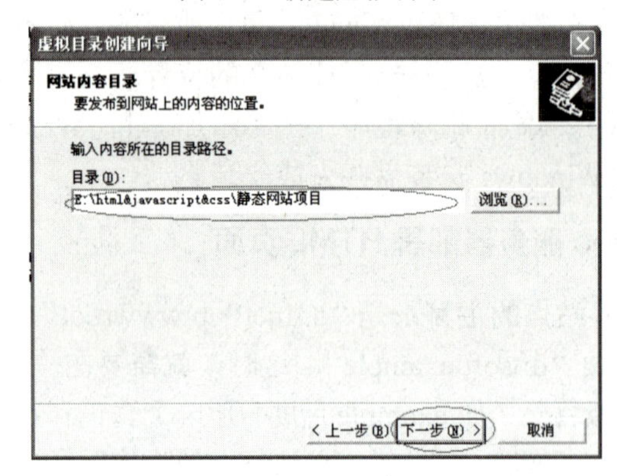

图 1-3　选择要发布网站所在的目录

3. 用浏览器访问网站

当用 IIS 服务器部署完项目后，就可以用浏览器访问网页了。打开浏览器后，在地址栏中输入访问 URL，如 http://localhost/web/index.html，其中 http 为访问协议，localhost 为服务器 IP 地址，因为在本机访问，所以可用 localhost，也可用 127.0.0.1 或本服务器真实的 IP 地址，web 为前面步骤部署时创建的虚拟目录，index.html 为要访问的网站的首页，如图 1-4 所示。

图 1-4　局域网部署网站效果图

1.2.2 在 Internet 上发布网站

如果想让 Internet 上的用户都能访问您的网页，就必须在 Internet 上发布您的网站，在 1.4.1 节中在局域网中发布的网站，只能在同一个局域网中访问，不能在 Internet 上访问，在 Internet 上发布网站的具体过程如下。

1. 注册域名

注册域名需要遵循先申请先注册原则。域名是一种有价值的资源，在新的经济环境下，域名所具有的商业意义已远远大于其技术意义，人们已经把域名看做知识产权的一部分。

当然，相对于传统的知识产权领域，域名是一种全新的客体，具有自身的特性。例如，域名的使用是全球范围的，没有传统的严格地域性的限制；从时间性的角度看，域名一经获得即可永久使用，并且无须定期续展；域名在网络上是绝对唯一的，一旦取得注册，其他任何人不得注册、使用相同的域名，因此其专有性也是绝对的；另外，域名非经法定机构注册不得使用，这与传统的专利、商标等客体不同，等等。即使如此，把域名作为知识产权的客体也是科学和可行的，在实践中对于保护企业在网络上的相关合法权益是有利而无害的。

目前 Internet 上有很多网站提供免费域名，只需在百度中搜索“申请免费域名”即可获得，当然免费的总是有不如意的地方，如果是公司或单位，最好去专门负责的公司去申请购买，如中国万网、互易中国、四博互联等。注册域名的申请步骤如下。

（1）准备申请资料：com 域名无须提供身份证、营业执照等资料，2012 年 6 月 3 日 cn 域名已开放个人申请注册，但申请需要提供身份证或企业营业执照。

（2）寻找域名注册网站：推荐谷谷互联，由于 com、cn 域名等不同后缀均属于不同注册管理机构所管理，如要注册不同后缀域名则需要从注册管理机构寻找经过其授权的顶级域名注册查询服务机构。如 com 域名的管理机构为 ICANN，cn 域名的管理机构为 CNNIC（中国互联网络信息中心）。如域名注册查询注册商已经通过 ICANN、CNNIC 双重认证，则无须分别到其他注册服务机构申请域名。

（3）查询域名：在注册商网站注册用户名成功后并查询域名，选择要注册的域名，并点击域名注册查询。

（4）正式申请：查到想要注册的域名，并且确认域名为可申请的状态后，提交注册，并缴纳年费。

（5）申请成功：正式申请成功后，即可开始进入 DNS 解析管理、设置解析记录等操作。

2. 申请空间

因为自己建立服务器来搭建网站需要的费用比较高，而且对技术人员的维护水平也是相当严峻的考验。所以对于中小企业和个人用户来说，目前性价比最高的建立网站的方法就是使用虚拟主机。通过向一些空间服务商交纳一定的租用虚拟主机的费用来实现建立网站的目的。一方面空间服务商提供的服务器是高效和稳定的，出现问题也会有专业人员进行排查；另一方面空间服务商也会保证服务器的安全，安装防火墙等硬件设备来阻止病毒与黑客的攻击。

目前因特网上也有很多提供免费虚拟主机的网站，如中国免费空间网（http://www.06la.com/），也可在百度上查找“免费空间申请”关键字，可找到很多提供免费空间的网站，也可到专门提供虚拟主机的公司去租用，如当地电信、中国万维网等。

3. 上传文件到空间

利用空间提供商提供的用户名和密码在指定的网站上把要发布的网站文件内容上传到购买的空间。

4. 测试

利用因特网在远程访问发布的网站，如果不成功，则查看原因，可询求网站空间服务商来帮忙解决。如果成功，则会得到如图 1-5 所示的效果图。

图 1-5 网站 Internet 上部署效果图

1.3 软件开发流程

网站开发是开发基于 B/S（IE 浏览器）的网页开发的一个整体过程，也可以理解开发即制作，是较多的小制作带来的开发，网站是由若干个页面组成的有联系的集合，在整个开发过程中需要遵循一个流程，需要分工合作，根据技术要求不同分成不同的岗位。

软件开发流程（Software Development Process）即软件设计思路和方法的一般过程，包括设计软件的功能和实现的算法及方法、软件的总体结构设计和模块设计、编程和调试、程序联调和测试，以及编写、提交程序等。

1. 需求调研分析

网站同样需要“以人为本”。只有准确把握用户需求，才能做出用户真正喜欢的网站。如果不考虑用户需求，网站的页面设计得再漂亮，功能再强大，也只能作为摆设，无法得到用户的肯定。需求分析过程因网站大小与复杂度、用途不同而不尽相同。以本书提供的门户网站为例，该网站主要用于公司发布和展示信息，分析人员可以先去公司了解该公司的需求，形成文档，然后对需求文档进行分析总结形成易于客户理解的信息，结合相关成功案例，向客户解释，使客户认可，这是一个反复的过程。

2. 概要设计

首先，开发者需要对软件系统进行概要设计，即系统设计。概要设计需要对软件系统的设计进行考虑，包括系统的基本处理流程、系统的组织结构、模块划分、功能分配、接口设计、运行设计、数据结构设计和出错处理设计等，为软件的详细设计提供基础。

以本书提供的门户网站为例，可以利用画图、Excel、Word 工具对网站功能效果画图并描述，并展示给客户，请客户认可。这也是一个反复的过程，需要多次修改并最终使客户认可。详见随书配套资源中“第 1 章网站部署与发布及设计分析范例集合”中的“门户网站概要设计书”文件。

3. 详细设计

在概要设计的基础上，开发者需要进行软件系统的详细设计。在详细设计中，描述实现具体模块所涉及的主要算法、数据结构、类的层次结构及调用关系，需要说明软件系统各个层次中的每一个程序（每个模块或子程序）的设计考虑，以便进行编码和测试。应当保证软件的需求完全分配给整个软件。详细设计应当足够详细，能够根据详细设计报告进行编码，详见随书配套资源中“第 1 章网站部署与发布及设计分析范例集合”中的“门户网站详细设计书”文件。

4. 编码

在软件编码阶段，开发者根据《软件系统详细设计报告》中对数据结构、算法分析和模块实现等方面的设计要求，开始具体的编写程序工作，分别实现各模块的功能，从而实现对目标系统的功能、性能、接口、界面等方面的要求。如本书介绍的门户网站采用 Dreamweaver 工具和 HTML、JavaScript 及 CSS 语言进行.html、.js 和.css 文件的设计，开发出可与用户交互的网站。

5. 测试

测试编写好的系统。交给用户使用，用户使用后一个一个地确认每个功能。

6. 验收

用户验收产品，产品在 Internet 上部署发布，正式上线。

1.4 网站开发人员相关岗位职责和要求

根据网站开发的流程及技术要求，我们对本书的门户网站开发人员进行岗位分工。

（1）项目经理：基本职责就是确保项目目标的实现，领导项目团队准时、优质地完成全部工作。与客户沟通，了解项目的整体需求。并与客户保持一定的联系，即时反馈阶段性的成果，即时更改客户提出的合理需求。制定项目开发计划文档，量化任务，并合理分配给相应的人员。跟踪项目的进度，协调项目组成员之间的合作。监督产生项目进展各阶段的文档，并与质量管理员（QA）即时沟通，保证文档的完整和规范。开发过程中的需求变更，项目经理需要跟客户了解需求，在无法判断新的需求对项目的整体影响程度的情况下，需同项目组成员商量，最后决定是否接受客户的需求，然后再跟客户协商。确定要变更需求的情况下，需产生需求变更文档，更改开发计划，通知QA。项目提交测试后，项目经理需了解测试结果，根据测试的bug的严重程度来重新更改开发计划。向上汇报，向上级汇报项目的进展情况，需求变更等所有项目信息。项目完成的时候需要做项目总结，编写项目总结文档。

（2）网页设计人员（美工）：根据项目经理提供的策划书和内容结构制作网站网页界面，一个有吸引力的网站需要有很好的美工。

（3）程序员：根据美工设计的初始网页界面和功能需求，编写代码实现网站功能需求。

（4）数据库专业人员：数据库专业人员可归纳为网站程序员，一般程序员都要求掌握数据库技术，大型而复杂的网站，对数据库专业技术要求较高，需要有高技术的数据库专业人员来专门负责复杂的数据库建设和编写复杂的、高效的SQL语句。

（5）测试员：负责网站质量的把关工作，包括功能、性能、安全性和易用性；设计和优化测试用例，独立按规范进行测试结果，编写完整的测试用例和测试报告等相关技术文档，对测试中发现的问题进行分析和定位，对测试结果进行总结与统计分析，对测试进行跟踪；根据测试规范和测试要求完成网站的后期测试工作（前期测试一般包括开发人员自己测试及相互测试）。

网站开发人员的岗位要求详细介绍如下。

1. 项目经理

项目经理是要能够控制某个项目整体的，项目经理的好坏直接决定项目结果的好坏，因此对项目经理的整体素质要求非常高。

需要有几年以上从事相关IT工作开发经验；熟悉相关项目企业的管理模式及其业务流程；对项目管理过程有较深刻的理解和丰富经验及多项目实施经验；具备系统实施方案的撰写、需求分析和建议书的编写能力；具有相关数据库（如MS SQL Server或Oracle等）的操作和维护知识及维护能力；具备良好自信心，有较强的口头表达能力；具备良好的职业素养、敬业、团队合作精神，有强烈的进取精神、责任心；具备高度的计划性和条理性，有出色的沟通、协调能力；能够在压力下工作。

2. 网页设计人员（美工）

本书门户网站的整体布局和图片PS处理都是由美工来完成的。美工需要有优秀的审美能力，较深的美术功底，对配色、线条等网页相关元素敏感；精通 Dreamweaver、Photoshop、Fireworks、AI、Flash 等设计软件，对图片渲染和视觉效果有较好的认识；善于与人沟通，具备良好的团队合作精神和高度的责任感，能够承受压力，有创新精神，能保证工作质量。

3. 程序员

程序员负责软件的具体开发工作，需要具有具体项目所要使用的某种语言程序设计能力，如静态 Web 开发需要具有 HTML、JavaScript、CSS 等语言技能，动态 Web 开发需要具有 C#、ASP.NET 或 Java、J2EE 或 PHP、MySQL、SQL Server、Oracle 等语言技能，当然与人沟通和团队合作能力也是必须具有的。

本书门户网站因为是静态网站，需要程序员掌握 HTML、JavaScript、CSS 等语言技能。

4. 数据库专业人员

精通某门数据库语言的使用与开发设计，如 MySQL、SQL Server、Oracle 等。本书门户网站因为是静态网站，暂时没涉及数据库，暂不需要数据库专业人员。

5. 测试员

了解软件开发过程，熟悉软件测试流程与测试技术，具有一定代码编写经验，熟悉 SQL 查询语法，熟悉相关缺陷管理工具和软件测试工具，目前测试工具有很多，如 AutoRunner、TestCenter、Bugfree、Bugzilla、TestLink、mantis zentaopms、Watir、Selenium、MaxQ、WebInject、Jmeter、OpenSTA、DBMonster、TPTEST、Web Application Load Simulator 等。

本书门户网站因为是静态网站，目前最好的测试方法就是采用 Firefox 浏览器的 Web Developer Toolbar，用来动态检查 HTML 代码和修改其部分内容，以及调试 JavaScript Firebug，用来调试 JavaScript 和 CSS，修改 DOM，以及查看客户机和服务器间的通信，Greasemonkey 与包括 jQuery 的 bookmarklet，用来将开发代码注入实际 Web 站点以测试新特性。

1.5 网站开发工具和项目实施

网站主要的开发工具有 Dreamweaver、Flash、Firework、Photoshop、.NET 和 Eclipse 等，其中.NET 和 Eclipse 主要用于动态网站开发，而本书项目主要用 Dreamweaver 来设计 HTML 页面和 JavaScript、CSS 等文件，用 Flash 来制作 Flash 动画，用 Photoshop 来处理图片等。

1. 组建开发团队

在项目需求确定后，根据项目需求正式组建开发团队，团队是一个整体，要强调整体而非个人。有效的团队合作包括：在工作负担不平衡的情况下帮助其他人，按照适合个人偏好的方式去交流，共享信息和资源。团队有两个鲜明的特点：第一是个体成员有共同的工作目标；第二是成员需要协同工作，也就是说某个成员工作需要依赖于另一成员的结果。

整个项目可以看成是一个团队，而项目又可以根据岗位或技术特点或模块功能分为很多小组，每个小组一般由4～5人组成。

从各岗位的要求来看，所有职位都要求具有与人沟通和团队合作能力，好的团队能起到1+1大于2的效应，所以在学习的过程中，同学们同样需要分组成立团队，这样既能互相督促和促进学习，形成你追我赶的学习气氛，也能培养个人的沟通和团队合作能力。

2. 项目分组名单如表1-1所示

表1-1 项目分组名单表

组　员	职　务	负责工作	联系电话

1.6 项目实训：免费域名的注册与空间申请

任务1：对本书门户网站项目进行部署，并采用http://localhost/web/ index.html进行访问验证。

任务2：个人申请免费域名、空间，在Internet上发布个人网站。

1.7 综合练习

一、选择题

（1）从本质上来说，静态网页是使用HTML、（　　）和CSS语言编写的文档。

A．C#　　B．C++　　C．Java　　D．脚本语言（如JavaScript）

（2）软件模式主要分为C/S模式和（　　）模式。

A．B/S　　B．B to B　　C．B to C　　D．C to C

（3）用来表现HTML或XML等文件样式的计算机语言是（　　）语言。

A．CSS　　B．C++　　C．Java　　D．脚本语言（如JavaScript）

（4）用于描述网页文档的一种标记语言是（　　）。

A．C#　　B．HTML　　C．Java　　D．脚本语言（如JavaScript）

（5）Windows操作系统自带的Web服务器简称为（　　）。

A．Tomacat　　B．Weblogic　　C．IIS　　D．Jboss

二、填空题

（1）Internet，中文正式译名为________，又叫________。

（2）构成网站的基本元素称为________。

（3）在因特网上，根据一定的规则，使用 HTML 等工具制作的用于展示特定内容的相关网页的集合叫________。

（4）网页主要由________，________，________三部分组成。

（5）Web 网页主要表现为超________，超________，超________三种形式。

三、应用题

（1）简述软件开发的流程及各自的主要工作。

（2）目前网站开发主要有哪些工具？各工具的特点是什么？

（3）目前网站开发有哪些职位？各职位对技能有哪些要求？

第2章 HTML页面与框架

基本介绍

HTML（Hypertext Markup Language）即超文本标记语言，是用于描述网页文档的一种标记语言，用HTML语言创建的页面就是HTML页面，是在万维网（WWW）上的一个超媒体文档，也称为静态Web网页。静态Web网页的本质就是超级文本标记语言，通过结合使用其他的Web技术（如脚本语言、ASP.NET、J2EE等），可以创造出功能强大的动态Web网页。

框架网页是一种特殊的HTML网页，它可将浏览器窗口分成不同的区域，称为框架区域。每个区域都可以显示不同的网页，通过使用框架，可以在同一个浏览器窗口中显示不止一个页面。每份HTML文档称为一个框架，并且每个框架都独立于其他的框架。

需求与应用

小明在长沙民政职业技术学院软件学院学习软件开发与项目管理专业两年了，还有一年就要毕业，现在小明想在暑假找个软件公司实习，经学校推荐到了某软件公司，经项目经理面试后，项目经理要求小明在3天内学习掌握制作简单HTML页面，并且要求小明能看懂新浪网打开后的页面结构。

扬州苏水科技有限公司在跟江苏省水利勘测设计研究院有限公司进行网站需求调研后确定，门户网站中需要在网站中选中某个栏目时进入该栏目的总体页面，在总体栏目页面顶部显示网站Logo，在左边显示栏目目录及该栏目下的所有子条目（如选中主要业绩进去后，在左边显示主要业绩目录下的所有子条目，如水利规划等），而选中某条目并单击后，在右边显示该条目下所有的详细数据信息（如单击水利规划，在右边显示水利规划下的所有数据信息）。

学习目标

- 掌握HTML页面结构。
- 了解并掌握HTML语言中的标签的使用。
- 了解并掌握标签中的属性的使用。
- 掌握HTML页面文档的编写。
- 认识框架的特点和种类。
- 结合项目掌握框架的具体应用。

2.1 HTML 页面文件的整体结构

HTML 的结构包括头部（Head）和主体（Body）两大部分，其中头部描述浏览器所需的信息，而主体则包含所要显示说明的具体内容，HTML 页面结构代码及描述如图 2-1 所示。

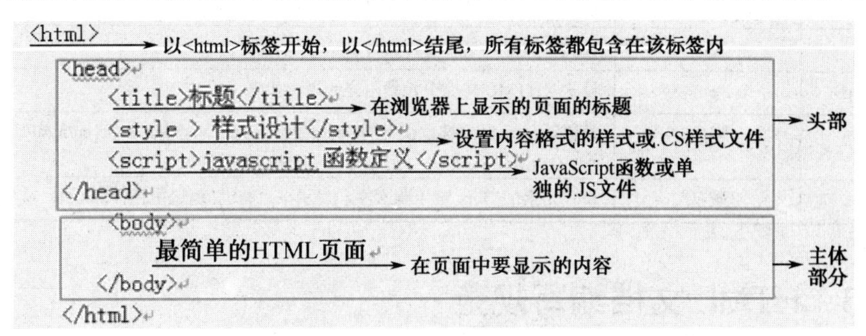

图 2-1　HTML 页面结构代码及描述

2.2 HTML 文件的标签与语法

1. 标签

HTML 文档是由 HTML 标签（也称为 HTML 元素）定义和构成的，HTML 标签元素指的是从开始标签（start tag）到结束标签（end tag）的所有代码，开始标签常被称为开放标签（opening tag），结束标签常称为闭合标签（closing tag）。大多数 HTML 标签元素可以嵌套（可以包含其他 HTML 元素）。在 HTML4 中总共包含 89 个标签，每个标签有不同的功能，详见附录 A 表 A-1 标签列表与描述。

2. 属性

HTML 标签可以设置属性，属性用于定义和说明有关 HTML 标签的更多的信息和特征，就好比人有姓名、年龄、性别等特征一样。属性总是以名称/值对的形式出现，比如 name="value"。属性只能在 HTML 元素的开始标签中定义，其中属性值是 HTML 标签中某个属性的值，用于定义说明标签的某个特征的具体信息，应该始终被包括在引号内。双引号是最常用的，也可使用单引号，在某些个别的情况下，比如属性值本身就含有双引号，那么必须使用单引号，例如：

```
<table name='buss"iness Table'>…</table>
```

常用属性及描述如表 2-1 所示。

表 2-1　常用属性及描述

属　性	值	描　述
class	"font1"	规定元素的类名为“font1”，类名在 CSS 中已定义
id	"newstitle"	自定义元素的唯一 id 为“newstitle”，同一页面中不允许有相同的 id

续表

属　性	值	描　述
name	"gcyg_titlepic"	自定义元素的名称为“gcyg_titlepic”，同一页面中允许有相同的名字
style	"border:0px"	定义元素的行内样式（inline style）为边框为 0 像素
title	"text"	定义元素的额外提示信息，如光标移到上面会显示该“text”信息
dir	"ltr | rtl"	设置元素中内容的文本方向，分别为从左至右和从右至左
lang	"en"	设置元素中内容的语言代码为“en”
xml:lang	"en"	设置 XHTML 文档中元素内容的语言代码
accesskey	"h"	设置访问元素的键盘快捷键,如<a ref="http://www.sina.com.cn/html/"accesskey="h">HTML</a> ，表示按“h”键后快速进入新浪网
tabindex	"数字"	设置元素的 Tab 键控制次序，表示按“Tab”键选中控件的顺序

2.3　HTML 文档编写规范

在编写 HTML 文档时，必须要按 HTML 的语法来规范编写，应该遵守的注意事项如下。

（1）所有标签元素都要用尖括号<>括起来，浏览器就可以知道这是 HTML 标签元素。

（2）对于成对出现的标记，最好同时输入起始标签和结束标签，再在中间添加内容，以免忘记结束标签，使文档结构混乱，难于检查。

（3）在 HTML 代码中，不区分大小写。

（4）任何空格或回车在代码中都无效，如果要插入空格或回车，请使用 ；或
。

（5）标记间不要有空格，否则浏览器可能无法识别，比如不能将<title>写成< title>。

（6）文档保存时文档名要以.htm 或.html 为扩展名。

（7）文件名中能以英文字母、数字或下画线组成。

（8）文件名是区分大小写的，在 UNIX 和 Windows 主机中有大小写的不同。

（9）网站首页文件名默认为 index.htm 或 index.html。

2.4　利用 Dreamweaver 进行 HTML 页面设计

2.4.1　Dreamweaver 介绍

Macromedia 公司所开发的著名网站开发工具，有 HTML 编辑的功能，有所见即所得的特征，Dreamweaver 是 Macromedia 公司推出的可视化网页制作工具，它与 Flash、Fireworks 一起称为网页制作三剑客，这三个软件相辅相承，是制作网页的最佳选择。Dreamweaver 可以用最快速的方式将 Fireworks、FreeHand 或 Photoshop 等档案移至网页上。使用检色吸管工具选择荧幕上的颜色可设定最接近的网页安全色。对于选单，快捷键与格式控制，都只要一个简单步骤便可完成。并且只要单击便可使 Dreamweaver 自动开启 Fireworks 或 Photoshop 来进行编辑与设定图档的最佳化。所以目前 Dreamweaver 在网页设计应用方面比较常见。

Dreamweaver 8 的标准工作界面包括：标题显示栏、菜单栏、插入面板组、文档工具栏、标准工具栏、文档窗口、状态栏、属性面板和浮动面板组。Dreamweaver 窗口如图 2-2 所示。

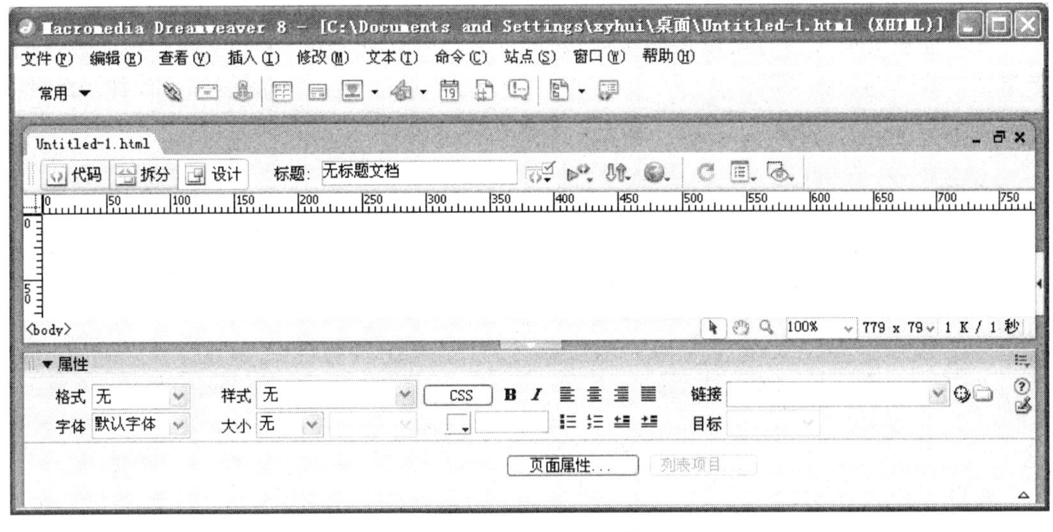

图 2-2　Dreamweaver 窗口

1. 标题显示栏

启动 Macromedia Dreamweaver 8 后，标题栏将显示文字 Macromedia Dreamweaver 8，新建或打开一个文档后，在后面还会显示该文档所在的位置和文件名称，如 Untitled-1.html 就是文件的名称，如图 2-3 所示。

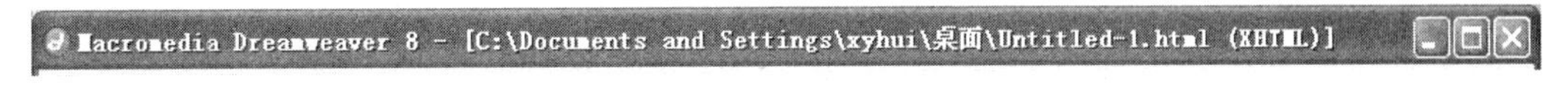

图 2-3　Dreamweaver 窗口中的标题栏

2. 菜单栏

Dreamweaver 8 的菜单共有 10 个，即文件、编辑、查看、插入、修改、文本、命令、站点、窗口和帮助，如图 2-4 所示。其中，编辑菜单里提供了对 Dreamweaver 菜单中“首选参数”的访问。

文件(F)　编辑(E)　查看(V)　插入(I)　修改(M)　文本(T)　命令(C)　站点(S)　窗口(W)　帮助(H)

图 2-4　Dreamweaver 窗口中的菜单栏

文件：用来管理文件。例如新建、打开、保存、另存为、导入、输出打印等。

编辑：用来编辑文本。例如剪切、复制、粘贴、查找、替换和参数设置等。

查看：用来切换视图模式及显示、隐藏标尺、网格线等辅助视图功能。

插入：用来插入各种元素，例如图片、多媒体组件，表格、框架及超级链接等。

修改：具有对页面元素修改的功能，例如在表格中插入表格，拆分、合并单元格等。

文本：用来对文本操作，例如设置文本格式等。

命令：所有的附加命令项。

站点：用来创建和管理站点。

窗口：用来显示和隐藏控制面板及切换文档窗口。

帮助：联机帮助功能。例如按 F1 键，就会打开电子帮助文本。

3. 插入面板组

插入面板集成了所有可以在网页应用的对象，包括“插入”菜单中的选项。插入面板组其实就是图像化了的插入指令，通过一个个的按钮，可以很容易地加入图像、声音、多媒体动画、表格、图层、框架、表单、Flash 和 ActiveX 等网页元素。

4. 文档工具栏

“文档”工具栏包含各种按钮，它们提供各种“文档”窗口视图（如“设计”视图和“代码”视图）的选项、各种查看选项和一些常用操作（如在浏览器中预览），如图 2-5 所示。

图 2-5　Dreamweaver 窗口中的文档工具栏

5. 标准工具栏

“标准”工具栏包含来自“文件”和“编辑”菜单中的一般操作的按钮：“新建”、“打开”、“保存”、“保存全部”、“剪切”、“复制”、“粘贴”、“撤销”和“重做”，如图 2-6 所示。

图 2-6　Dreamweaver 窗口中的标准工具栏

6. 文档窗口

当打开或创建一个项目，进入文档窗口后，可以在文档区域中进行输入文字、插入表格和编辑图片等操作。

“文档”窗口显示当前文档。可以选择下列任一视图：“设计”视图是一个用于可视化页面布局、可视化编辑和快速应用程序开发的设计环境，在该视图中，Dreamweaver 显示文档的完全可编辑的可视化表示形式，类似于在浏览器中查看页面时看到的内容；“代码”视图是一个用于编写和编辑 HTML、JavaScript、服务器语言代码及任何其他类型代码的手工编码环境；“代码和设计”视图可以在单个窗口中同时看到同一文档的“代码”视图和“设计”视图。文档窗口如图 2-7 所示。

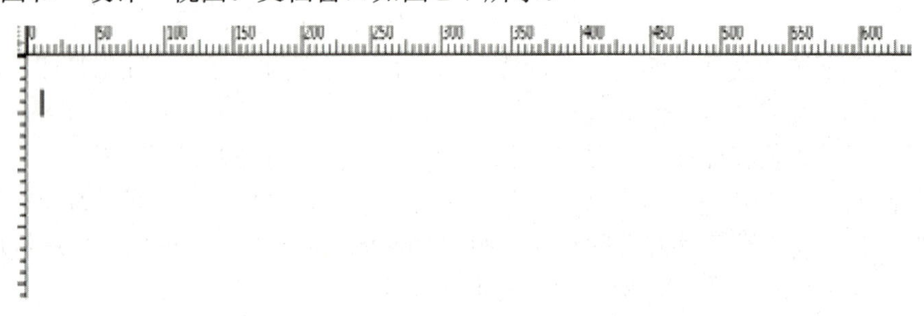

图 2-7　Dreamweaver 窗口中的文档窗口

7. 状态栏

“文档”窗口底部的状态栏提供与您正创建的文档有关的其他信息。标签选择器显示环绕当前选定内容的标签的层次结构。单击该层次结构中的任何标签以选择该标签及其全部内容。单击可以选择文档的整个正文。

8. 属性面板

属性面板并不是将所有的属性加载在面板上，而是根据选择的对象来动态显示对象的属性，属性面板的状态完全是随当前在文档中选择的对象来确定的。例如，当前选择了一幅图像，那么属性面板上就出现该图像的相关属性；如果选择了表格，那么属性面板会相应地变成表格的相关属性。属性面板如图 2-8 所示。

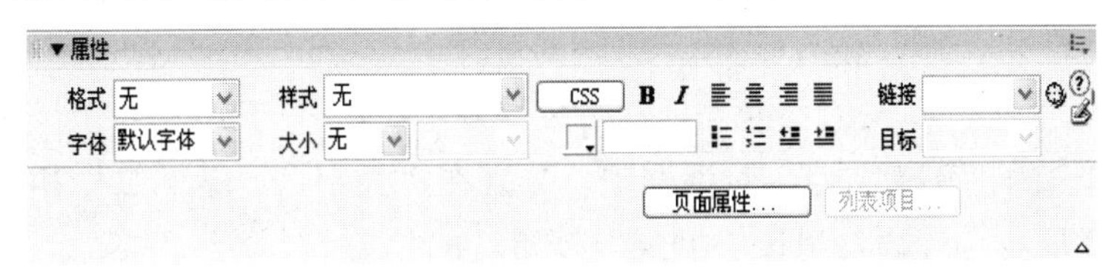

图 2-8 Dreamweaver 窗口中的属性面板

9. 浮动面板

其他面板可以统称为浮动面板，这些面板都浮动于编辑窗口之外。在初次使用 Dreamweaver 8 的时候，这些面板根据功能被分成了若干组。在窗口菜单中，选择不同的命令可以打开基本面板组、设计面板组、代码面板组、应用程序面板组、资源面板组和其他面板组。浮动面板如图 2-9 所示。

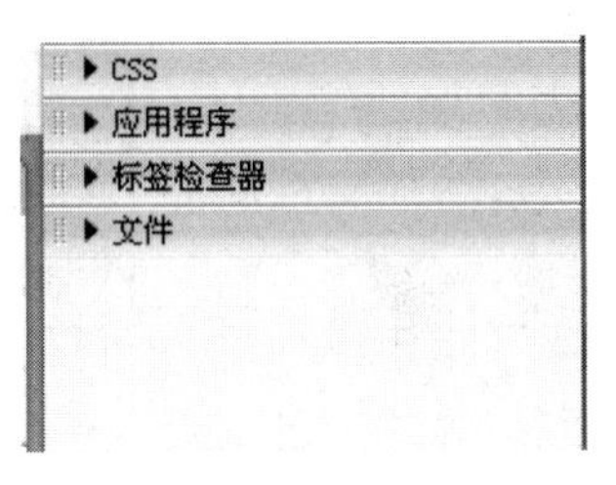

图 2-9 Dreamweaver 窗口中的浮动面板

2.4.2 Dreamweaver 设计页面过程

（1）下载 Dreamweaver 并安装，下载参考网站为 http://www.crsky.com/soft/6604. html。

（2）在任务栏中单击“开始”→“程序”，然后打开 Dreamweaver 程序界面，如图 2-10 所示。

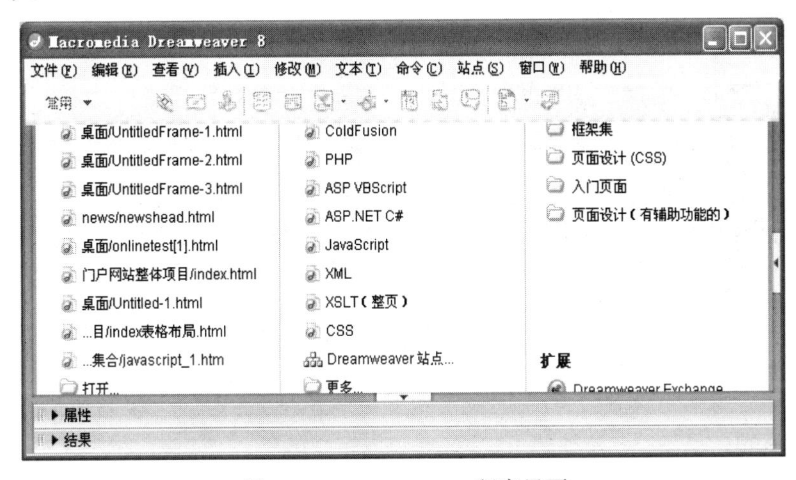

图 2-10 Dreamweaver 程序界面

（3）在打开的窗口中，选择“文件”菜单中的“新建”命令，如图 2-11 所示。

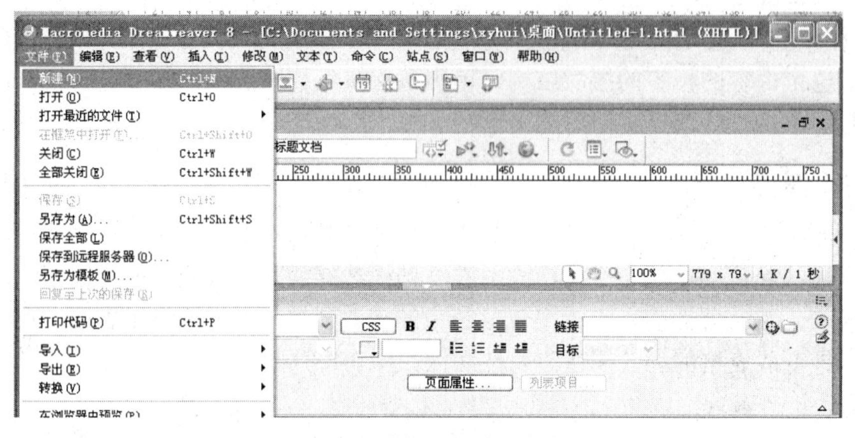

图 2-11　选择“新建”命令

（4）在弹出的“新建文档”对话框中，分别在“类别”、“基本页”和“文档类型”中按如图 2-12 所示选择后，单击“创建”按钮。

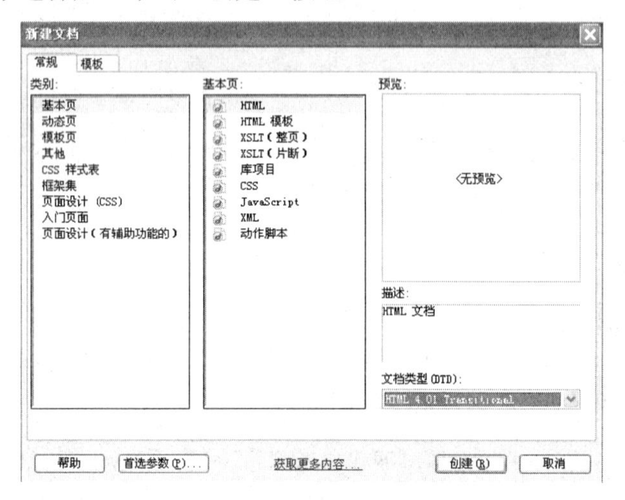

图 2-12　“新建文档”对话框

（5）在 HTML 的<body>标签中输入显示内容为“这是我的第一个网页”，如图 2-13 所示。

图 2-13　在 HTML 的<body>标签中输入显示内容

（6）选择“文件”菜单中的“保存”命令或直接按“Ctrl+S”组合键后，保存文件名为 example.html。

（7）在保存地直接双击 example.html 文件用浏览器打开后，其显示效果如图 2-14 所示。

图 2-14　网页显示效果

2.5　项目实训：独立动手制作网页

任务：利用 Dreamweaver 或记事本设计一个页面，实现文字居中显示，文字大小为 7，文字颜色为红色。目标效果如图 2-15 所示。

图 2-15　目标效果图

提示：可用<font>标签和<p>标签及相关属性来完成。

2.6　认识框架与框架集网页

框架网页是一种特殊的 HTML 网页，它可将浏览器窗口分成不同的区域，称为框架区域。每个区域都可以显示不同的网页，通过使用框架，可以在同一个浏览器窗口中显示多个页面。每份 HTML 文档称为一个框架，并且每个框架都独立于其他的框架。

1. 框架网页的特点

- 只要单击某一个框架区域内的超链接，其指向的网页就会在另一个框架区域中显示，而不必将整个浏览器窗口中的内容更换一遍。
- 固定网页中的某些内容。
- 并不是所有的浏览器都能显示框架网页，这也是框架网页的一个局限。
- 框架集中不能有<body></body>标签。

2. 框架网页的种类

根据框架分布的不同和各框架作用的不同，框架网页被分为多种类型。使用 Dreamweaver 或 Fontpage 制作网页时，常用到的框架网页有：标题、标题页脚和目录、垂直拆分、横幅和目录、脚注、目录、嵌套式层次结构、水平拆分、页脚和自顶向下的层次结构，如图 2-16 所示。

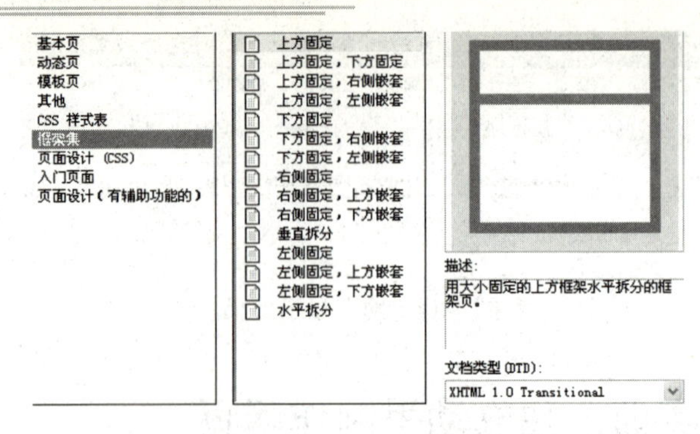

图 2-16　框架种类

3. 框架与框架集

框架是浏览器窗口中的一个区域，用<frame></frame>标签定义，它可以显示与浏览器窗口中其他区域内容不同的 HTML 文档。两个或两个以上的框架组成一个网页。

框架集可以说是一个 HTML 文件，用<frameset></frameset>标签定义，它定义了一组框架的布局和属性，包括框架的数目、大小和位置，以及在每个框架中初始显示的 URL。

4. 框架标签

创建框架网页主要用到四个标签，分别为<frameset>…</frameset>、<frame>…</frame>、<noframes>…</noframes> 和<iframe>...</ iframe >。

（1）<frameset>…</frameset>：一个 HTML 文件，它定义了一组框架的布局和属性，包括框架的数目、大小和位置，以及在每个框架中初始显示的 URL。

（2）<frame>…</frame>：浏览器窗口中的一个区域，它可以显示与浏览器窗口中其他区域内容不同的 HTML 文档。两个或两个以上的框架组合成一个网页。

（3）<noframes>…</noframes>：当浏览器不支持框架时就会显示<noframes>…<noframes>标签之间的文字，如下面的代码表示当浏览器不支持框架时显示<body>中的内容。

```
<noframes>
<body>Your browser does not handle frames!</body>
</noframes>
```

（4）<iframe>...</iframe>：<iframe>标签，又叫浮动帧标签，可以用它将一个 HTML 文档嵌入在另一个 HTML 中显示。它不同于<frame>标签，最大的特征即这个标签所引用的 HTML 文件不是与另外的 HTML 文件相互独立显示的，而是可以直接嵌入在另一个 HTML 文件中，与这个 HTML 文件内容相互融合，成为一个整体，另外，还可以多次在一个页面内显示同一内容，而不必重复写内容，一个形象的比喻即“画中画”电视，它与<body>...</body>标签并存。

```
<body bgcolor="#0098CA" text="White">
<iframe height="250" width="350" src="http://www.sina.com.cn/">
抱歉，您的浏览器不支持浮动框架，故看不到此网页的内容
</iframe>
</body>
```

2.7 典型应用项目范例：利用框架制作设计院门户网站网页

1. 网页设计要求

门户网站中，需要在网站中选中某个栏目时进入该栏目的总体页面，在总体栏目页面顶部显示网站 Logo，在左边显示栏目目录及该栏目下的所有子条目（如选中主要业绩进去后，在左边显示主要业绩目录下的所有子条目，如水利规划等），而选中某条目并单击后，在右边显示该条目下所有的详细数据信息（如单击水利规划，在右边显示水利规划下的所有数据信息）。

2. 设计院门户网站框架网页目标效果如图 2-17 所示

图 2-17 框架网页效果

3. 基于目标效果图的设计分析

框架网页设计目标效果图中显示该网页分为上窗口、左窗口、中窗口、右窗口和下窗口，其中上窗口显示公司 Logo，左窗口显示导航菜单，中窗口为一个分隔条图，右窗口显示相关导航菜单条目中的具体内容，下窗口为公司版权与联系信息。

4. 利用框架制作设计院门户网站网页的步骤

（1）利用 Dreamweaver 新建名为“2-1 框架页面.html”的文件，在文件中添加垂直方向的上、中、下 3 个窗口。

➢ 源代码清单（2-1 框架页面.html）：

```
<html >
<head>
```

```
<meta http-equiv="Content-Type" content="text/html; charset=gb2312" />
<title>无标题文档</title>
</head>
<frameset id="mainframeset" rows="210,600,100"    cols="*" >
</frameset>
</html>
```

➢ 源代码解释：

在文件中添加一个 id 为“mainframeset”的框架集，设置该框架集的 rows 为"210,600,100"，表示该框架集将包含垂直方向的三个子框架窗口，其中第一个框架高度为 210 像素，第二个框架高度为 600 像素，第三个框架高度为 100 像素，设置该框架集 cols 为"*"，表示该框架集没有多个横向子框架窗口。

➢ 目标效果如图 2-18 所示。

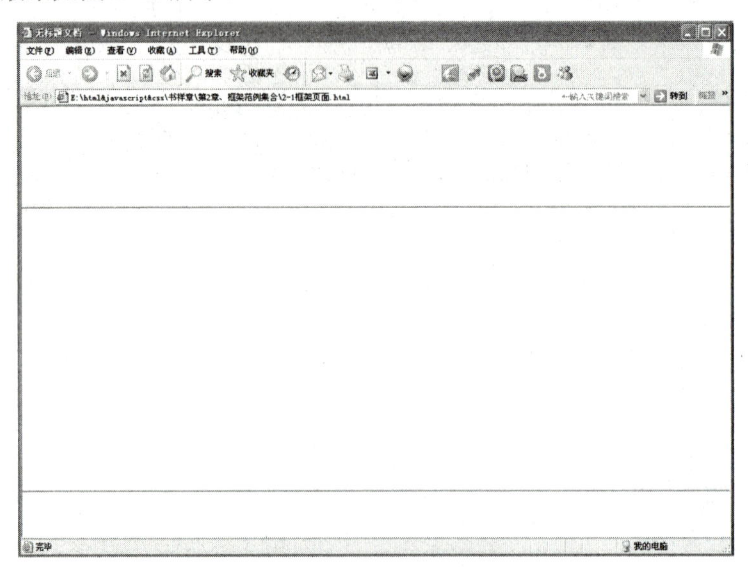

图 2-18　框架页面效果图

（2）在框架集中设置三个垂直方向子框架。

➢ 源代码清单：

```
<frameset id="mainframeset" rows="210,600,100"    cols="*"      >
    <frame id="topFrame" />
    <frameset cols="208,8,*"      id="frame_main" >
    </frameset>
    <frame id="bottomFrame" />
</frameset>
```

➢ 源代码解释。

id 分别为"topFrame"、"frame_main"和"bottomFrame"，其中第二个子框架又要横向分为三个子框架，因此第二个框架是一个框架集，并设置该子框架集属性 cols="208,8,*"，表示三个子框架的宽度分别为 208 像素、8 像素和父容器宽度减去 208 加 8 剩余的大小。同时用在两个框架中设置其 src 属性指定要显示的 HTML 文件。

➢ 目标效果如图 2-19 所示。

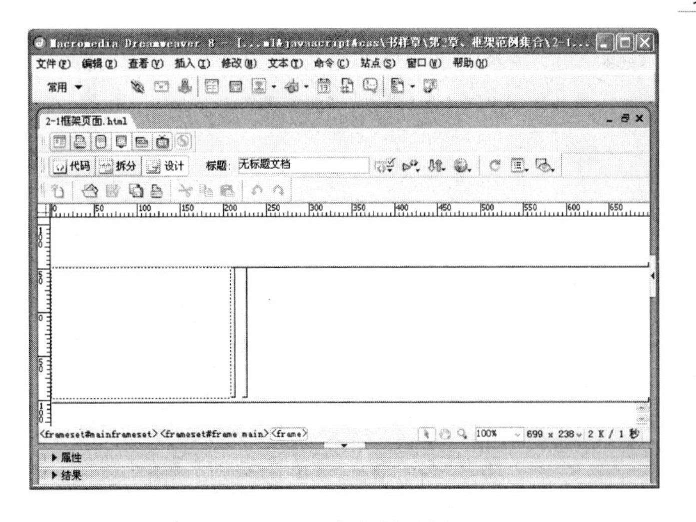

图 2-19　子框架效果图一

（3）在 id 为"frame_main"的子框架集中设置三个子框架。

➢ 源代码清单：

```
<frameset cols="208,8,*"      id="frame_main" >
    <frame id="leftFrame" />
    <frame id="barFrame" />
    <frame id="mainFrame"/>
</frameset>
```

➢ 源代码解释：

id 分别为"leftFrame"、"barFrame"和"mainFrame"，并分别设置三个子框架中的 src 属性指向要显示的 HTML 页面。

➢ 目标效果如图 2-20 所示。

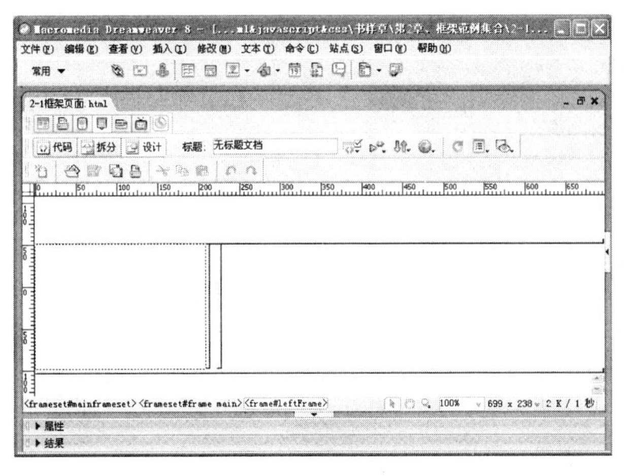

图 2-20　子框架效果图二

（4）利用<noframes>标签设置对于不支持框架显示的浏览器，显示“对不起，该浏览器不支持框架显示，请更换浏览器再使用”。

```
<noframes>对不起，该浏览器不支持框架显示，请更换浏览器再使用</noframes>
```

（5）在框架中添加特定网页设置效果。

➢ 源代码清单：

```
<html >
<head>
<meta http-equiv="Content-Type" content="text/html; charset=gb2312" />
<title>无标题文档</title>
</head>
<frameset id="mainframeset" rows="210,600,100"    cols="*"     >
        <frame  src="../门户网站整体项目/news/newshead.html"  name="topFrame"  id="topFrame" noresize="noresize" scrolling="no" />
        <frameset cols="208,8,*" id="frame_main" frameborder="no" border="0" framespacing="0" >
        <frame  src="../门户网站整体项目/news/newsleft.html"   id="leftFrame"   scrolling="no"   noresize="noresize"/>
        <frame  src="../门户网站整体项目/news/index_bar.html"  id="barFrame"  scrolling="no"   noresize="noresize"/>
        <frame src="../门户网站整体项目/news/frameset(news-qyxw).html"   id="mainFrame" name="mainFrame"   scrolling="yes" noresize="noresize"/>
</frameset>
<frame   src="../ 门 户 网 站 整 体 项 目 /news/newsbottom.html"   name="bottomFrame" id="topFrame" noresize="noresize" scrolling="no" />
</frameset>
</html>
```


➢ 源代码解释：

通过在框架标签中设置 src 属性指定该框架要显示的 HTML 文件， src="../门户网站整体项目/news/newsleft.html"中的“..”表示的是在当前文件所在目录的上一级目录。

➢ 目标效果如图 2-21 所示。

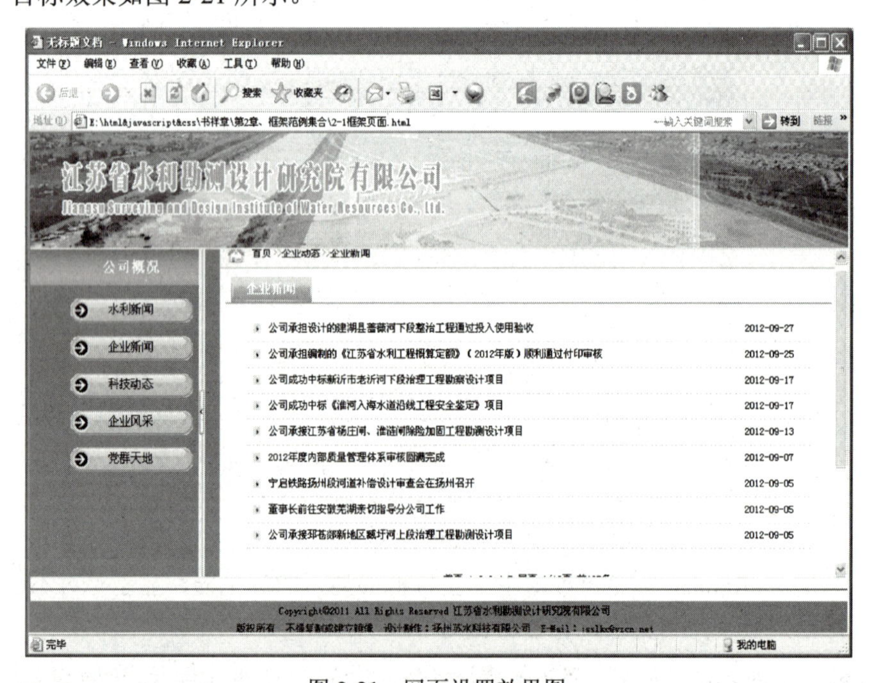

图 2-21　网页设置效果图

注意：框架页面中没有也不能有<body>…</body>标签。

2.8 项目实训：利用框架设计网页

任务：自己动手完成如图 2-22 所示的功能。

图 2-22 目标效果图

提示：相关显示链接的文件请参考随书配套资源中门户网站整体项目“\achievement”目录下的相关文件。

2.9 综合练习

一、选择题

（1）HTML 的结构包括（　　）和主体两大部分。

A．头部　B．脚部　C．主干　D．框架

（2）HTML 标签元素指的是从（　　）到结束标签的所有代码。

A．标签体　B．标签定义　C．开始标签　D．标签属性

（3）用来制作 HTML 页面中的超链接功能的标签是（　　）。

A．<html>　B．<body>　C．<a>　D．<title>

（4）用于定义和说明有关 HTML 标签的更多的信息和特征的是（　　）。

A．属性　B．列表　C．名字　D．颜色

（5）在 HTML 代码中用于产生空格效果的是（　　）。

A．按空格键　B．回车　C． 　D．输入"　"

（6）HTML 的文档中如果有（　　）就不能有<body>标签。

A．<frame>　B．<frameset>　C．<head>　D．<table>

（7）框架集中的（　　）属性用于设置垂直方向多个子窗口。

A．cols　　B．rows　　C．id　　D．boder

（8）框架集中的（　　）属性用于设置水平方向多个子窗口。

A．cols　　B．rows　　C．id　　D．boder

（9）框架集中的（　　）标签用于设置浏览器不支持框架显示时的提示信息。

A．<frame>　　B．<frameset>　　C．< noframes>　　D．<table>

（10）（　　）标签可以用来将一个 HTML 文档嵌入在一个 HTML 中显示。

A．<frame>　　B．<frameset>　　C．< noframes>　　D．< iframe >

二、填空题

（1）HTML 页面的扩展名为________或________。

（2）HTML4 中总共包含________个标签。

（3）HTML（Hypertext Markup Language）即________语言。

（4）网页主要由________，________，________三部分组成。

（5）Web 主要表现为________，________，________三种形式。

三、应用题

（1）简述利用 Windows 操作系统自带的 Web 服务器在本地部署 Web 项目的过程。

（2）简述在因特网中部署 Web 项目的过程。

第3章 表格

基本介绍

项目开发制作网页的第一步就是规划网页布局，而利用表格布局是网页布局的两种方法中最简单有效的一种，还有一种方法是利用 div 布局。HTML 中的表格类似于平常我们认识的表格，是由行组成的，而行又由单元格组成，表格有两个作用，一个是用于显示数字和其他项以便快速引用和分析，另一个是用于表格页面布局，使页面整齐规范。

需求与应用

- 某软件公司接到一企业要求制作门户网站，公司项目人员在对该企业进行项目需求调研后确定，门户网站项目需要布局为上边显示公司 Logo 及主题菜单，右边显示信息公告、时间日期、天气预报、企业理念、联系方式列表，下边显示相关友情链接图标及公司相关信息，中间显示主体内容。
- 公司需要以表格形式显示近两年的营业额及纯利润的对比。

学习目标

- 认识表格。
- 了解基本的表格创建方法及属性设置。
- 利用表格布局网站页面。
- 利用表格进行数据统计对比。

3.1 表格标签

3.1.1 利用<table>标签布局网站页面

1. 标签概述

<table>…</table>标签用于在HTML文件中插入一个表格，简单的HTML表格由table元素及一个或多个 tr、th 或 td 元素组成，tr 元素定义表格行，th 元素定义表头，td 元素定义表格单元。更复杂的 HTML 表格也可能包括 caption、col、colgroup、thead、tfoot 及 tbody 元素。

2. 属性

<table>标签里的属性用于设置个性化的表格，属性对表格的作用就像人的穿着打扮

的作用，属性的设置好坏直接影响着表格的实际应用效果，属性分为可选的属性、标准属性和事件属性，其中标准属性和事件属性是HTML所有标签中一般都具有的属性，事件属性是表示某个事件发生后去执行JavaScript函数，各属性及功能见附录A表A-2、表A-3和表A-4，各个属性的应用范例见随书配套资源中“第3章表格范例集合”文件夹中的“<table>标签范例集合”子文件夹。

3. <table>标签布局网站

➢ 网站布局要达到的效果如图3-1所示。 

图3-1 <table>标签布局首页底部

➢ 源代码清单（3-1 table标签布局首页底部.html）：

```
<table name="bottom" width="100%" border="0" >
    <tr>
        <td><img src="images/yqlj.jpg" width="100%" height="60" border="0" /></td>
    </tr>
    <tr>
        <td><img src="images/bottom.jpg" width="100%" height="25" /></td>
    </tr>
    <tr>
        <td height="40"   align=center>Copyright&copy;2011 All Rights Reserved 江苏省水利勘测设计研究院有限公司</br>
    版权所有  不得复制或建立镜像  设计制作：扬州苏水科技有限公司  E-Mail: jsslkc@yzcn.net    建议使用IE6或IE8浏览器浏览</p>
        </td>
    </tr>
</table>
```


➢ 源代码解释：

源代码中利用<table>…</table>标签定义了一个表格，其中name="bottom"表示定义表格名称为“bottom”，width="100%"表示定义表格宽度为父窗体的100%，border="0"表示边界宽度为“0”像素。

在表格中利用<tr>…</tr>标签定义了三行，每行包含一个<td>单元格。

在单元格中利用<img>标签（将在后续章节介绍）包含一张图片或说明文字，其中第一行中显示的图片路径为“images/yqlj.jpg”（src="images/yqlj.jpg"）；第二行中显示的图片路径为“images/bottom.jpg”（ src="images /bottom.jpg"）；第三行中显示版权和说明文字。

3.1.2 利用<tr>、<th>和<td>标签设计统计数据表格

1. <tr>标签概述

<tr>标签定义HTML表格中的行。tr元素包含一个或多个th或td元素，只有在<table>

标签中先定义<tr>后，才可以在<tr>标签中定义<th>或<td>标签，不能在<table>标签中直接定义<th>或<td>标签。

2. <th>标签概述

<th>标签定义表格内的表头单元格。HTML 表单中有两种类型的单元格，其中表头单元格，包含表头信息（由 th 元素创建），th 元素内部的文本通常会呈现为居中的粗体文本，而 td 元素内的文本通常是左对齐的普通文本。

3. <td>标签概述

<td>标签定义标准单元格，也称为列，在其内可定义数据或用于显示相关数据的表单标签，如<img>、<input type=text name="txtAge"/>等。

4. <tr>、<th>和<td>标签中的属性

<tr>、<th>和<td>标签中的属性名称大部分相同，都包括可选的属性、标准属性和事件属性，详见书后附录 A 表 A-5，每个属性的应用范例见随书配套资源中“第 3 章表格范例集合”文件夹中的“<tr>、<th>和<td>标签范例集合”子文件夹。

5. <tr>、<th>和<td>标签制作统计数据表格

➢ 目标效果如图 3-2 所示。

<table>
<tr><th>Month</th><th>Savings</th></tr>
<tr><td>January</td><td>$100.00</td><td rowspan="2">$50</td></tr>
<tr><td>February</td><td>$10.00</td></tr>
</table>

图 3-2　数据表格效果图

➢ 源代码清单（3-2 trthtd 标签.html）：

```
<table border="1">
  <tr>
    <th>Month</th>
    <th>Savings</th>
  </tr>
  <tr>
    <td>January</td>
    <td>$100.00</td>
    <td rowspan="2">$50</td>
  </tr>
  <tr>
    <td>February</td>
    <td>$10.00</td>
  </tr>
</table>
```

➢ 源代码解释：

上述源代码中，表格中利用<tr>标签设置了三行数据（有三个<tr>...</tr>），其中第一行中利用<th>标签设置了两个表头，也就是表格标题，所以表格中标题数据显示为居

中并有加粗效果。

另两行中利用<td>标签设置了两个单元格，用来显示数据。其中 rowspan="2"表示第二行的第三个单元格占用两行，也就是第二行的第三个单元格与第三行的第三个单元格合并为一个单元格，所以在第三行中只有两个<td>单元格。

3.2 格式化表格与单元格

3.2.1 通过设置表格的宽度高度和边框颜色来突出网页主题

通过设置表格的宽度、边框颜色、暗边框颜色、亮边框颜色、单元格填充与单元格间距等效果来突出网页中的相关主题，可以分别利用<table>标签的 width="n"、bordercolor ="#RRGGBB"、bordercolor dark="#RRGGBB"、bordercolor light= "#RRGGBB"、cellpadding= "n"、cellspacing="n"等属性进行设置，其中 n 代表像素数。

1．设置表格宽度和高度

表格宽度和高度表示的是整个表格占的长度和高度，设置表格的宽度和高度有两种方法，可以直接赋值单位为像素的数据，也可设置为占总计算机显示屏窗口的百分比，如以下代码就是把表格的宽度设置为父容器宽度的90%和把表格宽度设置为固定的 260 像素。

<table width=90%　　height=30%> 或 <table width="260" height="200">。

2．设置边框宽度与颜色

表格边框默认宽度为 0 像素，颜色为灰色，要想改变宽度或颜色，则需要手动设置，设置边框颜色及宽度的属性为 bordercolor 和 border，如可用以下代码设置边框宽度为 5 像素，颜色为红色。

```
<table bordercolor="red" border="5">
```

3．突出首页消息公告相关主题区域与内容范例

➢ 目标效果如图 3-3 所示。

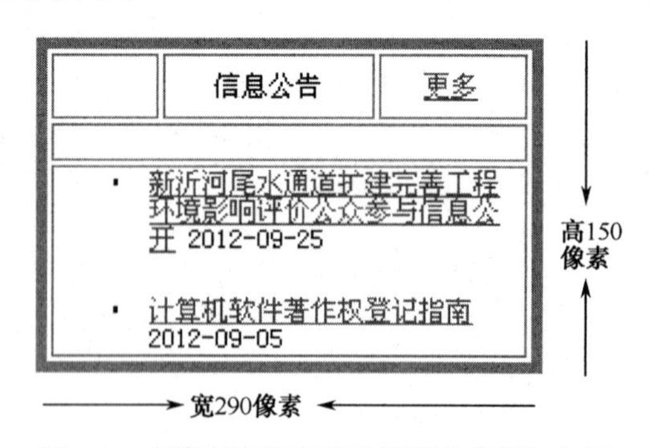

图 3-3　表格高度宽度和边框颜色案例效果图

➢ 源代码清单（3-3 表格宽度与背景.html）：

```
<table width="290" height="150"   border="5" bordercolor="#FF0000" >
        …//省略了三行三列的内容，其中有用<MARQUEE>标签实现的滚动的公告消息
</table>
```

➢ 源代码解释：

案例源代码中通过在<table>标签中设置 width="290" height="150" border="5" bordercolor ="#FF0000"四个属性值来把网页中的消息内容的区域设置为宽 290 像素，高 150 像素，表格边界宽度为 5 像素，边界颜色为红色。

3.2.2 设置滚动公告消息的背景颜色与背景图片

1. 设置背景颜色

表格的背景颜色默认为白色，如果想要换成其他颜色，则可以用 bgcolor 属性来设置，设置的方法有以下三种。

```
<table bgcolor="#FF0000">          //用 6 位十六进制数表示红色
<table bgcolor="red">              //直接用颜色名称表示
<table bgcolor="rgb(255,0,0)">     //用红、绿、蓝三个参数值表示
```

注：以上三种方法不推荐使用，建议使用 CSS 样式代替，方法如下。

```
<table style="background-color:red">
```

2. 设置背景图片

background 属性能给表格添加一幅精美的图片作为背景，能使制作的网页更丰富多彩，赋值可以是图片的相对路径或绝对路径。

```
<table border=5 background="e:/image/eg_bg_07.gif">
```

3. 突出滚动公告消息内容背景图片与颜色范例

➢ 目标效果如图 3-4 所示。

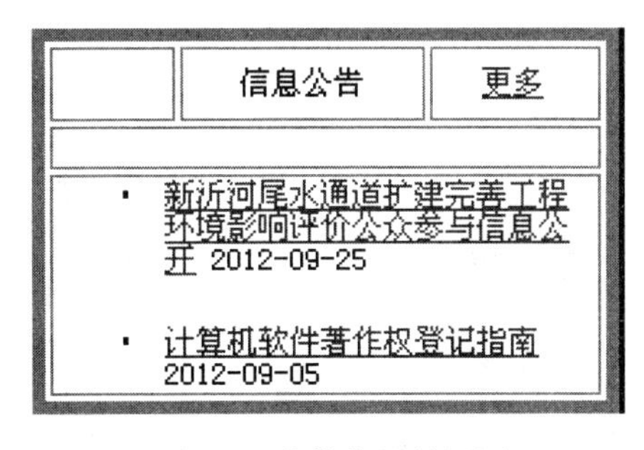

图 3-4　表格背景效果图

➢ 源代码清单（3-4 表格背景颜色与图片.html）：

```
<table width="290" height="150"   border="5" bordercolor="#FF0000" background
=" images/eg_bg_07.gif">
```

```
        ...//省略了三行三列的内容，其中有用<MARQUEE>标签实现的滚动的公告
消息
    </table>
```

➢ 源代码解释：

源代码中通过在<table>标签中添加 background=" images/eg_bg_07.gif"来指定表格的背景图为当前目录的 images 子目录下的 eg_bg_07.gif 图片。

3.2.3　设置表格的边框大小和显示方式

1. 设置显示方式

属性 rules 为表格内部分隔线的属性，规定内侧边框的哪个部分是可见的，有 4 个值。当 rules=cols 时，表格会隐藏横向的分隔线，也就是我们只能看到表格的列；当 rules=rows 时，就隐藏了纵向的分隔线，只能看到表格的行；而当 rules=none 时，纵向分隔线和横向分隔线将全部隐藏，只能看到一个表格的外框；rules=all 时，表示列和行的分隔线都能看到。


```
    <table border=5 rules=none>
```

frame 的属性所指定的外边框的显示方式：void，不显示外边框；border、box，在表格的四周显示外边框；above，在表格的上边界显示外边框；below，在表格的下边界显示外边框；lhs，在表格的左边界显示外边框；rhs，在表格的右边界显示外边框；hsides，在表格的上下边界显示外边框；vsides，在表格的左右边界显示外边框。

```
    <table frame="box">
```

2. 项目范例

➢ 目标效果如图 3-5 和图 3-6 所示。 

图 3-5　表格内侧边框隐藏效果图 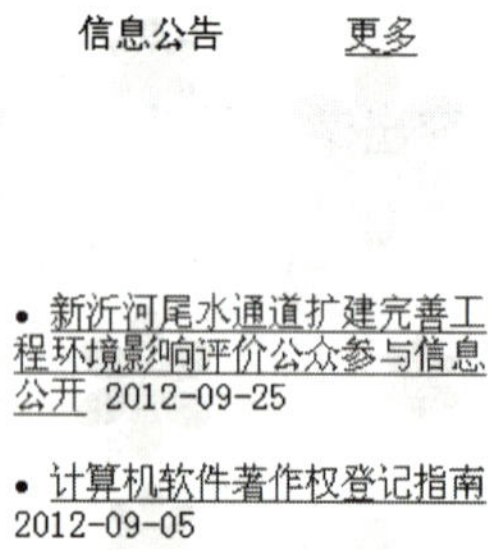

图 3-6　表格外边框隐藏效果图

➢ 源代码清单（3-5 表格边框显示方式.html）：

```
    <table  width="290"  height="150"    border="5"  bordercolor="#FF0000"  background
=" images/eg_bg_07.gif" rules="none" frame="void" >
        ...//省略了三行三列的内容，其中有用<MARQUEE>标签实现的滚动的公告
消息
    </table>
```

➢ 源代码解释：

源代码中通过在<table>标签中添加 rules="none"来设置表格的内侧边框隐藏，通过添加 frame= "void"设置表格外边框隐藏。

3.2.4 数据表格整体位置及单元格数据对齐方式的设置

1. 设置表格对齐方式

表格的对齐方式表示的是表格相对于周边元素的对齐方式，可用 align 属性设置，可设置为 left、center、right 三个值，分别表示表格相对周围元素的对齐方式为左对齐、居中对齐和右对齐。

```
<table border="1" align="right">
```

注：以上方式不推荐使用，建议使用 CSS 样式代替，方法如下。

```
<table style="float:right">
```

2. 表格中数据的对齐方式

表格中数据的对齐方式主要是指<th>和<td>标签中的数据对齐方式，表示数据在<th>和<td>区域中的位置，用 align 属性设置，可设置为 left、center、right 三个值，分别表示表格相对周围元素的对齐方式为左对齐、居中对齐和右对齐。

3. 数据表格整体位置及数据对齐方式的设置范例

➢ 目标效果如图 3-7 所示。

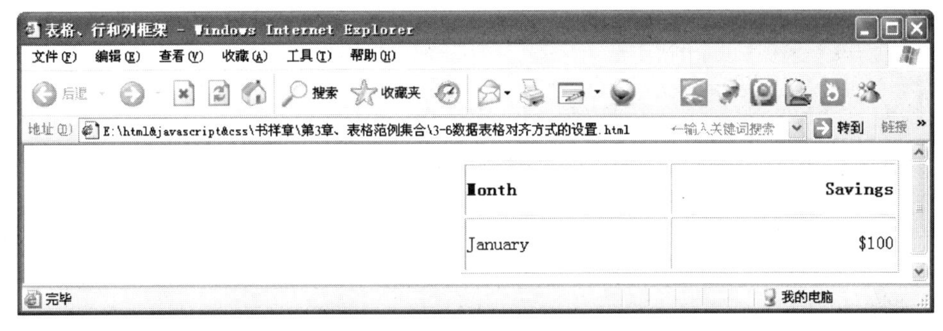

图 3-7 表格对齐方式设置效果图

➢ 源代码清单（3-6 数据表格对齐方式的设置.html）：

```
<table border="1" align="right" width=400 height=100>
  <tr>
    <th align="left" >Month</th>
    <th align="right">Savings</th>
  </tr>
  <tr>
    <td align="center">January</td>
    <td align="right">$100</td>
  </tr>
</table>
```

➢ 源代码解释。

源代码中，通过在<table>标签中设置 align="right"设置表格显示在页面区域的右边（因为表格的父元素是整个页面）。

在两个<th>标签中分别设置 align="left"和 align="right"，使<th>标签中的数据在当前<th>区域中靠左边和靠右边显示。

在两个<td>标签中分别设置 align="center"和 align=" right "，使<td>标签中的数据在当前<td>区域中靠中间（默认值）和靠右边显示。

3.2.5 单元格背景颜色与背景图片的制作

3.2.2 节已经介绍了表格的背景颜色和背景图片，单元格的背景颜色和背景图片的设置和表格设置一样，只是表格设置的是整个表格范围，而单元格的设置只影响到单个单元格的内容。

```
<td bgcolor="#FF0000">      //用 6 位十六进制数表示红色
<td bgcolor="red">          //直接用颜色名称表示
<td bgcolor="rgb(255,0,0)"> //用红、绿、蓝三个参数值表示
```


注：以上三种方法不推荐使用，建议使用 CSS 样式代替，方法如下。

```
<td style="background-color:red">
```

单元格背景颜色设置应用案例目标效果如图 3-8 所示。

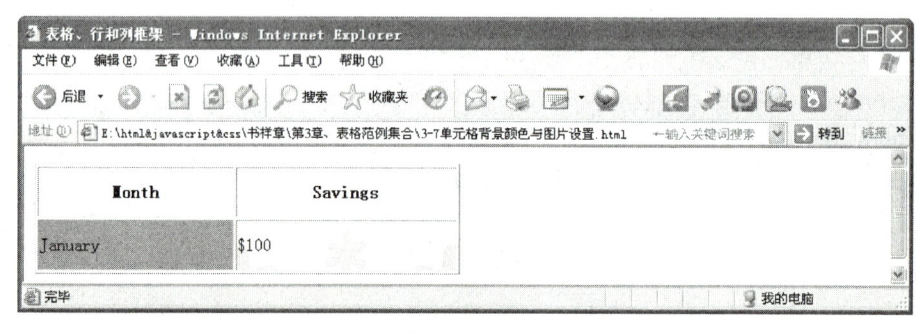

图 3-8 单元格背景颜色与图片设置效果图

➢ 源代码清单（3-7 单元格背景颜色与图片设置.html）：

```
<table border="1"   width="400" height="100">
  <tr>
    <th>Month</th>
    <th>Savings</th>
  </tr>
  <tr>
    <td bgcolor="#00FF00">January</td>
    <td background="images/eg_bg_07.gif">$100</td>
  </tr>
</table>
```

➢ 源代码解释：

源代码中在第一个<td>标签中利用 bgcolor="#00FF00"设置了此单元格的背景颜色为

#00FF00，而在第二个<td>标签中通过 background="images/eg_bg_07.gif"设置了此单元格的背景图片，从效果图中可以看出，单元格背景颜色和背景图片的设置都只改变本单元格，不会影响其他单元格。

3.3　表格标题制作

1. 表格标题定义

caption 元素定义表格标题，<caption>标签必须紧随<table>标签之后。只能对每个表格定义一个标题，通常这个标题会居中于表格之上。

```
<table width=90%>    <caption>Monthly savings</caption> </table>
```

2. 表格标题属性如表 3-1 所示

表 3-1　表格标题属性

属　性	值	描　述
align	left | right | top |bottom	不赞成使用，请使用样式取而代之。规定标题的对齐方式

```
<caption align="left">
```

注：以上方法不推荐使用，建议使用 CSS 样式代替，方法如下。

```
<caption style="caption-side:left">
```

3. 表格标题制作应用案例

➢ 目标效果如图 3-9 所示。

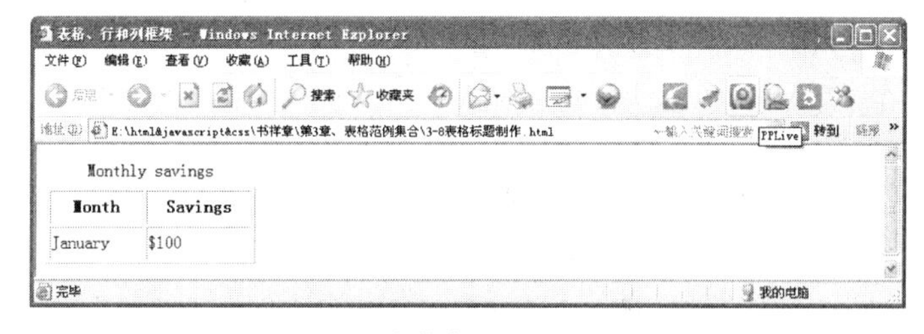

图 3-9　表格标题制作效果图

➢ 源代码清单（3-8 表格标题制作.html）：

```
<table border="1">
   <caption align=" top">Monthly savings</caption>
   <tr>
      <th>Month</th>
      <th>Savings</th>
   </tr>
   <tr>
      <td>January</td>
      <td>$100</td>
   </tr>
</table>
```

➢ 源代码解释：

通过在<table>标签中定义了<caption>子标签，在子标签<caption>中通过设置属性align= "bottom"使标签文字 Monthly savings 显示在表格的顶端，也可设置在左边、右边、中间和底端，属性值分别为 left、right、center 和 bottom。

3.4 合并单元格

1. 跨行合并单元格

rowspan 属性用来跨行合并单元格，表示的是某个单元格和原本处在它下面的下一行或几行的单元格合并为一个单元格，合并后的单元格的高度为原来两个或几个单元格之和。

```
<td rowspan="2">$50</td>   //表示跨行合并两个单元格
```

2. 跨列合并单元格

colspan 属性用来跨列合并单元格，表示的是某个单元格和原本处在它右边的一个或几个的单元格合并为一个单元格，合并后的单元格的宽度为原来两个或几个单元格之和。

```
<td colspan ="2">$50</td>   //表示跨列合并两个单元格，和其右边的单元格合并
```

3. 合并单元格在数据表格中的应用案例

➢ 目标效果如图 3-10 所示。

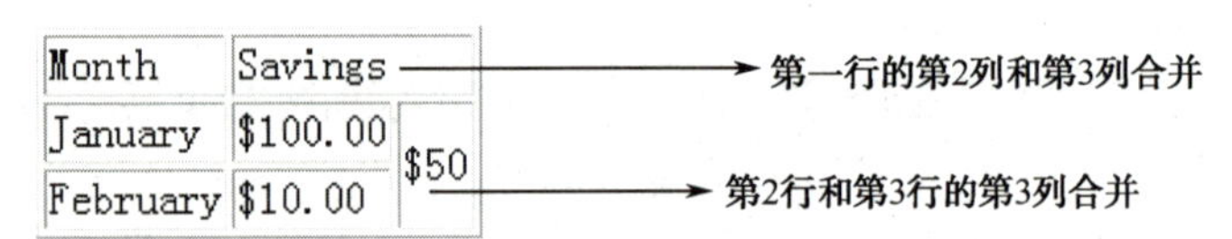

图 3-10　单元格合并应用效果图

➢ 源代码清单（3-9 单元格合并.html）：

```
<table border="1">
  <tr>
    <td>Month</td>
    <td colspan="2">Savings</td>
  </tr>
  <tr>
    <td>January</td>
    <td>$100.00</td>
    <td rowspan="2">$50</td>
  </tr>
  <tr>
    <td>February</td>
    <td>$10.00</td>
  </tr>
</table>
```

➢ 源代码解释：

源代码中，该表格的结构为三个<tr>，每个<tr>中包含三个<td>，所以表格为三行三列表格。

通过在第一个<tr>中的第二个<td>标签中设置属性 colspan="2"，使得第一行中第二个单元占后两个单元格的宽度，也就是相当于后两个单元格合并为一个单元格。

通过在第二个<tr>中的第三个<td>中设置属性 rowspan="2"，使得该单元格占用了下一行中的第三个单元格的宽度，也就是相当于该单元格和下一行的第三个单元格合并为一个单元格。

因为第二个<tr>中的第三个<td>和第三个<tr>中的第三个单元格合并为了一个单元格，也就是第三个<tr>中的第三个<td>被前一行占用了，所以第三个<tr>中只需要包含两个<td>即可。

3.5 设置表格的表头、主体与表尾

当创建某个表格时，您也许希望拥有一个标题行，一些带有数据的行，以及位于底部的一个总计行。这种划分使浏览器有能力支持独立于表格标题和页脚的表格正文滚动。当长的表格被打印时，表格的表头和页脚可被打印在包含表格数据的每张页面上。

<thead>标签定义表格的表头。该标签用于组合 HTML 表格的表头内容，thead 元素应该与 tbody 和 tfoot 元素结合起来使用；tbody 元素用于对 HTML 表格中的主体内容进行分组，而 tfoot 元素用于对 HTML 表格中的表注（页脚）内容进行分组。必须在 table 元素内部使用这些标签。

1. 创建表头部分

```
<thead>
    <tr>
        <th>Month</th>
        <th>Savings</th>
    </tr>
  </thead>
```

2. 创建主体部分

```
<tbody>
    <tr>
        <td>January</td>
        <td>$100</td>
    </tr>
</tbody>
```

3. 创建表尾部分

```
<tfoot>
    <tr>
        <td>Sum</td>
        <td>$180</td>
    </tr>
  </tfoot>
```

4．表头、主体和表尾的共有属性如表 3-2 所示

表 3-2　表头、主体和表尾的共有属性

属　性	值	描　述
align	right | left | center | justify | char	定义 thead、tbody、tfoot 元素中内容的对齐方式，与<td>标签 align 属性相同
char	character	规定根据哪个字符来进行文本对齐
charoff	number	规定第一个对齐字符的偏移量
valign	top | middle | bottom | baseline	规定 thead、tbody、tfoot 元素中内容的垂直对齐方式

5．表头、主体和表尾综合应用案例

➢ 目标效果如图 3-11 所示。

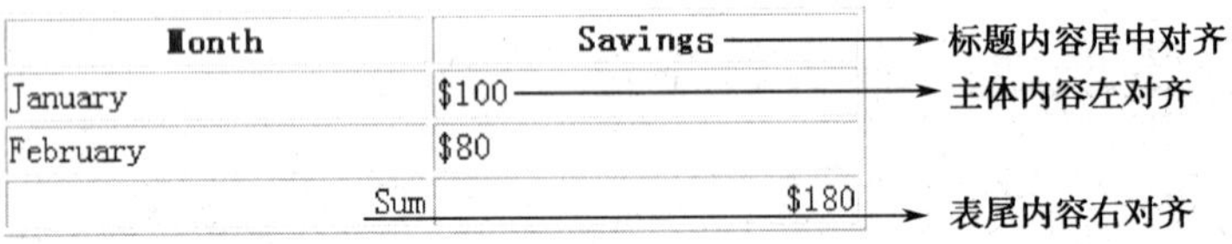

Month	Savings
January	$100
February	$80
Sum	$180

标题内容居中对齐

主体内容左对齐

表尾内容右对齐

图 3-11　表头、主体和表尾综合应用效果图

➢ 源代码清单（3-10 表头、主体和表尾综合应用.html）：

```
<table border="1" width=400>
  <thead align=center>
    <tr>
      <th>Month</th>
      <th>Savings</th>
    </tr>
  </thead>
  <tfoot align=right>
    <tr>
      <td>Sum</td>
      <td>$180</td>
    </tr>
  </tfoot>
  <tbody align=left>
    <tr>
      <td>January</td>
      <td>$100</td>
    </tr>
    <tr>
      <td>February</td>
      <td>$80</td>
    </tr>
  </tbody>
</table>
```

➢ 源代码解释：

源代码中，该表格包含一个表头<thead>、一个表体<tbody>和一个表尾<tfoot>，表头显示在表格的顶端，表尾显示在表格的底端（虽然本例中为了突出位置，在书写时表

尾位置在表体前面)，表体显示在中间。

3.6 表格列的设置

可以为整行设置样式，当然也可以为整列设置样式，HTML 提供了<colgroup>和<col>两个标签用于为表格列的设置样式。

1. <colgroup>标签

<colgroup>标签用于对表格中的列进行组合，以便对其进行格式化。如需对全部列应用样式，<colgroup>标签很有用，可以不需要对各个单元格和各行重复应用样式。<colgroup >标签只能在 table 元素中使用。

2. <col>标签

<col>标签为表格中一个或多个列定义属性值，如需对全部列应用样式，<col>标签很有用，这样就不需要对各个单元格和各行重复应用样式了，所有主流浏览器都支持<col>标签，可以和<colgroup>标签一起使用，用来对同一组中的元素进行不同格式的设置，col 元素是仅包含属性的空元素。如需创建列，就必须在 tr 元素内部规定 td 元素。

3. <colgroup>和<col>两个标签的共有属性如表 3-3 所示

表 3-3 <colgroup>和<col>两个标签的共有属性

属　性	值	描　述
align	right | left | center | justify | char	定义在列组合中内容的水平对齐方式
char	character	规定根据哪个字符来对齐列组中的内容
charoff	number	规定第一个对齐字符的偏移量
span	number	规定列组应该横跨的列数
valign	top | middle | bottom | baseline	定义在列组合中内容的垂直对齐方式
width	pixels | % | relative_length	规定列组合的宽度

4. 表格列设置应用案例

➢ 目标效果如图 3-12 所示。

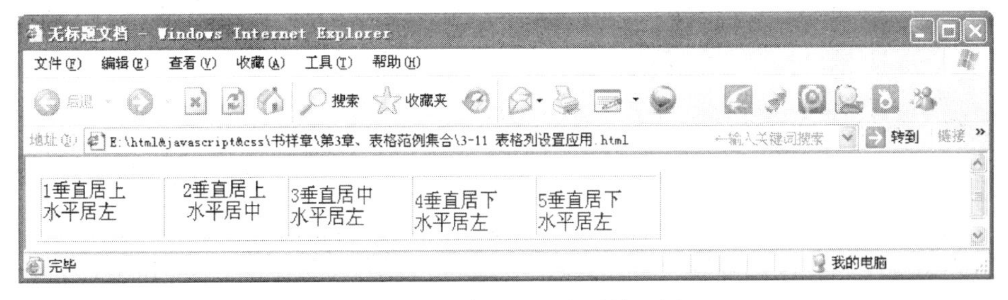

图 3-12 表格列设置应用效果图

➢ 源代码清单（3-11 表格列设置应用.html）：

```
<table border="1">
    <colgroup span="3" valign="top" align="left">
        <col ></col>
        <col align="center"></col>
        <col valign="middle"></col>
</colgroup>
    <colgroup span="2" valign="bottom"></colgroup>
    <tr height=50>
        <td width=100>1 垂直居上<br>水平居左</td>
        <td width=100>2 垂直居上<br>水平居中</td>
        <td width=100>3 垂直居中<br>水平居左</td>
        <td width=100>4 垂直居下<br>水平居左</td>
        <td width=100>5 垂直居下<br>水平居左</td>
    </tr>
</table>
```


➢ 源代码解释：

该表格结构为一行（一个<tr>标签）五列（五个<td>标签），用<tr height=50>设置行高为 50 像素，<td width=100>设置每列宽度为 100 像素。

在表格前面用<colgroup span="3" valign="top" align="left">设置了该表格的前三列（span="3"）单元格的共同属性特征，使单元格中的内容垂直对齐方式为顶端对齐（valign="top"），水平对齐方式为左对齐（align="left"）。

同时在<colgroup>标签中单独定义了后两个列的特有属性，这样使得单独定义了特有属性的单元格的所有属性特征为共有属性特征和单独属性特征之和，当某个属性即在共同属性特征设置了，又在特有属性中出现了，此时优先特有属性，如在<colgroup>标签中定义了 align="left"，但在第二个<col align="center">标签中也设置了 align="center"，所以第二个单元格中的最终显示效果的水平对齐方式为居中对齐，因此最终显示效果中第三个单元格中的内容垂直对齐方式为居中对齐（valign="middle"）。

紧接着用<colgroup span="2" valign="bottom"></colgroup>设置了后两列（span="2"）单元格的共同属性特征，为单元格中的内容垂直对齐方式为底端对齐（valign="bottom"），水平对齐方式默认为左对齐。

3.7 典型应用项目范例：利用表格布局门户网站页面

1. 网站页面要求

设计一个网站首页，使其布局为上边显示公司 Logo 及主题菜单，右边显示信息公告、时间日期、天气预报、企业理念、联系方式列表、下边显示相关友情链接图标及公司相关版权和联系信息，中间显示主体内容。

2. 网站页面目标效果如图 3-13 所示

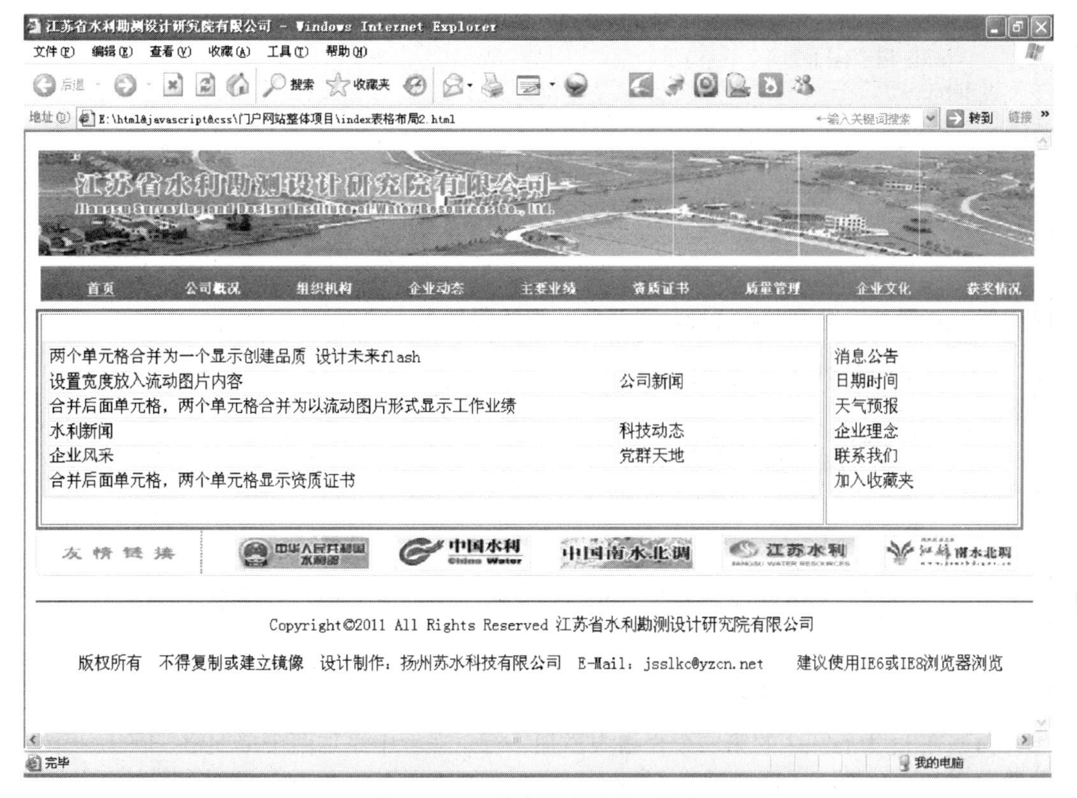

图 3-13 网站首页布局目标效果

3. 基于目标效果图的设计分析

从以上目标效果图中看出页面结构可设计为整个页面划分为三个表，名字分别为 table1、table2 和 table3。

其中可用 table1 包含两行（两个<tr>），每行包含一个单元格<td>，其中第一行的单元格中放置图片标签，用于显示公司 Logo，第二行的单元格中放置网站导航菜单。

可用 table2 包含一行，行中包含两个单元格，其中第一个单元格用于放置公司要显示的主体内容，第二个单元格用于放置公司信息公告、时间日期、天气预报、企业理念、联系方式列表。

可用 table3 包含三行，每行包含一个单元格，其中第一行的单元格用于显示相关友情链接图标，第二行用于显示分隔线图标，第三行的单元格用于显示公司相关版权和联系信息。

4. 网站页面制作步骤

（1）利用 Dreamweaver 新建一个 HTML 页面，名字为“3-12 表格布局网站页面.html”。

（2）在页面设计视图中编码制作三个表格，名字分别为 table1、table2 和 table3，源代码如下：

```
<!--上边内容表格，用于放置公司 Logo 和网站导航菜单 名字 id 为 table1-->
<table id="table1">
```

```
    </table>
    <!--中间内容表格，把所有内容作为一行一个单元格，用于放置公司主体内容和信息公
告等，名字 id 为 table2-->
       <table id="table2">
    </table>
       <!--下边内容表格，用于放置友情链接图标和显示公司相关版权和联系信息，名字 id
为 table3 -->
      <table id="table3" >
    </table>
```

（3）在 id 为 table1 的第一个表格中添加两行，每行中添加一个单元格，每个单元格中添加一个图片，分别显示 Logo 和菜单，源代码如下：

```
    <table id="table1">
           <tr>
             <td id="top" >
             <img src="images/logo.jpg" width="100%" height="103" />          </td>
          </tr>
          <tr>
             <td>
                   <img src="images/menu.jpg"/>
             </td>
          </tr>
      </table>
```


（4）在 id 为 table2 的第二个表格中添加一行，在行中添加两个单元格，在第一个单元格（宽度为父窗口标签宽度的 80%）中添加一个表格名字 id 为 table2_1，第二个单元格（宽度为父窗口标签宽度的 20%）中也添加一个表格 table2_2，源代码如下：

```
    <table    id="table2"  height="200"  width="100%"  border=3  bordercolor="#FF0000"
frame="box" rrules="all" >
          <tr height="100%" width="100%">
            <td height="100%"   width=80%   >
                 <table  id="table2_1"  height="45%"  width="100%"  border=3  bordercolor=
yellow   frame="box" >
                 </table>
            </td>
            <!--右边显示信息表，加上标题有 6 个条目，所以添加 6 行 -->
            <td   width=20%>
                 <table id="table2_2"   width=100% height=45% border=3 bordercolor=yellow
frame="box">
                 </table>
            </td>
          </tr>
    </table>
```

（5）在 id 名为“table2_1”的表格中添加 6 行，也就是在表格中设置 6 个<tr>，每个<tr>中设置两个<td>，该表格主要用于放置公司的主体信息内容，每个<td>中书写模仿随书配套资源中“门户网站整体项目”中的首页“index.html”的内容文字信息，同时根据内容显示的方式用 colspan="2"进行了单元格合并显示，源代码如下：

```
        <table   id="table2_1"   height="45%"   width="100%"   border=3   bordercolor=yellow
frame="box" >
                <tr>
                    <td  width="47%"  colspan="2"  >两个单元格合并为一个显示创建品质
设计未来 flash</td>
                </tr>
                <tr>
                    <td >设置宽度放入流动图片内容</td>
                     <td>公司新闻</td>
                </tr>
                <tr >
                    <td    colspan="2">合并后面单元格，两个单元格合并为以流动图片形
式显示工作业绩</td>
                </tr>
                <tr >
                    <td>水利新闻</td>
                     <td>科技动态</td>
                </tr>
                <tr >
                    <td>企业风采</td>
                     <td>党群天地</td>
                </tr>
                <tr>
                    <td colspan="2">合并后面单元格，两个单元格显示资质证书</td>
                </tr>
        </table>
```


（6）在 id 名为“table2_2”的表格中添加 6 行，也就是在表格中设置 6 个<tr>，每个<tr>中设置一个<td>，主要用于放置公司的消息公告、时间日期、天气预报、企业理念、联系方式列表等内容，源代码如下：

```
          <table      id="table2_2"    width=100%    height=45%    border=3    bordercolor=yellow
frame="box">
                <tr>
                    <td >消息公告</td>
                </tr>
                  <tr>
                    <td>日期日间</td>
                </tr>
                  <tr>
                    <td>天气预报</td>
                </tr>
                  <tr>
                    <td>企业理念</td>
                </tr>
                  <tr>
                    <td>联系我们</td>
                </tr>
                  <tr>
                    <td>加入收藏夹</td>
                </tr>
          </table>
```

（7）在 id 为 table3 的第三个表格中添加三行，每行中添加一个单元格，每个单元格中添加一个图片，分别显示链接信息图片、分隔线和公司相关版权和联系信息，源代码如下。

```
<table width="100%" border="0" cellspacing="0" cellpadding="0" id="table3">
        <tr>
          <td>
          <img src="images/link.jpg" width="100%" height="53"/>          </td>

        </tr>


        <tr>
          <td><img src="images/bottom.jpg" width="1004" height="25" /></td>
        </tr>
        <tr>
          <td  height="40"><p  align="center"  class="font3">Copyright&copy;2011  All Rights Reserved 江苏省水利勘测设计研究院有限公司 </p>
            <p align="center" class="font3">版权所有  不得复制或建立镜像  设计制作:扬州苏水科技有限公司  E-Mail: jsslkc@yzcn.net    建议使用 IE6 或 IE8 浏览器浏览</p>
          </td>
        </tr>
</table>
```


（8）保存文档，用浏览器打开，查看效果是否与目标效果一致。

3.8 项目实训：大学门户网站首页布局设计

任务：用表格布局设计完成如图 3-14 所显示的功能页面，参考网站地址 www.csmzxy.com。

图 3-14 大学门户网站首页效果图

3.9 综合练习

1．简述表格的作用。

2．设计一个页面，并在页面中实现插入一个 5 行 5 列的表格。

3．编写程序，利用 td 属性实现如图 3-15 所示的功能。

Month	Savings	
January	$100.00	$50
February	$10.00	

图 3-15　利用 td 属性实现的功能

4．编写程序，利用 th 属性实现如图 3-16 所示的功能。

Company in USA	
Apple, Inc.	1 Infinite Loop Cupertino, CA 95014
Google, Inc.	1600 Amphitheatre Parkway Mountain View, CA 94043

图 3-16　利用 td 属性实现的功能

5．利用 thead、tbody 和 tfoot 标签及属性实现如图 3-17 所示的功能。

	2006年		2007年	
	营业额（百万）	纯利润（百万）	营业额（百万）	纯利润（百万）
中兴	3953	1245	3687	763
翠墨	4884	310	3232	358
飞瑞	5193	1420	4143	932

图 3-17　利用 thead、tbody 和 tfoot 标签及属性实现的功能

6．利用<caption>标签及属性实现如图 3-18 所示的功能。

Monthly savings

Month	Savings
January	$100

图 3-18　利用<caption>标签实现的功能

第4章 表　单

基本介绍

我们在访问网页时，除了能看到文字图片动画以外，时常还有“用户调查”、“网站留言”等可输入信息的网页，这种网页称为“表单”或“窗体”。本章首先讲述处理表单的服务器端配置，再介绍创建表单（form）网页的输入控件，以及几个实例应用。对于实例中的ASP程序及脚本代码，暂不要求同学们掌握，有兴趣的同学可查看其他资料。

需求与应用

表单技术是把浏览者输入的数据传送到服务器端程序，一般用于：

- 一般网站的“用户调查”、“网站留言”和“用户注册”等简单提交页面；
- BBS，blog的登录系统、购物车系统等专业性数据交互网站。

学习目标

- 了解IIS的简单配置。
- 掌握数据输入控件的用法和用途。
- 简单了解ASP后台页面处理。
- 了解文件上传下载。

4.1 认识表单

4.1.1 表单简介

随着Internet技术的迅速发展，用户不仅希望能从Web服务器中获取信息，而且还希望能够与Web服务器实时交互与反馈信息，HTML采用表单来实现用户的这种需求。表单是实现交互动态网页的一种主要形式，是网站管理者与浏览者之间沟通的桥梁。

表单的主要功能是收集信息，接受浏览者在网页上的操作，并传递给CGI或ASP服务器端的表单处理程序。一般表单由两部分组成，一是描述表单元素的HTML代码；二是客户端的脚本（如CGI或ASP程序）。

4.1.2 <form>标签

表单是网页上的一个特定区域，它由<form>标签来定义，这个标签是成对标签。表单定义有几个方面的作用。第一个方面，限定表单的范围。其他的表单对象，都要插入到表单之中。单击提交按钮时，提交的也只是表单范围之内的内容。第二个方面，携带表单的相关信息，比如处理表单的脚本程序的位置、提交表单的方法等。这些信息对于浏览者是不可见的，但对于处理表单却有着决定性的作用。

```
<form name=" form_name"  method=" method"  action=" URL" >
...
</form>
```

1. <form>标签中的属性

<form>标签的属性如表 4-1 所示。

表 4-1　<form>标签的属性表

属　性	描　述
Name	表单的名称
Method	定义表单结果从浏览器传送到服务器的方法，一般有两种方法：Get 和 Post
Action	用来定义表单处理程序（一个 ASP、CGI 等程序）的位置（相对地址或绝对地址）

在 Method 属性中，Get 方法是将表单内容附加在 URL 地址后面，所以对提交信息的长度进行了限制，最多不可以超过 819 个字符。同时 Get 方法不具有保密性，不适合处理如信用卡卡号等要求保密的内容，而且不能传送非 ASCII 码的字符。Post 方法是将用户在表单中填写的数据包含在表单的主体中，一起传送到服务器上的处理程序中。该方法没有字符的限制，它包含了 ISO10646 的字符集，是一种邮寄的方式，在浏览器的地址栏不显示提交的信息，并且这种方式传送的数据是没有限制的。当不指明是哪种方式时，默认为 Get 方式。

2. <form>标签中的常用子标签

<form>标签为容器标签，在<form>标签对中，可嵌入其他标签元素，在<form>标签中嵌入的常用子标签主要有 4 种，主要用于作为窗口的输入输出接口，如表 4-2 所示。

表 4-2　<form>标签中的常用子标签

标　签	描　述
<input>	表单输入标签
<select>	菜单和列表标签
<option>	菜单和列表项目标签
<textarea>	文字域标签

标签语法及格式使用如下的源代码：

```
<form>
<input>...</input>
<textarea>...</textarea>
<select>
        <option>...</option>
</select>
</form>
```

4.2 使用输入标签<input>插入数据控件

输入标签<input>是表单中最常用的标签之一。常用的文本域、按钮等都使用该标签，语法如下。

```
<form>
    <input name=" field_name"  type=" type_name" >
</form>
```

<input>标签的属性如表 4-3 所示。

表 4-3 <input>标签的属性

属　性	描　述
Name	域的名称
Type	域的类型

在 Type 属性中，可以包含的属性值如表 4-4 所示。

表 4-4 Type 属性值列表

Type 属性值	描　述
Text	文字域
Password	密码域
File	文件域
Checkbox	复选框
Radio	单选框
Button	普通按钮
Submit	提交按钮
Reset	重置按钮
Hidden	隐藏域
Image	图像域（图像提交按钮）

1. 插入单行文本框

Type =Text 属性值用来表示在表单中可输入文本、数字或字母，输入的内容以单行显示，语法如下：

```
<input Type=" text"  Name=" field_name"  Maxlength=value Size=value Value="
default_value" >
```

其中，各属性的含义如表 4-5 所示。

表 4-5 文字域属性的含义

文字域属性	描　述
Name	文字域的名称
Maxlength	文字域的最大输入字符数

续表

文字域属性	描　　述
Size	文字域的宽度（以字符为单位）
Value	文字域的默认值

➢ 源代码清单（4-1.html）：

```
<html><head><title>文本框</title></head>
<body>
<form>
联系方式<br>
电子邮件:<input type=text name=电子邮件><br>
联系地址:<input type=text name=联系地址><br>
手机号码:<input type=text name=手机号码><br>
QQ 号码:<input type=text name=QQ 号码><br>
微信号:<input type=text name=微信号><br>
</form>
</body>
</html>
```


➢ 运行效果如图 4-1 所示。

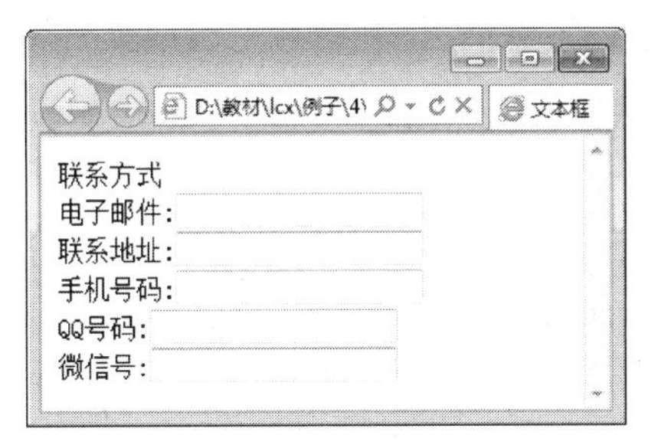

图 4-1　插入单行文本框的效果图

2. 密码域 Password

在表单中还有一种文本域形式的密码域，它可以使输入文本域中的文字均以“*”显示，其他各属性的含义同文字域的属性相同，语法如下：

```
<input Type=" Password"  name=" field_name"  maxlength=value size=value>
```

3. 文件域 File

该控件用于在页面中实现上传文件的功能，语法如下：

```
<input Type=" File"  name=" field_name" >
```

注：仅仅将客户端的文件上传字段设置好是不够的，还需要在服务器端安装支持文件上传的组件，详见本章 4.7 节文件上传。

4. 复选框 Checkbox

浏览者填写表单时，有一些内容可以通过让浏览者做出选择的形式来实现。例如，常见的网上调查，首先提出调查的问题，然后让浏览者在若干个选项中做出选择。又如收集个人信息时，要求在个人爱好的选项中做出选择，等等。复选框适用于各种不同类型调查的需要。复选框能够进行项目的多项选择，以一个方框表示，语法如下：

```
<input Type=" Checkbox "  name=" field_name "  checked Value=" value " >
```

其中，checked 表示此项被默认选中，value 表示选中项目后传送到服务器端的值。

5. 单选框 Radio

单选框能够进行项目的单项选择，以一个圆框表示，语法如下。

```
<input Type=" Radio "  name=" field_name "  checked Value=" value " >
```

checked 表示此项被默认选中，value 表示选中项目后传送到服务器端的值。Name 的值相同时，表示为一组选择。

➢ 源代码清单（4-2.html）：

```
<html><head><title>单选框和复选框</title></head>
<body>
<form>
姓  名:<input type="TEXT" name="UserName" size="10"><BR>
性  别:<input type="RADIO" name="UserSex" value="Male">男
        <input type="RADIO" name="UserSex" value="Female">女<BR>
您喜欢下列哪些活动（可复选）?
      <input type="CHECKBOX" name="UserInterest" value="阅读">阅读
      <input type="CHECKBOX" name="UserInterest" value="打球">打球
      <input type="CHECKBOX" name="UserInterest" value="逛街">逛街
      <input type="CHECKBOX" name="UserInterest" value="听音乐">听音乐
      <input type="CHECKBOX" name="UserInterest" value="水上运动">水上运动
      <input type="CHECKBOX" name="UserInterest" value="旅行">旅行<BR>
</form>
</body>
</html>
```


➢ 运行结果如图 4-2 所示。

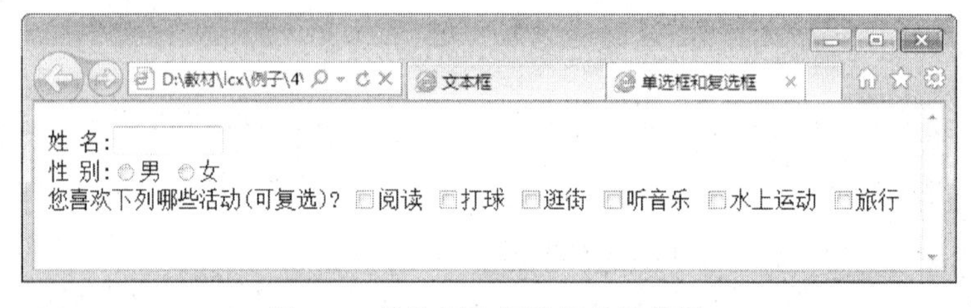

图 4-2　单选框和复选框的效果图

6. 普通按钮 Button

表单中的按钮起着至关重要的作用。按钮可以激发提交表单的动作，按钮可以在用户需要修改表单的时候，将表单恢复到初始的状态，还可以依照程序的需要，发挥其他的作用。普通按钮主要是配合 JavaScript 脚本来进行表单的处理，语法如下：

```
<input Type=" BUTTON "  name=" field_name "  Value=" BUTTON_TEXT " >
```

其中，Value 值代表显示在按钮上面的文字。

7. 提交按钮 Submit

单击提交按钮后，可以实现表单内容的提交，将会从当前页面跳转到<form>标签中的 action 属性指定的 URL，语法如下：

```
<input Type=" Submit"  name=" field_name"  Value=" BUTTON_TEXT" >
```

8. 重置按钮 Reset

单击重置按钮后，可以清除表单的内容，恢复成默认的表单内容设置，语法如下：

```
<input Type=" Reset"  name=" field_name"  Value=" BUTTON_TEXT" >
```

9. 图像域 Image

图像域是指可以用在提交按钮位置上的图片，这幅图片具有按钮的功能。使用默认的按钮形式往往会让人觉得单调，并且如果网页使用了较为丰富的色彩，或稍微复杂的设计，再使用表单默认的按钮形式甚至会破坏整体的美感。这时，可以使用图像域，创建和网页整体效果相统一的图像提交按钮，语法如下：

```
<input Type=" Image"  name=" field_name"  SRC=" Image_URL" >
```


10. 隐藏域 Hidden

隐藏域在页面中对于用户来说是看不见的，在表单中插入隐藏域的目的在于收集或发送信息，以便于处理表单程序的使用。浏览者单击发送按钮发送表单的时候，隐藏域的信息也被一起发送到服务器，语法如下：

```
<input Type=" Hidden"  name=" field_name"  Value=" Value" >
```

4.3 列表标签<select>

1. <select>标签

“下拉框”允许浏览者从下拉式菜单中选择某项，这是一种最节省空间的方式，正常状态下只能看到一个选项，单击选项按钮打开菜单后才能看到全部的选项。

<select>标签加入 Size=value 属性后，就变成了“列表框”，这时可以显示一定数量的选项，如果超出了这个数量，会自动出现滚动条，浏览者可以通过拖动滚动条来查看各选项。Multiple 表示可以允许同时选择多个选项，语法如下。

```
<select Name=" name"  Size=value Multiple>
  <option Value=" value"  Selected> 选项 1</option>
  <option Value=" value" > 选项 2</option>
 ...
</select>
```

2. <select>标签属性

在<select>标签中，有多个属性可用来设置<select>标签的特征，各属性的含义如表 4-6 所示。

表 4-6 <select>标签属性的含义

菜单和列表标签属性	描　述
Name	菜单和列表的名称
Size	显示的选项数目
Multiple	列表中的项目多选
Value	选项值
Selected	默认选项

3. <select>标签应用案例

➢ 源代码清单（4-3.html）：

```
<html><head><title>选择标签</title></head>
<body>
<form>
<font size=5 color=blue>用户调查</font><br>
请选择您喜欢的水果：</br>
<select name="food" size=5 multiple>
<option value="苹果" selected>苹果
<option value="香蕉">香蕉
<option value="梨子" selected>梨子
<option value="橘子">橘子
<option value="橙子">橙子
<option value="柚子">柚子
<option value="枣子">枣子
<option value="荔枝">荔枝
<option value="芒果">芒果
<option value="杨梅">杨梅
<option value="葡萄">葡萄
<option value="樱桃">樱桃
<option value="桃子">桃子
<select>
<hr>
请选择您喜欢的饮料：</br>
<select name="food" >
<option value="橙汁">橙汁
<option value="奶茶">奶茶
<option value="可乐">可乐
<option value="咖啡">咖啡
<option value="柠檬茶">柠檬茶
<option value="果汁">果汁
<option value="椰奶">椰奶
<option value="葡萄汁">葡萄汁
</select>
</form>
</body>
</html>
```

➢ 运行效果如图 4-3 所示。

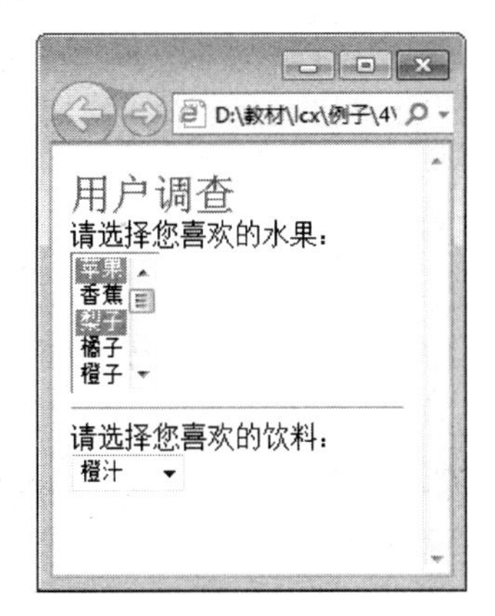

图 4-3　<select>标签的效果图

4.4　文字域标签<textarea>

1. 文字域标签语法及属性

这个标签用来制作多行的文字域，可以在其中输入更多的文本，语法如下：

```
<textarea Name=" name"  Rows=value Cols=Value >默认显示的值
</textarea>
```

其中，各属性的含义如表 4-7 所示。

表 4-7　文字域标签属性的含义

文字域标签属性	描　述
Name	文字域的名称
Rows	文字域的行数
Cols	文字域的列数

2. 文字域标签应用案例

➢ 源代码清单（4-4.html）：

```
<html><head><title>选择标签</title></head>
<body>
<form>
<textarea Name=" txtDetails"  Rows=13 Cols=20 >
  默认显示的值
</textarea>
</form>
</body>
</html>
```

➢ 运行效果如图 4-4 所示。

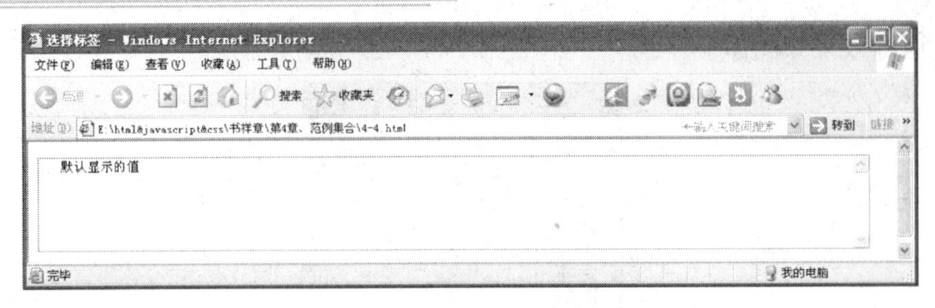

图 4-4　文字域标签的效果图

4.5　虚框修饰标签<fieldset><legend>

1. <fieldset><legend>标签

可以使用<fieldset>…<legend>…</legend>…</fieldset>将某一些表单控件组合在一起，用一个虚框修饰起来，起到更加美观的作用。

2. 虚框修饰应用案例

➢ 源代码清单（4-5.html）：

```
<fieldset>
        <legend>个人资料</legend>
                姓 名:
                  <input type="TEXT" name="UserName" size="10"><BR>
                性 别:
                  <input type="RADIO" name="UserSex" value="Male">男
                  <input type="RADIO"name="UserSex"value="Female">女<BR>
                最高学历
                  <select name="UserSchool" size="4">
                    <option value="高中以下">高中以下
                    <option value="大专院校">大专院校
                    <option value="硕士">硕士</option>
                    <option value="博士">博士</option>
                    <option value="其他">其他</option>
                  </select><BR>
</fieldset>
```

➢ 运行效果如图 4-5 所示。

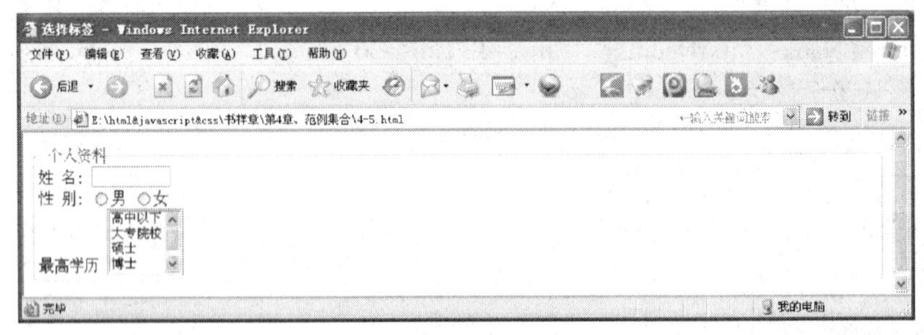

图 4-5　虚框修饰的效果图

4.6 典型应用项目范例：设计用户注册功能

1. 用户注册功能介绍

本案例是我们最常用的会员注册功能，用户要想成为某个公司的会员，需要在网上填写注册信息，然后通过注册信息中的用户名和密码去访问或操作该公司的相关信息。

2. 用户注册功能设计分析

用户注册功能主要应该分为以下三个部分：

（1）用户输入信息后提交；

（2）信息获取与确认；

（3）服务器端后台数据获取与保存（略，不在本书介绍范围）。

3. 用户注册功能设计

（1）设计用户输入信息页面。

➢ 目标效果如图 4-6 所示。

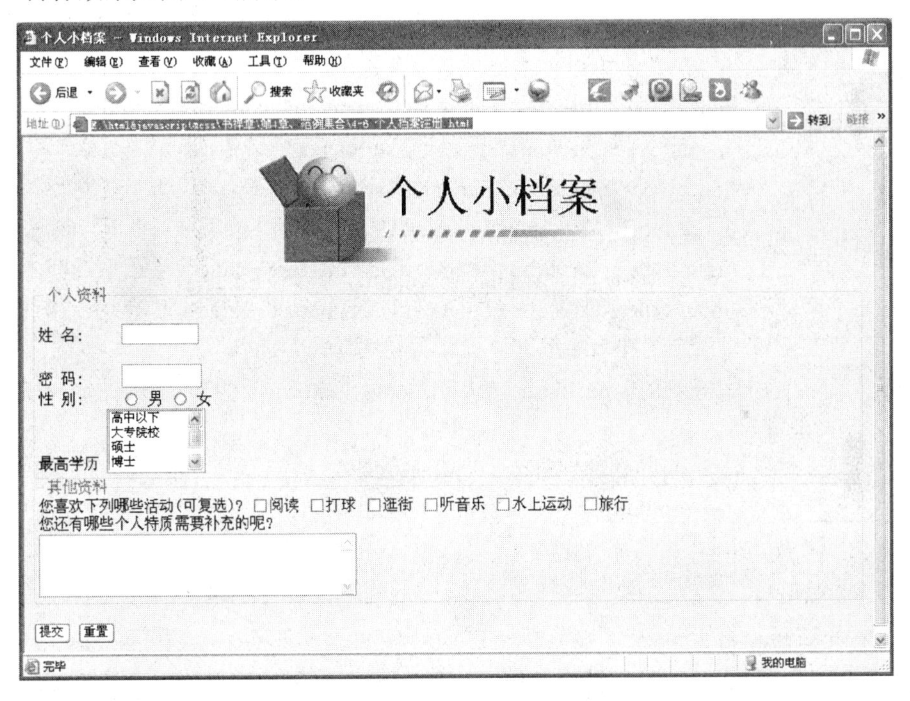

图 4-6 用户输入信息页面的效果图

➢ 源代码清单（4-6 个人档案注册.html）：

```
<body bgcolor="#D1FCE8">
    <center><img src="profile1.jpg"></center>
    <form   method="POST" action="确认网页.asp">
```

```
        <fieldset>
          <legend>个人资料</legend>
          <p>姓 名: <input type="Text" name="UserName" size="10"> </p>
          <p>密 码: <input type="password" name="Password" size="10"> <BR>
            性 别: <input type="RADIO" name="UserSex" value="Male">  男
                <input type="RADIO" name="UserSex" value="Female">  女<BR>
            最高学历
                  <select name="UserSchool" size="4">
                    <option value="高中以下">高中以下
                    <option value="大专院校">大专院校
                    <option value="硕士">硕士</option>
                    <option value="博士">博士</option>
                    <option value="其他">其他</option>
                  </select>
                  <BR>
                </p>
        </fieldset>
        <fieldset>
              <legend>其他资料</legend>
                  您喜欢下列哪些活动（可复选）？
              <input type="Checkbox" name="UserInterest" value="阅读">阅读
              <input type="Checkbox" name="UserInterest" value="打球">打球
              <input type="Checkbox" name="UserInterest" value="逛街">逛街
              <input type="Checkbox" name="UserInterest" value="听音乐">听音乐
              <input type="Checkbox" name="UserInterest" value="水上运动">水上运动
              <input type="Checkbox" name="UserInterest" value="旅行">旅行<BR>
                  您还有哪些个人特质需要补充的呢?<BR>
              <textarea name="UserThought" cols="45" rows="4"></textarea><BR>
        </fieldset>
              <P><input type="Submit" value="提交">
                <input type="Reset" value="重置"></P>
          </form>
        </body>
```


➢ 源代码解释：

在该表单中，包括四块内容，分别为“标题”、“个人资料”、“其他资料”和“提交与重置按钮”。

在“个人资料”区域块中，通过使用<fieldset><legend>标签定义了虚框修饰作用，里面包含“姓名”、“密码”、“性别”和“最高学历”等信息，对应的输入接口控件类型分别采用“文本框”、“单选框”、“选择框”，每个控件的名字分别为"UserName" "Password"、"UserSex"、"UserSchool"。

在“其他资料”区域块中，通过使用<fieldset><legend>标签定义了虚框修饰作用，里面包含“喜欢的活动”、“补充资料”等信息，对应的输入接口控件类型分别为“复选框”和“文本域”，控件名分别为"UserInterest"、"UserThought"。

在“提交与重置按钮”区域块中有两个按钮控件，这两个控件分别用于提交表单和把当前表单中的控件的值恢复为默认值。

当用户单击“提交”按钮时，页面跳转到<form>标签中的 action 属性指定的网页去运行，本案例指定的是与当前网页同目录的“确认网页.asp”。

（2）数据获取与确认。

➢ 源代码清单（确认网页.asp）：

```
<%@ Language=VBScript %>
<% Option Explicit %>
<%
    Dim Name, Sex, School, Interest, Thought
    Name=Request("UserName")
    Select Case Request("UserSex")
        Case "Male":
            Sex="男"
        Case "Female":
            Sex="女"
    End Select
    School=Request("UserSchool")
    Interest=Request("UserInterest")
    Thought=Replace (Request("UserThought"), vbCrLf, "<BR>")
%>
<html>
    <head>
        <title>个人小档案确认网页</TITLE>
    </head>
    <body bgcolor="#D1EFFC">
        <center><img src="profile2.jpg"></center>
        <P><font  color="Blue"><B><I><%=Name%></B></I></FONT>您好！谢谢您
填写个人资料表，您输入的资料如下:</P>
        <P>姓名:<font color="Blue"><%=Sex%></font></P>
        <P>最高学历:<font color="Blue"><%=School%></font></P>
        <P>您感兴趣的活动:<font color="Blue"><%=Interest%></font></P>
        <P>您的个人特质:<font  color="Blue"><blockquote><%=Thought%> </blockquote>
</font></P>
    </body>
</html>
```

➢ 按第 1 章 1.2 节的步骤部署运行，并查看结果，效果如图 4-7 和图 4-8 所示。

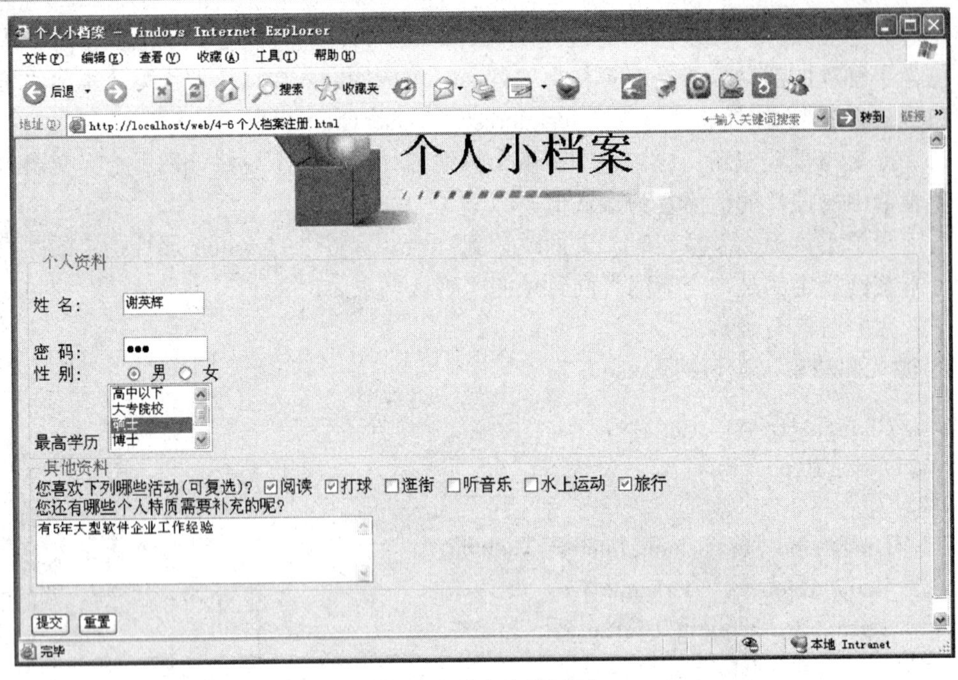

图 4-7 用户注册页面

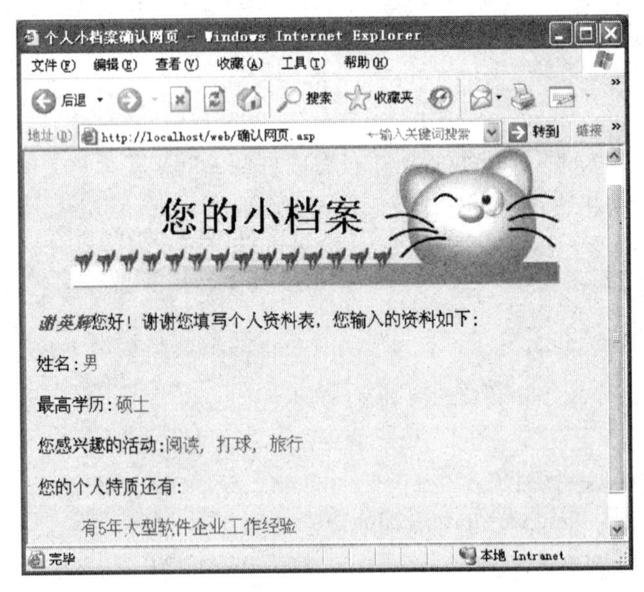

图 4-8 用户注册确认页面

4.7 文件上传与下载

1. 文件上传

有的时候要求用户将文件提交给网站，如 Office 文档、个人照片、或者其他类型的文件，这个时候就要用到文件上传。<input type="file">标签的外观是一个文本框加一个浏览按钮，用户既可以直接将要上传给网站的文件的路径填写在文本框中，也可以单击浏览按钮，在计算机中查找要上传的文件。

文件上传功能实现过程与步骤如下。

（1）设计上传功能页面，源代码清单如下。

```
<html>
  <head><title>文件上传</title></head>
<body>
<form name="FORM" action="upload.asp" method="post">
请选择要上传的文件: <br>
<input type="file"   name="file1"   style="width:400">
<input type="submit" name="submit" value="上传">
</form>
</body>
</html>
```

（2）编写表单处理程序（upload.asp）。

此时，如果急于部署运行上传文件是会出错的，因为（upload.asp）表单处理程序还没有编写，该程序用到了 VBScript 语言的对象，本节不作详细解释，内容如下。

```
<%@ Language=VBScript %>
<%
Dim strFileName
strFileName = Request.Form("file1")
Set objStream = Server.CreateObject("ADODB.Stream")
objStream.Type = 1
objStream.Open
objStream.LoadFromFile strFileName
objStream.SaveToFile Server.MapPath(".")&"/upfile/" & GetFileName(strFileName),2
objStream.close
Response.Write(strFileName&"   已成功上传！ ")
'===以下函数从路径中取得文件名
Private function GetFileName(FullPath)
  If FullPath <> "" Then
    GetFileName = mid(FullPath,InStrRev(FullPath, "\")+1)
  Else
    GetFileName = ""
  End If
End function
%>
```

（3）部署运行。

按 4.2 节步骤部署运行，并查看结果。在打开的上传页面中，单击“浏览”按钮选择一个要上传的文件，再单击“上传”按钮，查看结果，如图 4-9 和图 4-10 所示。

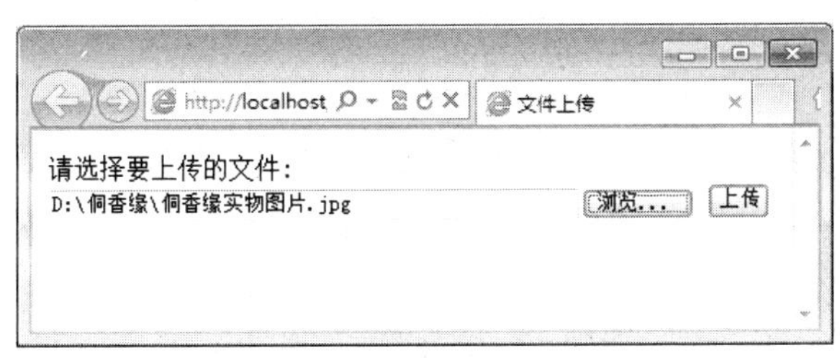

图 4-9　文件上传页面一

D:\侗香缘\侗香缘实物图片.jpg 已成功上传!

图 4-10　文件上传页面二

注：尽管可以用标准的 ASP 脚本处理复杂的表单，但最好还是使用第三方 ASP 组件。

（4）查看上传结果。

在当前 HTML 文件的目录下的 upfile 子目录中查看刚上传的图片，如图 4-11 所示。

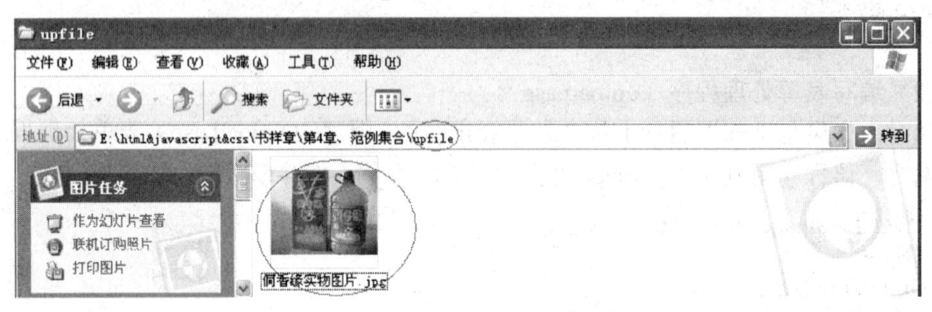

图 4-11　查看已上传的文件

2. 文件下载

文件下载是把存放在服务器上的文件下载到本地客户机上，网页上简单的文件下载可以不用表单<form>，可以通过利用超链接<a href=>…</a>标签定义的一个超链接，在<a>标签中利用 href 属性指定要下载的文件的服务器上的地址。

（1）源代码清单（filedown.htm）：

```
<html>
<body>
<A href=Content.zip>名言</A>
</body>
</html>
```

（2）运行效果如图 4-12 所示。

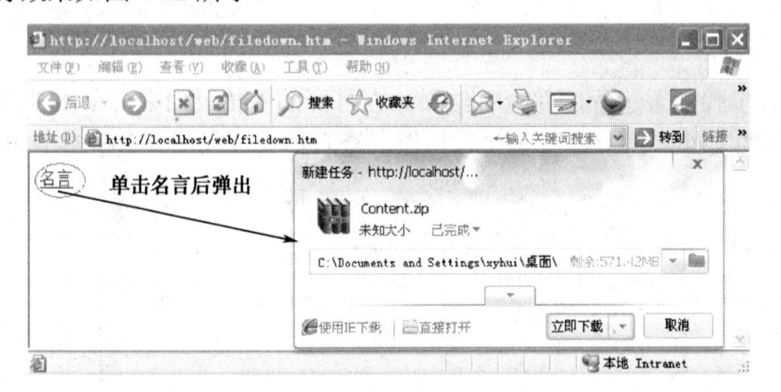

图 4-12　文件下载效果图

4.8 项目实训：学生独立完成留言簿功能

要求如下：

（1）制作一个框架网页（访客留言薄.htm），包含有左右两部分，左边导入网页“输入留言”，右边导入程序“显示留言”。

（2）制作一个网页（输入留言.htm），含有三个文本输入域和两个按钮，如图 4-13 所示。

以上两项不提供参考代码，请同学们自己完成。

（3）再制作一个处理程序（显示留言.asp），接收提交的“姓名”、“E-mail”和“留言”，并显示出来，参考代码如下：

图 4-13 留言薄页面


```
<%@ Language=VBScript %>
<%
    Dim Name, Mail, Message
    Name=Request("UserName")
    Mail=Request("UserMail")
    Message=Replace(Request("UserMessage"), vbCrLf, "<BR>")
%>
<HTML>
    <HEAD>
        <TITLE>显示留言</TITLE>
    </HEAD>
    <BODY>
        <TABLE WIDTH="100%">
            <TR><TD>姓名      </TD></TR>
            <TR><TD BGCOLOR="#FBE0FB"><%=Name%></TD></TR>
            <TR><TD>E-mail    </TD></TR>
            <TR><TD BGCOLOR="#CBFCDA"><%=Mail%></TD></TR>
            <TR><TD>留言      </TD></TR>
            <TR><TD BGCOLOR="#FFFFC8"><%=Message%></TD></TR>
        </TABLE>
    </BODY>
</HTML>
```

将三个文件“访客留言薄.htm”、“输入留言.htm”、“显示留言.asp”存放到 IIS 的虚拟目录中，在浏览中正确输入网页地址，例如 http://localhost/jiaocai/6/访客留言薄.htm，运行结果如图 4-14 所示。

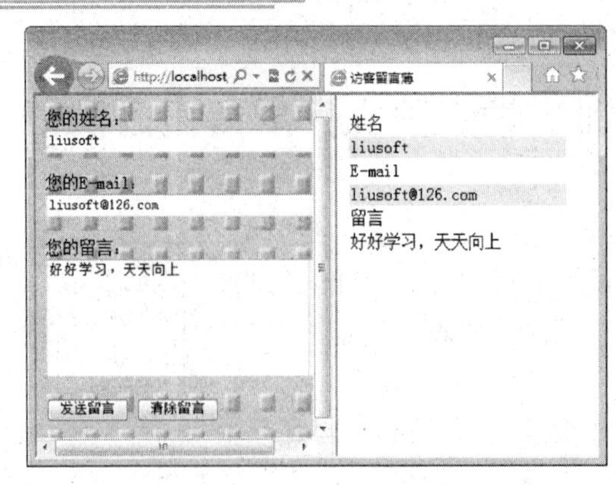

图 4-14　留言薄效果图

4.9　综合练习

一、简答题

（1）在 HTML 语言中，<form>标签的功能是什么？method 属性的参数值有哪两种？它们有何区别？

（2）<input>标签的 type 属性可以有哪些值？这些值各有什么作用？

（3）<select>的功能是什么？它必须与哪个标签配合使用？

二、应用题

按以下要求完成效果如图 4-15 所示的制作。

（1）表单包含于一个一行一列的表格之中，表格的边框为 3，宽度为 1000，高度为 600，边框颜色为"336699"，表格居中显示。

（2）文字“用户登记”居中显示，字体大小为 7，颜色为“绿色”，字体为“幼圆”。

（3）文字“亲爱的用户……便于我们及时与您联系。”居中显示。

（4）性别为二选一单选按钮：“男”、“女”。

（5）文化程度后的下拉菜单选项为“小学”、“初中”、“高中”、“大学”、“研究生”。

（6）职业后的下拉菜单选项为“教育业”、“商业”、“公务员”、“医疗”、“法律”、“军人”、“在读学生”。

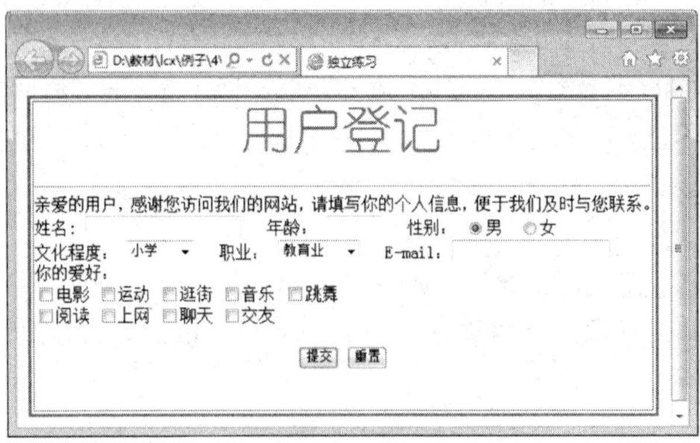

图 4-15　用户登记效果图

第5章

HTML 网页格式设置

基本介绍

在 Word 编辑排版中，可以对文字进行字体格式设置、段落格式设置、项目符号与列表设置等，通过 Word 的“所见即所得”排版功能，使文稿打印出来后更加符合人们的阅读审美要求。那么，网页上的内容是如何“排版”的呢？HTML 语言提供了许多“格式标签”，浏览器检查到这些“标签”时，就将文字内容按相应的格式呈现出来。

需求与应用

在实际网站制作中，网页的美化一般都用 CSS 技术，本章只是介绍 HTML 语言关于页面格式的基本标签，这些技术一般用于：

- 网页字体字号设置，网页中的特殊字符表示；
- 网页文字的段落与分行，居中缩排等对齐方式；
- 网络小说内容的格式设置。

学习目标

- 掌握网页文字美化技术，如标题字设置和字体设置等。
- 掌握网页段落设置，包括段落标签、换行标签等。
- 掌握网页有序列表和无序列表的设置与使用。
- 了解一些其他格式标签。

5.1 HTML 网页文字美化

5.1.1 标题字格式

在浏览器中的正文部分，可以显示标题文字，所谓标题文字就是以某几种固定的字号去显示的文字。

在 HTML 中，定义了 6 级标题，从 1 级到 6 级，每级标题的字体大小依次递减。

标题字的基本语法如表 5-1 所示。

表 5-1 标题字的基本语法

标　签	描　述
<H1>…</H1>	1 级标题
<H2>…</H2>	2 级标题

续表

标　签	描　述
<H3>…</H3>	3 级标题
<H4>…</H4>	4 级标题
<H5>…</H5>	5 级标题
<H6>…</H6>	6 级标题

1 级标题使用最大的字号表现，6 级标题使用最小的字号表现。

标题字可以在页面中实现水平方向左、中、右的对齐，便于文字在页面中的编排。在标题标签中，最主要的属性是 ALIGN（对齐）属性，它用于定义标题段落的对齐方式，使页面更加整齐。

标题字的对齐属性如表 5-2 所示。

表 5-2　标题字的对齐属性

属　性	描　述
<Hn ALIGN=LEFT>…</Hn>	标题左对齐
<Hn ALIGN=CENTER>…</Hn>	标题居中对齐
<Hn ALIGN=RIGHT>…</Hn>	标题右对齐

属性中 Hn 中的 n 代表从 1 到 6。

➢ 源代码清单（5-1.htm）：

```
<html>
<body>
<h1>标题 1 号：网页客户端程序设计<h1>
<h2>标题 2 号：网页客户端程序设计<h2>
<h3>标题 3 号：网页客户端程序设计<h3>
<h4>标题 4 号：网页客户端程序设计<h4>
<h5>标题 5 号：网页客户端程序设计<h5>
<h6  ALIGN=CENTER >标题 6 号：网页客户端程序设计<h6>
</body>
</html>
```

➢ 运行效果如图 5-1 所示。

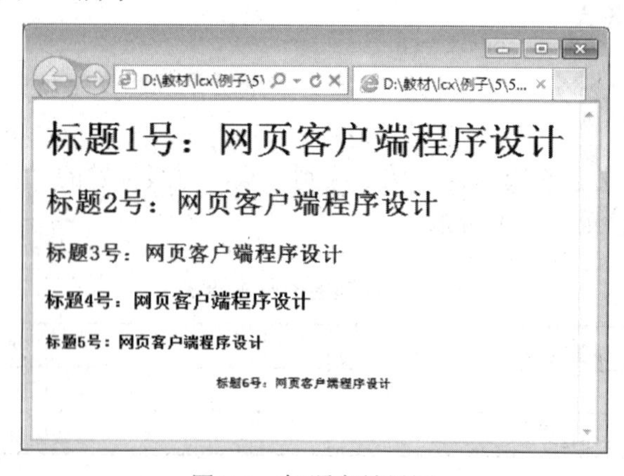

图 5-1　标题字效果图

➢ 源代码解释：

从效果图中看得出，页面中的<h1>中的字体最大，<h6>中的字体最小，在<h6>中使用 ALIGN=CENTER 设置了文字居中对齐，所以<h6>中的文字在页面中显示为居中对齐。

5.1.2 文字修饰

在 HTML 文件中，可以加入多种文字的修饰标签，如表 5-3 所示。

表 5-3 文字的修饰标签

标　签	描　述
<B>	粗体
<STRONG>	粗体
<I>	斜体
<EM>	斜体
<CITE>	斜体
<SUP>	上标
<SUB>	下标
<BIG>	大字号
<SMALL>	小字号
<U>	下画线
<S>	删除线
<STRIKE>	删除线
<ADDRESS>	地址
<TT>	打字机文字
<CODE>	等宽
<SAMP>	等宽
<KBD>	键盘输入文字
<VAR>	声明变量

1. 粗体标签<B>、<STRONG>

对于需要强调的文字，可以以粗体来表现，这就需要 HTML 文字粗体标签。

```
<B>…</B>
<STRONG>…</STRONG>
```

这两个标签组都可以表现文字粗体的效果。

2. 斜体标签<I>、<EM>、<CITE>

一般在文字中，对于需要强调的英文内容，可以使用斜体的效果。当然，也同样适用于中文文字。

```
<I>…</I>
<EM>…</EM>
<CITE>…</CITE>
```

这三个标签组都可以表现文字斜体的效果。

3. 上标标签<SUP>

常见的数学表达式，可以将一段文字以小字体的方式显示在另一段文字的右上角，这就是上标。

```
<SUP>…</SUP>
```

将文字放在两个标签中间就可以实现上标。

4. 下标标签<SUB>

常见的数学表达式或化学方程式，可以将一段文字以小字体的方式显示在另一段文字的右下角，这就是下标。

```
<SUB>…</SUB>
```


将文字放在两个标签中间就可以实现下标。

5. 大字号标签<BIG>

可以使用大字号标签将当前的文字加大一级字号来显示。

```
<BIG>…</BIG>
```

将文字放在两个标签中间就可以实现加大字号。

6. 小字号标签<SMALL>

可以使用小字号标签将当前的文字减小一级字号来显示。

```
<SMALL>…</SMALL>
```

将文字放在两个标签中间就可以实现减小字号。

7. 下画线标签<U>

可以为页面中的文字加注下画线。

```
<U>…</U>
```

将文字放在标签中间就可以实现文字的下画线。

8. 删除线标签<S>、<STRIKE>

可以为页面中的文字加注删除线。

```
<S>…</S>
<STRIKE>…</STRIKE>
```

这两个标签组都可以在文字的中间添加删除线。

9. 地址文字标签<ADDRESS>

这个标签用于显示 E-mail、地址等文字内容，主要用于英文字体的显示中。

```
<ADDRESS>…</ADDRESS>
```

在标签间的文字就是地址等内容。

10. 打字机标签 <TT>

这个标签可以创建出打字机风格的字体，文字间是以等宽来显示的。

```
<TT>…</TT>
```

在标签间的文字就是打字机风格的效果。

11. 等宽文字标签 <CODE>、<SAMP>

这两个标签可以使用等宽的字体来显示文字内容，多用于英文文字。

```
<CODE>…</CODE>
<SAMP>…</SAMP>
```

在标签间的文字就是等宽文字的效果。

12. 键盘输入文字标签<KBD>

这个标签可以显示用户输入命令的文字效果。

```
<KBD>…</KBD>
```

在标签间的文字就是键盘输入文字的效果。

13. 声明变量标签 <VAR>

这个标签可以显示变量的文字效果，使用的是斜体字体。

```
<VAR>…</VAR>
```

在标签间的文字就是声明变量的效果。

14. 文字修饰综合应用范例

➢ 源代码清单（5-2.htm）：

```
<HTML>
    <HEAD>
        <TITLE>示范各种文字格式的网页</TITLE>
    </HEAD>
    <BODY>
        <P>默认的格式 Format</P>
        <P><B>粗体 Bold</B></P>
        <P><STRONG>强调粗体 Strong</STRONG></P>
        <P><I>斜体 Italic</I></P>
        <P><EM>强调斜体 Emphasized</EM></P>
        <P><CITE>引用 Citation</CITE></P>
        <P>H<SUB>2</SUB>O</P>
        <P>X<SUP>3</SUP></P>
```

```
            <P><BIG>BIG</BIG> FONT</P>
            <P><SMALL>SMALL</SMALL> FONT</P>
            <P><U>加底线 Underlined</U></P>
            <P><S>删除线 Strike</S></P>
            <P><STRIKE>删除线 Strike</STRIKE></P>
            <P><ADDRESS>地址 Address</ADDRESS></P>
            <P><TT>Monospace Font</TT></P>
            <P><CODE>程序代码 Code</CODE></P>
            <P><SAMP>范例 SAMPLE</SAMP></P>
            <P><KBD>键盘 Keyboard</KBD></P>
            <P><VAR>变数 Variable</VAR></P>
            <P><ABBR>缩写，如 HTTP</ABBR></P>
            <P><ACRONYM>头字语 Acronym</ACRONYM></P>
            <P><DFN>定义 Definition</DFN></P>
            <P><Q>Gone with the Wind</Q></P>
        </BODY>
    </HTML>
```

➢ 运行效果如图 5-2 所示。

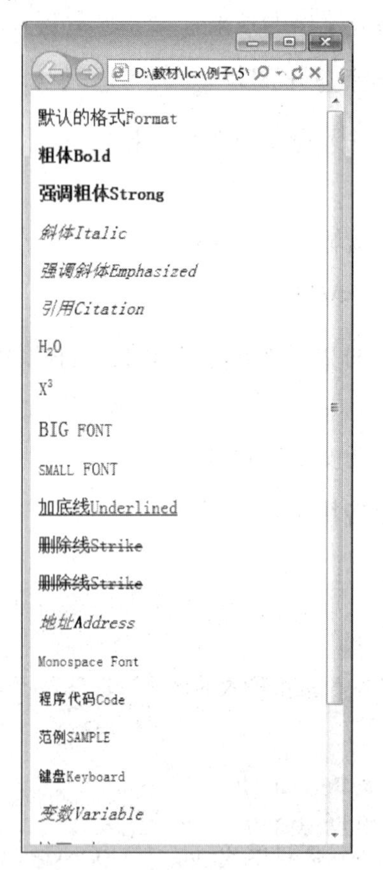

图 5-2　文字修饰综合应用效果图

➢ 源代码解释：

综合应用中应用了文字修饰标签中的 23 个常用标签，每个标签的具体应用效果都不一样，可以具体对照查看其区别。

5.1.3 字体设置

如果希望更改页面中的字体、字号和颜色，最佳的选择就是使用 <FONT> 标签，其属性如表 5-4 所示。

表 5-4 <FONT>标签的属性

属　性	描　述
FACE	字体
SIZE	字号
COLOR	颜色

1．字体属性 FACE

<FONT> 标签中的 FACE 定义字体，不同的字体可以定义多次，字体之间使用“,”分开。

如果第一种字体在系统中不存在，就显示第二种字体；如果字体都不存在，就显示默认的字体。

```
<FONT FACE=" font_name,Font_name,... " >…</FONT>
```

2．字号属性 SIZE

HTML 页面中的文字可以使用不同的字号来表现。字号指的是字体的大小，它没有一个绝对的大小标准，其大小只是相对于默认字体而言的。例如，1 号和 2 号字，比默认字体要小一些，而 4 号和 5 号字，比默认字体要大一些。

```
<FONT SIZE=" VALUE" >…</FONT>
```

<FONT> 标签中的 SIZE 定义字体，VALUE 的取值范围为+1 到+7 或-7 到-1。1 是最小的字号，7 是最大的字号。

3．颜色属性 COLOR

HTML 页面中的文字可以使用不同的颜色表现。丰富的字符颜色毫无疑问能够极大地增强文档的表现力。

```
<FONT COLOR=" VALUE" >…</FONT>
```

<FONT> 标签中的 COLOR 定义了颜色，VALUE 定义颜色的名称或者十六进制代码。

4．基字标签 <BASEFONT>

这个标签用于设置基本的文字属性，对于字号，<FONT SIZE=+n>…</FONT> 或 <FONT SIZE=-n>…</FONT> 将受到这个基本字号的影响。

```
<BASEFONT FACE= " font_name,Font_name,... "  COLOR= " VALUE "  SIZE= " VALUE " >
```

<BASEFONT> 标签中的定义将影响整个页面。

5. 字体设置综合应用范例

➢ 源代码清单（5-3.htm）：

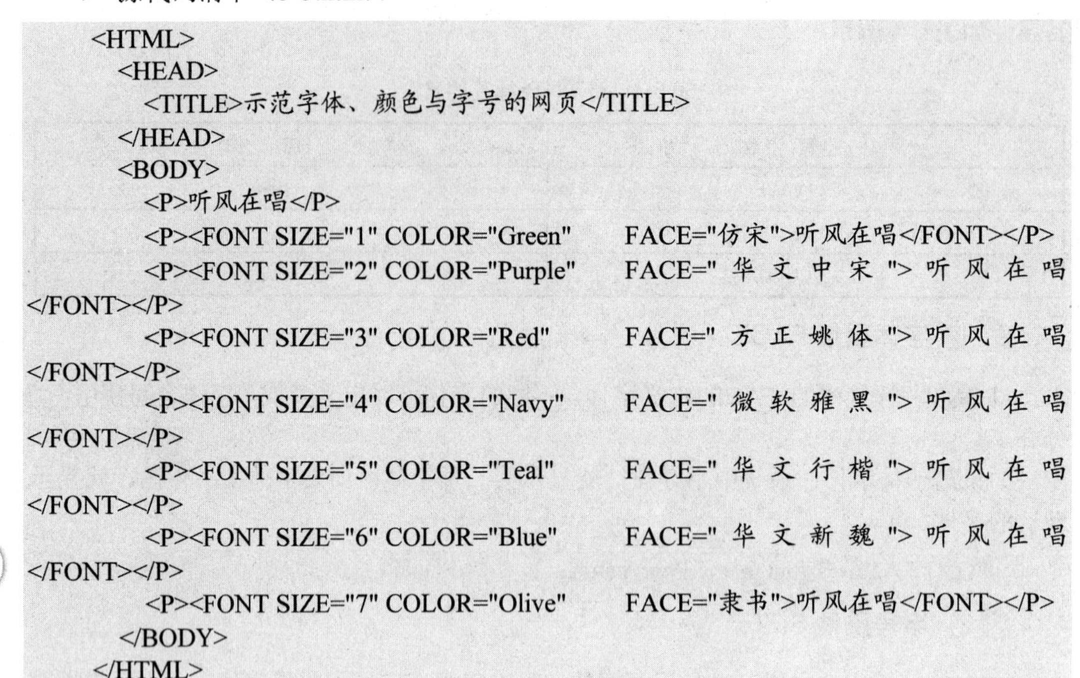

```
<HTML>
  <HEAD>
    <TITLE>示范字体、颜色与字号的网页</TITLE>
  </HEAD>
  <BODY>
    <P>听风在唱</P>
    <P><FONT SIZE="1" COLOR="Green"     FACE="仿宋">听风在唱</FONT></P>
    <P><FONT SIZE="2" COLOR="Purple"    FACE="华文中宋">听风在唱
</FONT></P>
    <P><FONT SIZE="3" COLOR="Red"       FACE="方正姚体">听风在唱
</FONT></P>
    <P><FONT SIZE="4" COLOR="Navy"      FACE="微软雅黑">听风在唱
</FONT></P>
    <P><FONT SIZE="5" COLOR="Teal"      FACE="华文行楷">听风在唱
</FONT></P>
    <P><FONT SIZE="6" COLOR="Blue"      FACE="华文新魏">听风在唱
</FONT></P>
    <P><FONT SIZE="7" COLOR="Olive"     FACE="隶书">听风在唱</FONT></P>
  </BODY>
</HTML>
```


➢ 运行效果如图 5-3 所示。

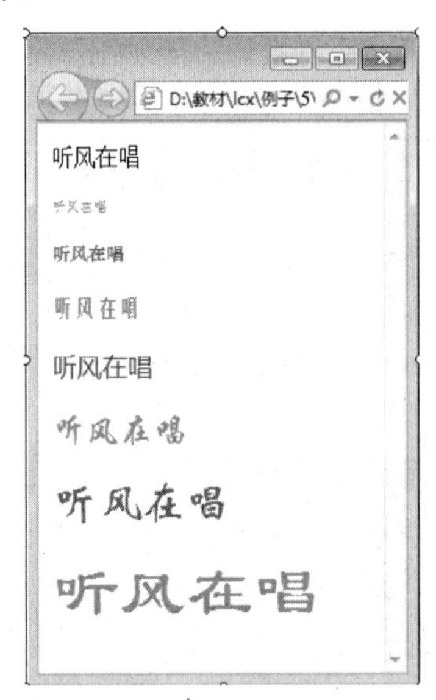

图 5-3　字体设置综合应用效果图

➢ 源代码解释：

综合应用范例中通过 7 个不同的字体设置展示了文字大小、文字字体和文字颜色的设置和区别，每一个都因为有不同的设置而显示效果不同。

5.2 HTML 网页段落设置

1. 段落标签<P>

在 HTML 语言中，有专门的标签表示段落。所谓段落，就是一段格式上统一的文本。在文档窗口中，每输入一段文字，按回车键后，就自动生成一个段落。按回车键的操作通常被称作硬回车，因此可以说，段落就是带有硬回车的文字组合。在 HTML 中，段落主要由标签<P>定义。

```
<P>...</P>
```

或

```
...<P>
```

可以使用成对的 <P> 标签来包含段落，也可以使用单独的 <P> 标签来划分段落。

段落的对齐方式，指的是段落相对文档窗口（或浏览器窗口）在水平位置的对齐方式。段落文字在页面中可以实现水平方向上的左、中、右的对齐，便于文字在页面中的编排。

```
<P ALIGN=LEFT>...</P>
<P ALIGN=CENTER>...</P>
<P ALIGN=RIGHT>...</P>
```

<P> 标签的 ALIGN 属性可以使段落文字进行居左、居中、居右的对齐。

2. 换行标签

段落与段落之间是隔行换行的，如果文字的行间距过大，这时就可以使用换行标签来完成文字的紧凑换行显示。

```
<BR>
```

一个换行使用一个
，多个换行可以连续使用多个
 标签。

3. 不换行标签 <NOBR>

如果浏览器中单行文字的宽度过长，浏览器就会自动将该文字换行显示，如果希望强制浏览器不换行显示，则可以使用相应的标签。

```
<NOBR>...</NOBR>
```

4. 居中标签<CENTER>

如果希望使段落或文字居中对齐，则可以使用专门的居中标签。

```
<CENTER>...</CENTER>
```

5. 缩排标签<BLOCKQUOTE>

使用缩排标签，可以实现页面文字的段落缩排，实现多次缩排可以使用多次缩排标签。

```
<BLOCKQUOTE>...</BLOCKQUOTE>
```

以下为缩排标签应用的范例。

➢ 源代码清单（5-4.htm）：

```
<HTML>
    <BODY>
        <NOBR>天命之谓性，率性之谓道，修道之谓教。
        道也者，不可须臾离也；可离，非道也。
        是故，君子戒慎乎其所不睹，恐惧乎其所不闻。
        莫见乎隐，莫显乎微，故君子慎其独也。<NOBR>
        <BLOCKQUOTE>天命之谓性，率性之谓道，修道之谓教。</BLOCKQUOTE>
        <BLOCKQUOTE>道也者，不可须臾离也；可离，非道也。</BLOCKQUOTE>
        <CENTER><P>是故，君子戒慎乎其所不睹，恐惧乎其所不闻。<BR>
        莫见乎隐，莫显乎微，故君子慎其独也。</P></CENTER>
    </BODY>
</HTML>
```

➢ 运行效果如图 5-4 所示。

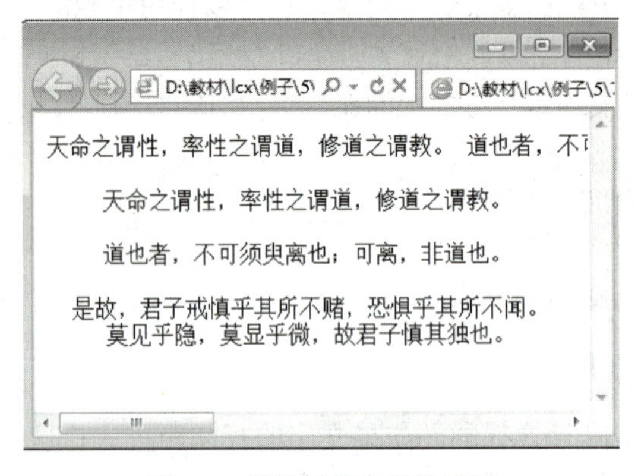

图 5-4　缩排标签应用效果图

6. 预格式化标签 <PRE>

所谓预格式化，就是保留文字在源代码中的格式，页面中显示的和源代码中的效果完全一致。

```
<PRE>...</PRE>
```

以下为预格式化标签应用的范例。

➢ 源代码清单（5-5.htm）：

```
<HTML>
    <HEAD>
        <TITLE>示范预先格式化网页</TITLE>
    </HEAD>
    <BODY>
        <PRE>
        #include <studio.h>
        void main()
        {
            printf("Hello World!\n")
        }
```

```
            </PRE>
        </BODY>
</HTML>
```

➤ 运行效果如图 5-5 所示。

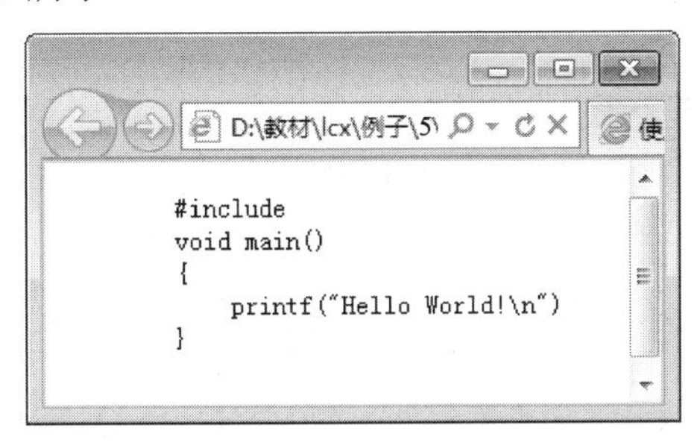

图 5-5　预格式化标签应用效果图

➤ 源代码解释：

页面中显示的效果和设置的效果一样，显示时，格式没有变化，如果没用<PRE>标签，那么显示效果如图 5-6 所示。

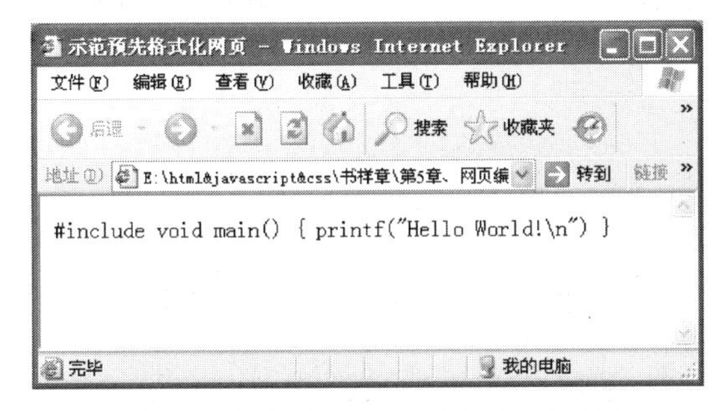

图 5-6　未应用预格式化标签的效果图

5.3　HTML 网页列表显示

在 HTML 页面中，列表可以起到提纲挈领的作用。

列表分为两种类型，一是无序列表，二是有序列表。前者用项目符号来标记无序的项目，而后者则使用编号来记录项目的顺序。关于列表的主要标签，如表 5-5 所示。

表 5-5　列表的标签

标　签	描　述
<UL>	无序列表
<OL>	有序列表
<DIR>	目录列表
<DL>	定义列表
<MENU>	菜单列表
<DT>、<DD>	定义列表的标签
<LI>	列表项目的标签

5.3.1 有序列表

有序列表使用编号，而不是项目符号来编排项目。列表中的项目采用数字或英文字母开头，通常各项目间有先后的顺序性。在有序列表中，主要使用 <OL>、<LI> 两个标签和 Type、Start 两个属性。

1．有序列表标签 <OL>

```
<OL>
 <LI> 项目一
 <LI> 项目二
 <LI> 项目三
 ......
</OL>
```

在有序列表中，使用 <OL> 作为有序的声明，使用 <LI> 作为每一个项目的起始。

2．有序列表的类型属性 Type

在有序列表的默认情况下，使用数字序号作为列表的开始，可以通过 Type 属性将有序列表的类型设置为英文或罗马数字。


```
<OL TYPE=VALUE>
</OL>
```

其中，value 的值如表 5-6 所示。

表 5-6　有序列表 Type 属性的值

值	描　述
1	数字 1、2、3……
a	小写字母 a、b、c……
A	大写字母 A、B、C……
i	小写罗马数字 i、ii、iii……
I	大写罗马数字 I、II、III……

3．有序列表的起始属性 Start

在默认情况下，有序列表从数字 1 开始计数，这个起始值通过 Start 属性可以调整，并且，英文字母和罗马数字的起始值也可以调整。

```
<OL Start=value>
</OL>
```

其中，不论列表编号的类型是数字、英文字母还是罗马数字，value 的值都是起始的数字。

4．有序列表应用范例

➢ 源代码清单（5-6.htm）：

```
<HTML>
  <HEAD>
```

```
    <TITLE>示范编号的网页</TITLE>
  </HEAD>
  <BODY>
    <FONT COLOR="#0066FF" SIZE="4" FACE="华康雅宋体">
    <OL TYPE="A">
      <LI>玩具总动员</LI>
      <LI>虫虫危机</LI>
      <LI>花木兰</LI>
      <LI>人猿泰山</LI>
      <LI>小美人鱼</LI>
      <LI>钟楼怪人</LI>
    </OL>
    </FONT>
  </BODY>
</HTML>
```

➢ 运行效果如图 5-7 所示。

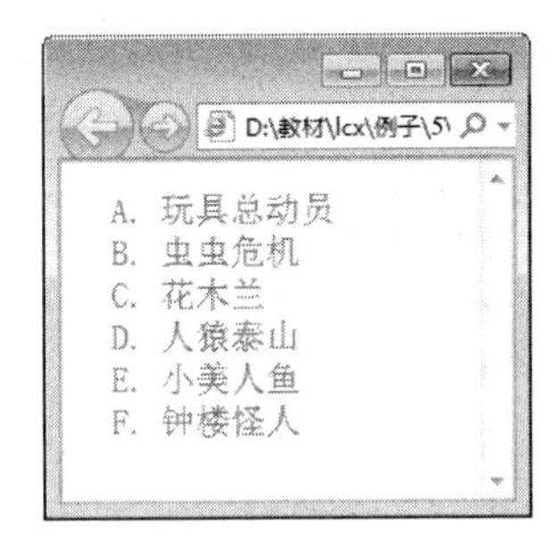

图 5-7　有序列表应用效果图

5.3.2　无序列表

在无序列表中，各个列表项之间没有顺序级别之分，它通常使用一个项目符号作为每条列表项的前缀。无序列表主要使用 <UL>、<DIR>、<DL>、<MENU>、<LI> 几个标签和 Type 属性。

1. 无序列表标签<UL>

```
<UL>
 <LI> 项目一
 <LI> 项目二
 <LI> 项目三
 ......
</UL>
```

在无序列表中，使用 <UL> 作为无序的声明，使用 <LI> 作为每一个项目的起始。前缀符号默认为●，可以通过属性 Type 将前缀符号设置为○或□。

```
<UL   type=value>
</UL>
```

其中，value 的值如表 5-7 所示。

表 5-7　有序列表 Type 属性的值

值	描　述
Disc	●
Circle	○
Square	□

➢ 源代码清单（5-7.htm）。

```
<HTML>
  <BODY>
    <OL TYPE="I" START="5">
      <LI><FONT COLOR="MAROON" >张爱玲</FONT></LI>
        <UL TYPE="CIRCLE">
          <LI><FONT COLOR="OLIVE">金锁记</FONT></LI>
          <LI><FONT COLOR="OLIVE">怨女</FONT></LI>
          <LI><FONT COLOR="OLIVE">倾城之恋</FONT></LI>
        </UL>
      <LI><FONT COLOR="MAROON">鲁迅</FONT></LI>
        <UL TYPE="CIRCLE">
          <LI><FONT COLOR="OLIVE">祝福</FONT></LI>
          <LI><FONT COLOR="OLIVE">阿 Q 正传</FONT></LI>
        </UL>
    </OL>
  </BODY>
</HTML>
```


➢ 运行效果如图 5-8 所示。

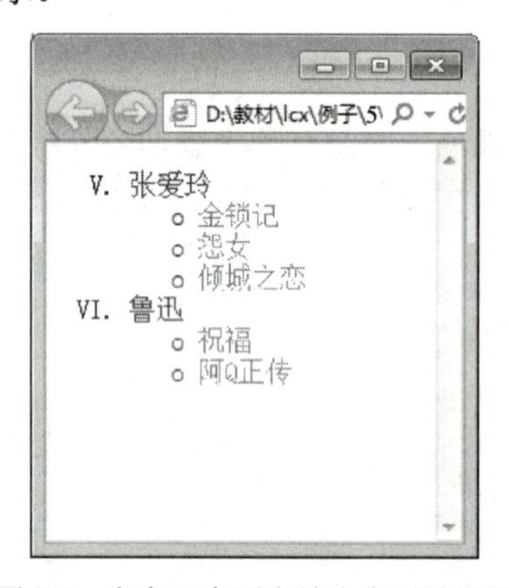

图 5-8　有序无序列表综合应用效果图

2. 目录列表标签<DIR>

目录列表用于显示文件内容的目录大纲，通常用于设计一个压缩窄列的列表，用于显示一系列的列表内容，如字典中的索引或单词表中的单词等。列表中每项至多只能有 20 个字符。

```
<DIR>
 <LI> 项目一
```

```
  <LI> 项目二
  <LI> 项目三
  ......
</DIR>
```

在目录列表中，使用 <DIR> 作为目录列表的声明，使用 <LI> 作为每一个项目的起始。

➢ 源代码清单（5-8.htm）。

```
<HTML>
    <BODY>
     我们提供的花有:
       <DIR>
           <LI>玫瑰花</LI>
           <LI>桔梗花</LI>
           <LI>姬百合</LI>
           <LI>波斯菊</LI>
       </DIR>
    </BODY>
</HTML>
```

➢ 运行效果如图 5-9 所示。

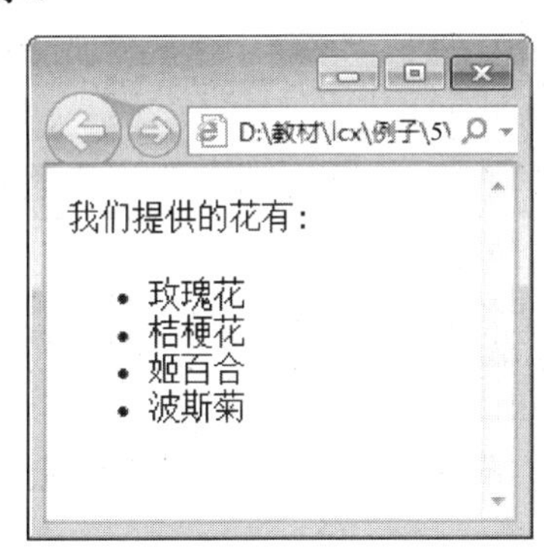

图 5-9　目录列表标签应用效果图

3. 定义列表标签<DL>

定义列表是一种两个层次的列表，用于解释名词的定义，名词为第一层次，解释为第二层次，并且不包含项目符号。定义列表也称作字典列表， 因为它同字典具有相同的格式。在定义列表中，每个列表项带有一个缩进的定义字段，就好像字典对文字进行解释一样。

```
<DL>
 <DT> 名词一<DD> 解释一
 <DT> 名词二<DD> 解释二
 <DT> 名词三<DD> 解释三
 ......
</DL>
```

在定义列表中，使用 <DL> 作为定义列表的声明，使用 <DT> 作为名词的标题，<DD> 用作解释名词。

➢ 源代码清单（5-9.htm）。

```
<HTML>
  <BODY>
    <DL>
      <DT><FONT COLOR="Green"><B><I>黑面琵鹭</I></B></FONT></DT>
      <DD>黑面琵鹭最早的栖息地在韩国及中国的北方沿海，但是近年来它们觅到了一个新的栖息地，那就是曾文溪口沼泽地。</DD>
      <DT><FONT COLOR="Green"><B><I>赤腹鹰</I></B></FONT></DT>
      <DD>赤腹鹰的栖息地在垦丁、恒春一带，只要一到每年的8、9月份，赤腹鹰就会成群结队地到这里过冬，爱鹰的人士可千万不能错过。 </DD>
      <DT><FONT COLOR="Green"><B><I>八色鸟</I></B></FONT></DT>
      <DD>八色鸟在每年的夏天会从东南亚地区飞到福建繁殖下一代，由于羽色艳丽（8种颜色），可以说是山林中的漂亮宝贝。</DD>
    </DL>
  </BODY>
</HTML>
```

➢ 运行效果如图5-10所示。

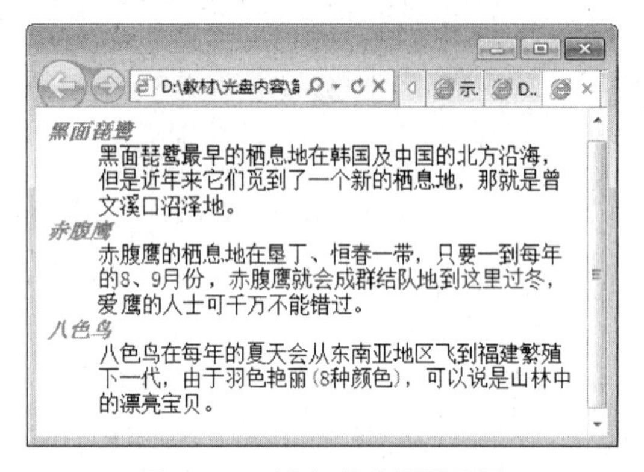

图5-10　列表标签应用效果图

4．菜单列表标签<MENU>

菜单列表用于显示菜单内容，设计单列的菜单。菜单列表在Internet Explorer浏览器中的显示效果和无序列表的显示效果是相同的。

```
<MENU>
 <LI> 项目一
 <LI> 项目二
 <LI> 项目三
 ......
</MENU>
```

5.4　HTML网页其他标签

5.4.1　水平线标签<HR>

水平线用于段落与段落之间的分隔，使文档结构清晰明了，使文字的编排更整齐。

水平线自身具有很多的属性，如宽度、高度、颜色、排列对齐等。水平线在 HTML 文档中经常被用到，合理使用水平线可以获得非常好的视觉效果。一篇内容繁杂的文档，如果适当放置几条水平线，则可以变得层次分明，便于阅读。插入水平线的标签是<HR>。

1. 水平线宽度属性 WIDTH

默认情况下，水平线的宽度为 100%，可以手动调整水平线的宽度。

```
<HR WIDTH=value>
<HR WIDTH=value%>
```

水平线的宽度可以以绝对的像素为单位，也可以以相对的百分比为单位。

2. 水平线高度属性 SIZE

同样，可以设定水平线的高度。

```
<HR SIZE=value>
```

水平线的高度只能使用绝对的像素来定义。

3. 水平线去掉阴影属性 NOSHADE

默认的水平线是空心立体的效果，可以将其设置为实心并且不带阴影的水平线。

```
<HR NOSHADE>
```

4. 水平线颜色属性 COLOR

为了使水平线更美观，同整体页面更协调，可以设置水平线的颜色。

```
<HR COLOR=value>
```

其中，value 为颜色的英文名称或者十六进制值。

5. 水平线排列属性 ALIGN

在水平方向上，可以设置水平线的居左、居中和居右对齐。

```
<HR ALIGN=LEFT>
<HR ALIGN=CENTER>
<HR ALIGN=RIGHT>
```

默认的水平线为居中对齐。

6. 综合应用范例

➢ 源代码清单（5-10.htm）：

```
<HTML>
    <BODY>
        <HR COLOR="#CC0066" ALIGN="left" WIDTH="50%" SIZE="5">
        <HR COLOR="#FF99FF" WIDTH="50%" SIZE="5">
        <HR COLOR="#0099FF" ALIGN="right" WIDTH="50%" SIZE="5">
        <HR COLOR="#009999" WIDTH="300" SIZE="10">
    </BODY>
</HTML>
```

➢ 运行效果如图 5-11 所示。

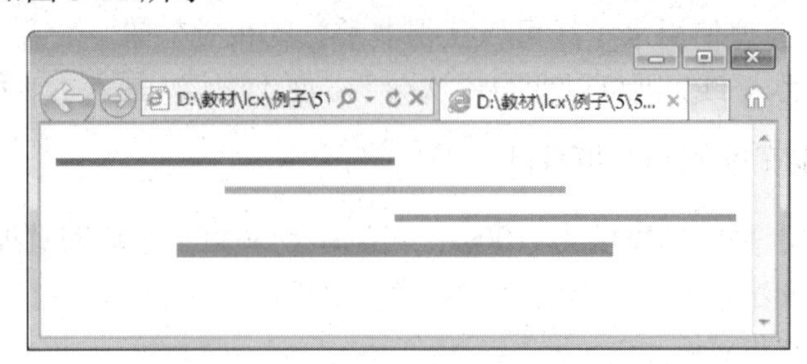

图 5-11　水平线标签综合应用效果图

5.4.2　滚动文字标签<MARQUEE>

在 HTML 页面中，可以实现如字幕一般的滚动文字效果。在一个排版整齐的页面中，添加适当的滚动文字可以起到灵活页面的效果。滚动文字的标签为<MARQUEE>。

1．滚动方向属性 Direction

可以设置文字滚动的方向，分别为向上、向下、向左、向右 4 种，可使滚动的文字具有更多的变化。

```
<Marquee Direction=" value " > 滚动文字 </Marquee>
```

其中，value 的取值如表 5-8 所示。

表 5-8　滚动方向属性 Direction 的值

Direction 属性值	描　述
Up	滚动文字向上
Down	滚动文字向下
Left	滚动文字向左
Right	滚动文字向右

2．滚动方式属性 Behavior

通过这个属性能够设置不同方式的滚动文字效果。 如滚动的循环往复、单次滚动、交替滚动等。

```
<Marquee Behavior=" value " > 滚动文字</Marquee>
```

其中，value 的取值如表 5-9 所示。

表 5-9　滚动方式属性 Behavior 的值

Behavior 属性值	描　述
Scroll	循环往复
Slide	单次滚动
Alternate	交替进行滚动

3. 加速度属性 ScrollAmount

通过这个属性能够调整文字滚动的速度。

```
<Marquee ScrollAmount=" value" >滚动文字</Marquee>
```

4. 滚动延迟属性 ScrollDelay

通过这个属性，可以在每一次滚动的间隔产生一段时间的延迟。

```
<Marquee ScrollDelay=" value" > 滚动文字</Marquee>
```

5. 滚动循环属性 Loop

```
<Marquee Loop=" value" > 滚动文字</Marquee>
```

6. 滚动范围属性 Width、Height

对于各种方式的滚动方式，可以设置文字滚动的区域。

```
<Marquee Width=" value"  Height=" Value" > 滚动文字</Marquee>
```

7. 滚动背景颜色属性 BgColor

在滚动文字的后面，可以添加背景颜色。

```
<Marquee BgColor=" Color_Value" > 滚动文字</Marquee>
```

8. 滚动文字应用范例

➢ 源代码清单（5-11.htm）：

```
<HTML>
  <BODY>
    <P><MARQUEE ALIGN="BOTTOM" BGCOLOR="Purple" WIDTH="500" HEIGHT="40">
      <FONT FACE="华文中宋" COLOR="White" SIZE="6"> 元宵灯会热闹登场...</FONT></MARQUEE></P>
    <P><MARQUEE ALIGN="CENTER" BGCOLOR="#FF99CC" WIDTH="500" HEIGHT="20"
      BEHAVIOR="ALTERNATE" DIRECTION="RIGHT" LOOP="100" SCROLLAMOUNT="5"
      SCROLLDELAY="100" >欢迎进来参加~~~</MARQUEE><P>
    <P><MARQUEE BGCOLOR="YELLOW" WIDTH="500" HEIGHT="25" DIRECTION="RIGHT" LOOP="50">豆豆看世界——红萝卜篇</MARQUEE></P>
  </BODY>
</HTML>
```

➢ 运行效果如图 5-12 所示。

图 5-12　滚动文字应用效果图

5.4.3 输入空格等特殊符号

HTML 页面中空格符号是通过代码来控制的，一个半角空格使用一个“ ”来表示，表示多个空格只需使用多次该符号即可。

和空格的表示方法有些相似，一些特殊符号是凭借特殊的符号码来表现的。通常是由前缀“&”，加上字符对应的名称，再加上后缀“;”组成的。

基本语法如表 5-10 所示。

表 5-10 输入特殊符号的基本语法

特殊符号	符号码
“	"
&	&
<	<
>	>
©	©
®	®
±	±
×	×
§	§
¢	¢
¥	¥
•	·
€	€
£	£
™	™

在源代码中输入相应的符号码，就可以显示特殊符号了。

5.4.4 插入或删除线标签

<INS>…</INS>标签用来表示中间的文字为插入数据，在文字下边加上一横线。

<DEL>…</DEL>标签用来表示中间的文字为删除数据，在文字中间加上一横线。

5.4.5 设置提示文字

用户浏览网页时，当鼠标移到段落、文字、列表等数据时，希望出现提示文字，可以使用 TITLE 属性进行设置，该属性可用于<P>、<BODY>、<B>、<FONT>、<OL>等标签。

➢ 源代码清单（5-12.htm）：

```
<HTML>
    <BODY>
        <P TITLE="本文取自《大学经》——大学之道">
         大学之道在明明德，在亲民，在止于至善。 知止而后有定，定而后能静，
```

```
静而后能安，安而后能虑，虑而后能得，物有本末，事有终始 ，知所先后，则近道也。</P>
        </BODY>
    </HTML>
```

➢ 运行效果如图 5-13 所示。

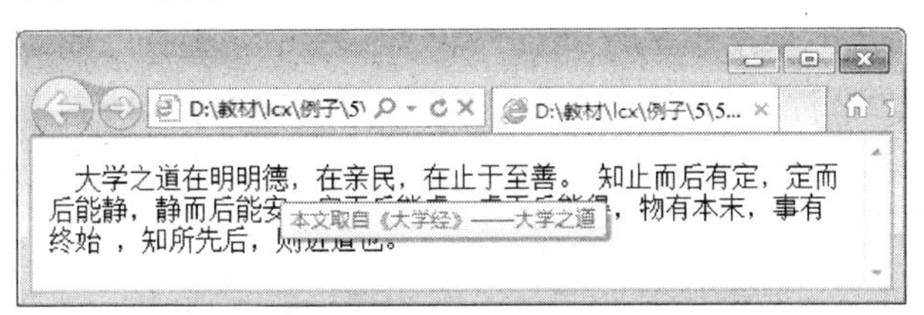

图 5-13　提示文字设置应用效果图

5.4.6　设置跑马灯效果

跑马灯效果表示在制作网页时，以动态滚动的效果来展示文字、图片或消息公告等内容，可以用<marquee>标签来制作。

1．标签属性设置

Direction：用于设置文字滚动方向，有值 left、right、up 和 down 分别表示滚动方向为右至左、左至右、下至上、上至下。

Align：设定<marquee>标签内容的对齐方式。有值 absbottom 表示绝对底部对齐（与 g、p 等字母的最下端对齐），absmiddle 表示绝对中央对齐，baseline 表示底线对齐，bottom 表示底部对齐（默认），left 表示左对齐，middle 表示中间对齐，right 表示右对齐，texttop 表示顶线对齐，top 表示顶部对齐。

Behavior：设定滚动的方式，有值 alternate 表示在两端之间来回滚动，scroll 表示由一端滚动到另一端，会重复，slide 表示由一端滚动到另一端，不会重复。

BgColor：设定活动字幕的背景颜色，背景颜色可用 RGB、十六进制值的格式或颜色名称来设定。

Height：设定活动字幕的高度。

Width：设定活动字幕的宽度。

Hspace：设定活动字幕里所在的位置距离父容器水平边框的距离。

Vspace：设定活动字幕里所在的位置距离父容器垂直边框的距离。

Loop：设定滚动的次数，当 loop=-1 表示一直滚动下去，默认为-1。

ScrollAmount：设定活动字幕的滚动速度，单位为 pixels。

ScrollDelay：设定活动字幕滚动两次之间的延迟时间，单位为 millisecond（毫秒），值大了会有一步一停顿的效果。

2．跑马灯效果应用

➢ 源代码清单（5-13.htm）：

```
<marquee id="affiche" align="left" behavior="scroll" bgcolor="#FF0000" direction="up"
height="300" width="200" hspace="50" vspace="20" loop="-1" scrollamount="10" scrolldelay=
"100" onMouseOut="this.start()" onMouseOver="this.stop()">
```

```
这是一个完整的例子，文字从下边往上边滚动
</marquee>
```

- 运行效果如图 5-14 所示。
- 源代码解释：

案例中通过对文字设置跑马灯效果，使得文字有了动态显示的效果，该案例中跑马灯通过 direction="up"设置了文字从下往上跑动，通过 onMouseOut="this.start()" 设置了鼠标光标从跑马灯区域中移开时，文字开始跑动，而 onMouseOver="this.stop()"表示当鼠标光标移动到跑马灯区域时，文字静止，不再跑动。

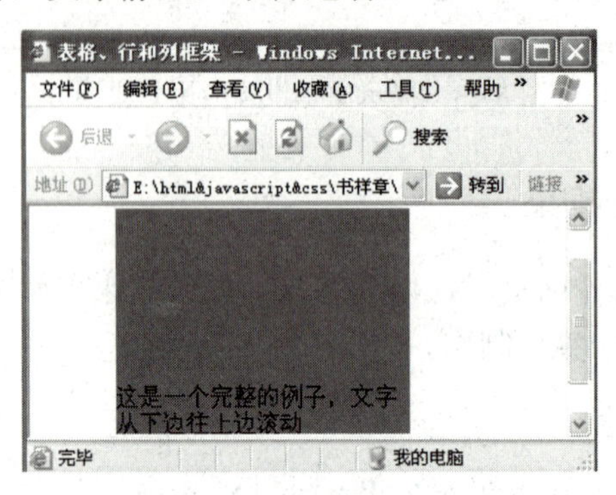

图 5-14　跑马灯应用效果图

5.5　典型应用项目范例：网站滚动消息公告设计

1. 网站页面要求

设计一个网站首页，在首页上设计一公告栏，采用跑马灯滚动效果从下至上动态显示公告列表中的公告条目，用户单击指定公告条目后跳转至指定公告详细页面。

2. 动态公告目标效果如图 5-15 所示

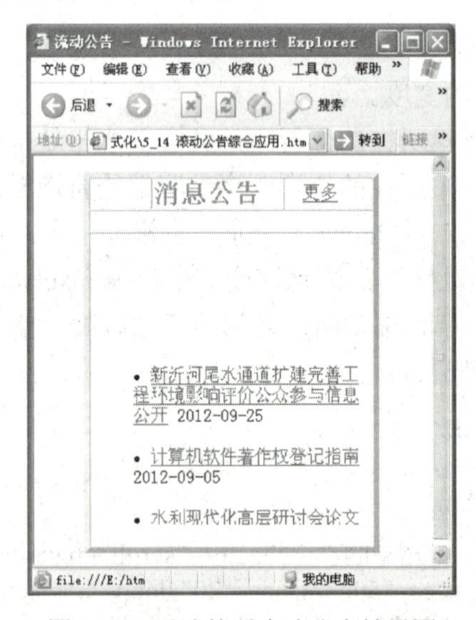

图 5-15　网站首页滚动公告效果图

3. 基于目标效果图的设计分析

从以上目标效果图中看出页面结构可设计为一个表格，表格中包含三行三列。

第一行的第二列显示“消息公告”，第三列显示“更多”。

第二行为空格分隔行，起分隔作用。

第三行显示滚动公告消息内容，滚动方向为从下至上，消息内容采用列表条目形式组织，各条目前采用类型为加黑色实心圆形式，每条消息加超级链接。

4. 网站页面制作步骤

（1）利用 Dreamweaver 新建一 HTML 页面，名字为“5-14 滚动公告综合应用.html”。

（2）在页面设计视图中编码制作一个三行三列表格，并设置第二行、第三行的三个单元格合并为一个单元格。

```
<!--用于放置公司 Logo 和网站导航菜单 名字 id 为 table1-->
```

源代码如下：

```
<table width="220" border="5" align="center" cellpadding="0" cellspacing="0">
            <tr >
              <td > </td>
              <td ></td>
<td ></td>
            </tr>
            <tr>
              <td height="5" colspan="3"> </td>
            </tr>
            <tr>
              <td height="250" colspan="3" ></td>
            </tr>
</table>
```

（3）在第一行中添加标题信息。

在第一行的第二个单元格中添加“消息公告”标题，该标题文字设置颜色为“红色”，大小为“4”，并给文字字体加粗。

在第一行的第三个单元格中添加“更多”超链接，并设置链接地址，源代码如下：

```
<tr >
    <td width="50" height="28" > </td>
    <td width="100" align="center" valign="middle"><font color="red" size="4" style=
"font-weight:bold">消息公告</font></td>
    <td width="50" valign="middle"><span class="STYLE3">  <a href=
"bulletin/index(bulletin).html" class="font3">更多</a></span></td>
</tr>
```

（4）添加公告消息条目列表。

在第三行的单元格中利用<ul><li>标签添加公告消息条目列表。

在各消息条目上添加超链接，链接到各消息条目指定的详细页面。

➢ 源代码清单：

```
<tr>
<td height="250" colspan="3" >
<ul type="disc">
<li  ><a href="bulletin/BulletinHtml/20120925.html">新沂河尾水通道扩建完善工程环境影响评价公众参与信息公开</a>     </li>
<li><a  href="bulletin/BulletinHtml/计算机软件著作权登记指南.pdf">计算机软件著作权登记指南</a>    </li>
<li><a  href="bulletin/BulletinHtml/水利现代化高层研讨会论文征集活动的通知.pdf">水利现代化高层研讨会论文征集活动的通知</a>    </li>
<li>  <a  href="bulletin/BulletinHtml/20120709.html">关于征集第四届江苏水论坛论文的通知</a></li>
    <li><a  href="bulletin/BulletinHtml/关于举办中国水利学会  2012  年学术年会的预通知.pdf">关于举办中国水利学会 2012 年学术年会的预通知</a>      </li>
    <li><a  href="bulletin/BulletinHtml/关于组织申报 2012 年度江苏省、扬州市科学技术奖的通知.pdf">关于组织申报 2012 年度江苏省、扬州市科学技术奖的通知</a>         </li>
</ul>
</td>
</tr>
```


➢ 运行效果如图 5-16 所示。

（5）利用<marquee>标签添加动态效果。

在<ul>标签中添加<marquee>标签包围<li>标签，用于把<li>标签的公告条目消息设置成动态效果，源代码如下：

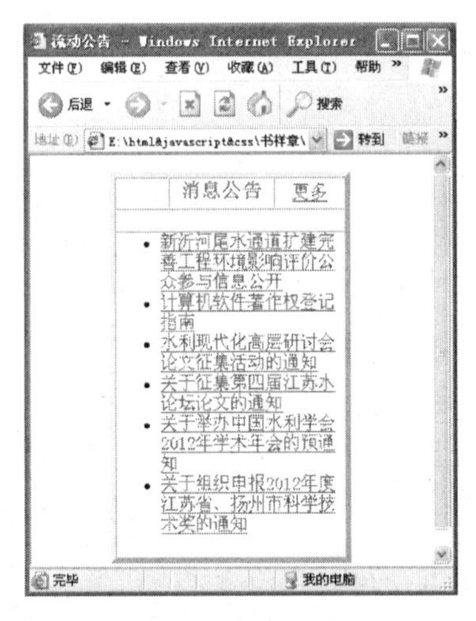

图 5-16　消息公告效果图

```
<tr>
<td height="250" colspan="3" >
<ul type="disc">
<MARQUEE onmouseover=this.stop(); onmouseout=this.start();
    scrollAmount=1 scrollDelay=10    direction=up width=220 height=260>
<li  ><a href="bulletin/BulletinHtml/20120925.html">新沂河尾水通道扩建完善工程环境影响评价公众参与信息公开</a>      </li>
<li><a  href="bulletin/BulletinHtml/计算机软件著作权登记指南.pdf">计算机软件著作权
```

```
登记指南</a>     </li>
        <li><a href="bulletin/BulletinHtml/水利现代化高层研讨会论文征集活动的通知.pdf">水利现代化高层研讨会论文征集活动的通知</a>      </li>
        <li> <a href="bulletin/BulletinHtml/20120709.html">关于征集第四届江苏水论坛论文的通知</a></li>
            <li><a href="bulletin/BulletinHtml/关于举办中国水利学会 2012 年学术年会的预通知.pdf">关于举办中国水利学会 2012 年学术年会的预通知</a>        </li>
            <li><a href="bulletin/BulletinHtml/关于组织申报 2012 年度江苏省、扬州市科学技术奖的通知.pdf">关于组织申报 2012 年度江苏省、扬州市科学技术奖的通知</a>            </li>
            </MARQUEE>
          </ul>
        </td>
      </tr>
```

（6）保存文档，用浏览器打开，查看其效果是否与目标效果一致。

5.6 综合练习

一、填空题

（1）如果文件中需要换行，则可以使用________标签；需要加入空格用________表示；需要文本格式原样显示，使用________标签。

（2）文本在页面中使用________标签进行居中控制。

（3）设置上标用________标签；设置下标用________标签；设置下画线用________标签。

（4）使用________标签可以设定文字的大小和颜色，它有_______、_______、_______三种属性。

二、应用题

制作一个网页，其在IE浏览器中的显示效果如图5-17所示。

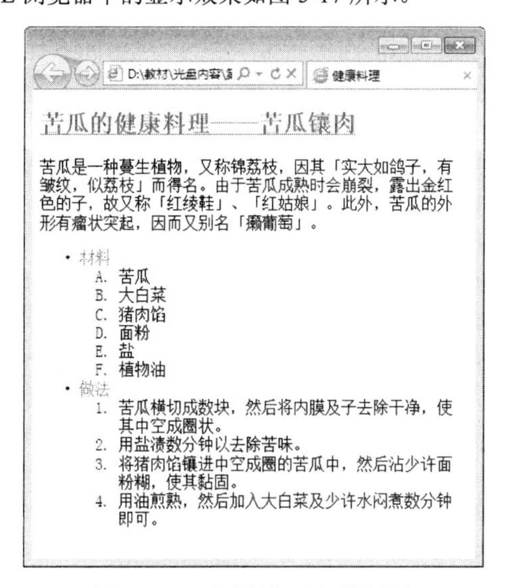

图5-17　网页制作目标效果图

第6章 图片与超链接

基本介绍

图片在网页中能够起到增添色彩，给人愉悦和美的感受。HTML 网页本质上是一个文本文件，因此网页上的图片并没有保存在网页文件中，而是保存于服务器硬盘的网站文件夹中的某个目录下，也可以是其他网站服务器中。

超文本链接指针（超文本链接）是 HTML 最吸引人们的优点之一，HTML 本身含义就是超文本标记语言。人的思维是跳跃的、交叉的，而每一个链接指针正好代表了作者或者读者的思维跳跃。

超链接就是鼠标单击某一具有链接地址的“热词”时，浏览器打开链接地址指向的网页，各个网页链接在一起后，才能真正构成一个网站。超链接地址目标可以是另一个网页，也可以是相同网页上的不同位置，还可以是一个图片，一个电子邮件地址，一个文件，甚至是一个应用程序。

网页上的图片本质上也是一种链接。

需求与应用

小明已经学会了网页的制作，但做出来的网页是静止独立的，各网页内容原本是相互关联的，而现在却没有任何关联，因此小明需要把各网页关联起来并利用图片丰富网站多媒体内容。

学习目标

- 掌握网站地址的路径概念。
- 掌握<A>标签的各个属性及使用方法。
- 掌握书签链接的使用场合及用法。
- 了解与链接有关的其他概念。
- 了解图片文件格式概念。
- 掌握<IMG>标签的各个属性及使用方法。
- 掌握图片映射的用途与用法。

6.1 网页图片的格式

在网页制作过程中，图片占了一个十分重要的地位。尽管网速越来越快，但是图片太大依然是造成网页载入速度过慢的重要原因之一。虽然说所有图片的格式不会少于 20

种，但是一般网页图片常使用的有三种格式：JPG、GIF 和 PNG。

1. JPG

JPG 一般用于展示风景、人物、艺术照的数码照片。因为它的色彩比较丰富，不过相对于 GIF 格式图片来说，体积可能会大一点。

2. GIF

GIF 最突出的地方就是它支持动画，同时 GIF 也是一种无损的图片格式，也就是说，在修改图片之后，图片质量并没有损失，再者 GIF 还支持背景透明。GIF 适用于很小或是较简单的图片（10×10 像素以下或是 3 种颜色以下的图片），比如网站 Logo、按钮、表情等。

3. PNG

PNG 格式能提供背景透明，是一种专为网页展示而发明的图片格式。它包括了 PNG-8、PNG-24、PNG-32 等，一般用于需要背景透明显示或对图像质量要求较高的网页上，很多的 PNG 图片都用作网页背景。

一句话：小图片或网页基本元素（如按钮），考虑 PNG-8 或 GIF 格式，照片则考虑 JPG 格式。

6.2 插入图片

1. 插入图片标签<IMG>

在页面中插入图片可以起到美化的作用。插入图片的标签只有一个，那就是 <IMG> 标签，基本语法如下：

```
<img src=图片文件>
```

➢ 目标效果如图 6-1 所示。

图 6-1　<IMG>标签的应用效果图

➢ 源代码清单（6-1 图片应用.htm）：

```
<html>
    <head>
        <title>图像</title>
    </head>
    <body>
```

```
        <img  src="images/cup.gif">
    </body>
</html>
```

➢ 源代码解释：

本案例中通过<img>标签的src属性在页面中显示了和HTML文件所在的当前目录下的images子目录中的cup.gif图片。

2. 图片标签的属性

在插入图片的时候，仅仅使用 <img> 标签是不够的，配合 src 属性指定图像源文件所在的路径，就可以完成图像的插入了。<img> 标签属性有 src、ALT、Width、Height、Border、Vspace、Hspace 和 Align。

（1）图像的提示文字属性 ALT。

提示文字有两个作用。第一个作用是当浏览该网页时，如果图像下载完成，鼠标放在该图像上，鼠标旁边就会出现提示文字。也就是说，当鼠标指向图像上方的时候，稍等片刻后可以出现图像的提示性文字，用于说明或者描述图像。第二个作用是如果图像没有被下载，在图像的位置上就会显示提示文字。


```
<img src=" file_name"  ALT=" 说明提示文字" >
```

（2）图像的宽度、高度属性 Width 和 Height。

默认情况下，页面中图像的显示大小就是图片默认的宽度和高度，也可以手动更改图片的大小。但是建议使用专业的图像编辑软件对图像进行宽度和高度的调整。

```
<img src=" file_name"  Width=" value"  Height=" value" >
```

图像的 Width 宽度和 Height 高度的单位可以是像素，也可以是百分比。如果显示器是800×600 像素，那么屏幕就相当于水平方向上有 800 个像素点的宽度，垂直方向上有 600 个像素点的高度。因为网页主要是通过屏幕来显示的，所以建议编辑者使用像素作为单位。

（3）图像的边框属性 Border。

默认的图片是没有边框的，通过 Border 属性可以为图像添加边框线。Border 属性可以设置边框的宽度，但边框的颜色是不可以调整的。当图像上没有添加链接的时候，边框的颜色为黑色；当图像上添加了链接时，边框的颜色和链接文字颜色一致，默认为深蓝色。

```
<img src=" file_name"  Border=" value" >
```

其中，value 为边框线的宽度，单位为像素。

（4）图像的垂直间距属性 Vspace。

图像和文字之间的距离是可以调整的，这个属性用来调整图像和文字之间的上下距离。此功能非常有用，它有效地避免了网页上文字图像拥挤的排版。其单位默认为像素。

```
<img src=" file_name"  Vspace=" value" >
```

其中，value 为图片在垂直方向上和文字的距离，单位为像素。

（5）图像的水平间距属性 Hspace。

图像和文字之间的距离是可以调整的，这个属性用来调整图像和文字之间的左右距离。此功能非常有用，它有效地避免了网页上文字图像拥挤的排版。

```
<img src=" file_name"  Hspace=" value" >
```

其中，value 为图片在水平方向上和文字的距离，单位为像素。

（6）图像的排列属性 Align。

图像和文字之间的排列通过 Align 属性来设置。图像的绝对对齐方式和相对文字对齐方式是不一样的。绝对对齐方式的效果和文字的对齐一样，只有三种，即居左、居右、居中。而相对文字对齐方式是指图像与一行文字的相对位置，详细描述如表 6-1 所示。

表 6-1 Align 属性值与作用表

属 性 值	描 述
Top	文字的中间线居于图片上方
Middle	文字的中间线居于图片中间
Bottom	文字的中间线居于图片底部
Left	图片在文字的左侧
Right	图片在文字的右侧
Absbottom	文字的底线居于图片底部
Absmiddle	文字的底线居于图片中间
Baseline	英文文字基准线对齐
Texttop	英文文字上边线对齐

3. 图片插入在项目中的应用

➢ 目标效果如图 6-2 所示。

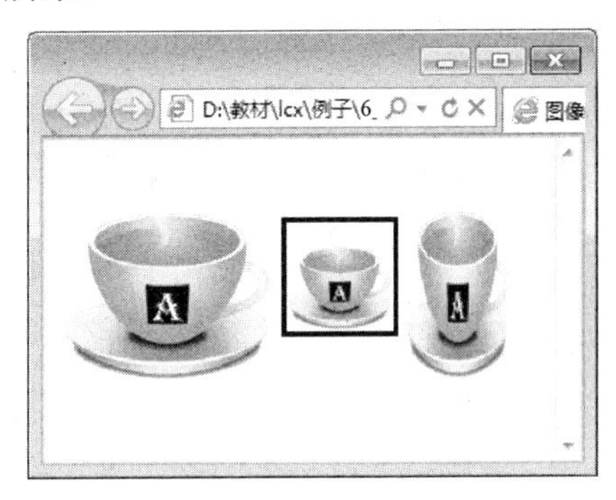

图 6-2 图片插入的效果图

➢ 源代码清单（6-2 图片应用.htm）：

```
<html>
<head>
<title>图像</title>
</head>
<body>
    <img src="images/cup.gif" ALT="正常图片大小">
    <img src="images/cup.gif"  width="64" Border="3" ALIGN="Absmiddle" ALT="宽度设为 64 像素，加 3 像素的边框，居中对齐">
    <img src="images/cup.gif"  width="64" height="128"  ALT="宽度设为 64，高度设为 128">
```

```
</body>
</html>
```

➢ 源代码解释：

源代码中，通过<img>标签插入了三张图片，其中第一张图片按原图的大小显示，用ALT属性设置了鼠标光标移到图片上时的提示信息；第二张图片把宽度设置为64像素，并且图片加了宽度为3像素的边框；第三张图片设置了宽度为64像素，高度为128像素。

6.3 设置影像地图

在本章前面章节中介绍了将一幅图片定义成一个超链接，那么是否可以在一幅图片上定义多个超链接呢？答案是肯定的，影像地图（imagemap）就是将一幅图像定义成很多"热区"，每个热区可链接到不同的URL地址，当鼠标点击某一区域时，就可以超链接到某个URL地址。

6.3.1 定义影像地图热点

HTML支持圆形（Circle）、矩形（Rectangle）和多边形（Polygon）三种热点区域形状，可以使用图像处理软件（例如Photo Impact）来标记热点的位置，在大部分图像处理软件中，只要将指针移到图片上就会显示该位置的坐标，就可以确定圆形热点的圆心坐标及半径。

圆形：表示指定圆心坐标及半径确定一个圆形范围，当用户用鼠标在此圆形区域上单击时跳转到指定的URL地址。

矩形：表示指定左上角和右下角坐标位置来确定一个矩形区域，用户在此矩形区域上单击鼠标时跳转到指定URL地址。

多边形：表示按顺时针或逆时针方向确定多个坐标位置来确定一个多边形区域，用户在此多边形区域上单击鼠标时跳转到指定URL地址。

在此定义三个热点，即圆形热点，圆心坐标为（173，152），半径为34；矩形热点，左上角坐标为（42，159），右下角坐标为（110，227）；多边形热点的4个角的坐标按顺时针方向分别为（338，106）、（396，125）、（400，200）和（300，185），效果图如图6-3所示。

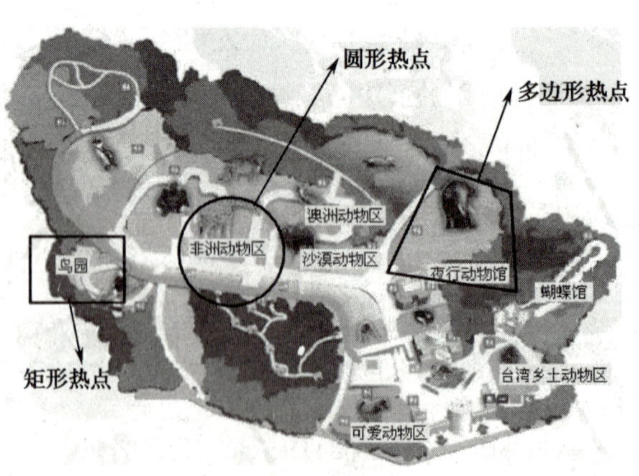

图6-3　热点确定效果图

6.3.2 在 HTML 文件中建立影像地图

1. <map>标签

<map>标签用来指定客户端影像地图，通过设置 class、id、style、title 和 name 等属性的值来建立特定影像地图，其中 name 属性用于指定影像地图的名称，以供要建立影像地图的指定图片<img>标签中的 usemap 属性使用。

2. <area>标签

<area>标签是嵌套在<map>标签中的子标签，用来定义图像映射（指的是带有可点击区域的图像）中的区域，该标签的可选属性及详细说明如表 6-2 所示。

表 6-2 <area>标签可选的属性

属 性 名	值	描 述
coords	坐标值	定义可点击区域（对鼠标敏感的区域）的坐标
href	URL	定义此区域的目标 URL
nohref	nohref	从图像映射中排除某个区域
shape	default | rect | circ | poly	定义区域的形状
target	_blank | _parent | _self | _top	规定在何处打开 href 属性指定的目标 URL

3. 利用<map><area>标签在 HTML 文件中建立影像地图

➢ 源代码清单（6-3 影像地图.htm）：

```
<HTML>
    <HEAD>
        <TITLE>设置影像地图</TITLE>
    </HEAD>
    <BODY>
        <MAP NAME="Taipei_Zoo" ID="Taipei_Zoo">
        <AREA SHAPE="CIRCLE" COORDS="173,152,34" HREF="africa.htm" ALT="
非洲动物区" target="_blank">
        <AREA SHAPE="RECT" COORDS="42,159,110,227" HREF="bird.htm" ALT="
鸟园">

         <AREA    SHAPE="POLY"    COORDS="338,106,396,125,400,200,300,185"
HREF="night.htm" ALT="夜行动物馆">
        <AREA SHAPE=default NOHREF>
        </MAP>
    </BODY>
</HTML>
```

➢ 源代码解释：

通过<map>标签设置了一个影像地图，地图名为“Taipei_Zoo”，通过<area>标签为该地图设置了三个地图热点，其中，第一个热点为通过 shape 属性指定为圆形热点（Circle），通过 COORDS 指定坐标为（173,152），半径为 34，通过 HREF 指定了用户单击时要打开同级目录下的 africa.htm 文件，通过 target 属性指定了在弹出的新窗口打开指定文件；第二个热点为矩形热点（RECT）；第三个热点为多边形热点（POLY）。

（1）建议在<map>标签中同时添加 id 和 name 属性，然后在<img>中的 usemap 属性需要引用 id 或 name 属性设置的值（usemap 引用 id 还是引用 name 取决于浏览器的支持）。

（2）<area>标签永远嵌套在 <map>…</map> 标签内部，它的作用是定义热区形状、热区坐标和热区超链接地址及提示信息等。

<area> 标签的 shape 属性定义热区为圆形（Circle）、矩形（Rectangle）或多边形（Polygon）；coords 属性定义了热区在图像上的坐标。SHAPE=default NOHREF 表示图片的其他部分没有链接至任何文件。

注意：本节目前没有具体显示效果，它是为<img>标签中的 usemap 属性使用服务的，也就是说必须和<img>标签中的 usemap 属性一起使用才有效果，详细效果见 6.3.3 节。

6.3.3　建立图像影像关联

前面在 HTML 文件中建立了影像地图，现在就需要把建立的影像地图应用到指定的图片上，使得单击该图片的指定热点区域时产生相应的跳转打开指定 URL 的效果。

➢ 目标效果如图 6-4 所示。

图 6-4　影像地图应用效果图

➢ 源代码清单：

```
<HTML>
    <HEAD>
        <TITLE>设置影像地图</TITLE>
    </HEAD>
    <BODY>
    <MAP NAME="Taipei_Zoo" ID="Taipei_Zoo">
        <AREA SHAPE="CIRCLE" COORDS="173,152,34" HREF="africa.htm" ALT="非洲动物区" target="_blank">
        <AREA SHAPE="RECT" COORDS="42,159,110,227" HREF="bird.htm" ALT="鸟园 ">          <AREA SHAPE="POLY" COORDS="338,106,396,125,400,200,300,185" HREF="night.htm" ALT="夜行动物馆">
            <AREA SHAPE=default NOHREF>
     </MAP>
        <IMG SRC="images/Zoo.jpg" BORDER="0" ALT="木栅动物园游园地图" USEMAP="#Taipei_Zoo">
```

```
    </BODY>
</HTML>
```


➢ 源代码解释：

通过在源代码中使用<img>标签为 HTML 网页添加一幅图片，并通过 usemap 属性指定该图片要使用的影像地图，使得图片与前面创建的影像地图关联起来，这样就实现了在图片上的影像地图效果。

6.4 典型应用项目范例：影像地图在门户网站中的应用

1. 项目要求

在某个门户网站的首页中需要显示很多友情链接，为了显示美观，客户要求用友情链接的单位的 Logo 来实现用户单击链接效果，为此公司美工设计一张图片，如图 6-5 所示，该图片由所有要链接的公司的 Logo 图所组成。

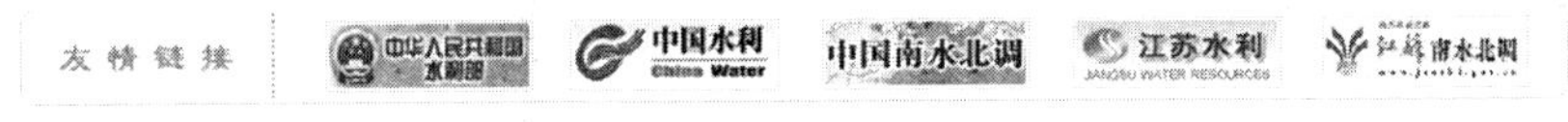

图 6-5 友情链接图

2. 目标效果如图 6-6 所示

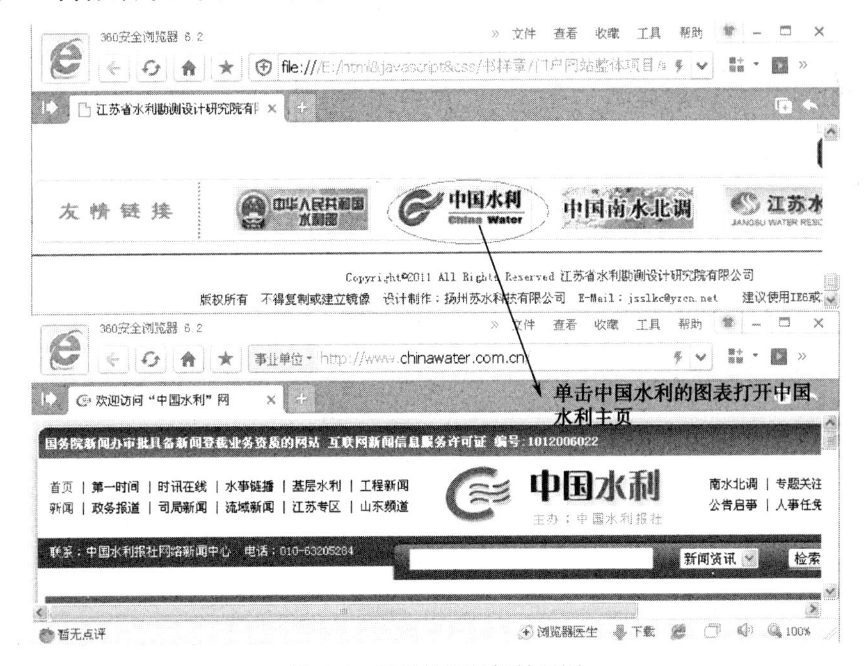

图 6-6 影像地图目标效果图

3. 基于目标效果图的设计分析

根据目标效果图及项目需求分析，此任务是要利用影像地图来实现图片友情链接功能。

4．图片友情制作步骤

（1）定义影像地图热点。

本需求要实现的友情链接 Logo 图片全部是矩形的，因此定义的影像地图热点全部设为矩形热点，确定的五个矩形热点的坐标分别为（左上角（199，8），右下角（334，54））、（左上角（360，9），右下角（494，54））、（左上角（519，9），右下角（654，52））、（左上角（681，9），右下角（815，55））、（左上角（843，7），右下角（978，54））。

（2）利用<map><area>标签在 HTML 文件中建立影像地图。

➢ 源代码清单（6-4 图片实现友情链接.html）：

```
<map name="Map2" id="Map2">
<area shape="rect" coords="199,8,334,54" href="http://www.mwr.gov.cn/" target="_blank" />
<area shape="rect" coords="360,9,494,54" href="http://www.chinawater.com.cn/" target="_blank" />
<area shape="rect" coords="519,9,654,52" href="http://www.nsbd.gov.cn/" target="_blank" />
<area shape="rect" coords="681,9,815,55" href="http://www.jswater.gov.cn/" target="_blank" /
<area shape="rect" coords="843,7,978,54" href="http://www.jsnsbd.gov.cn/WebMain/" target="_blank" />
</map>
```


（3）建立图像影像关联。

➢ 源代码清单：

```
<img src="images/yqlj.jpg" alt="rrrr" width="1004" height="60" border="0" usemap="#Map2" />
```

6.5 路径的概念

6.5.1 统一资源定位器 URL

统一资源定位器（Uniform Resource Locator，URL）是文件名的扩展，在单机系统中，定位一个文件需要路径和文件名；对于遍布全球的 Internet 网页文件，显然也需要知道文件存放在哪个网络的哪台主机上。与单机系统不一样的是在单机系统中，所有的文件都由统一的操作系统管理，因而不必给出访问该文件的方法；而在 Internet 上，各个网络，各台主机的操作系统都不一样，因此必须指定访问该文件的方法。一个 URL 包括了以上所有的信息，它的基本构成语法如下。

```
protocol:// machine.name[:port]/directory/filename
```

其中，protocol：访问该资源所采用的协议，即访问该资源的方法，它的值及描述如表 6-3 所示。

表 6-3 协议分类与描述表

服务协议	URL 格式	描述
WWW	http://	进入万维网站点
FTP	ftp://	进入文件传输服务器

续表

服务协议	URL 格式	描　述
News	news://	启动新闻讨论组
Telnet	telnet://	启动 Telnet 方式
Gopher	gopher://	访问一个 Gopher 服务器
Email	mailto://	启动邮件

machine.name：表示要访问的唯一计算机的名字，一般用 IP 地址表示，在因特网上，为了方便记忆，用域名表示。

directory：表示要访问的文件的路径目录。

filename：表示要访问的指定的文件名。

6.5.2 相对路径和绝对路径

1. 路径概念

相对路径：是以引用文件的网页所在位置为参考基础而建立的目录路径。如果链接到同一目录下，则直接输入要链接的文档名称；链接到下一级目录中的文件，则先输入目录名，然后加“/”，再输入文件名；链接到上一级目录文件中的文件，则先输入“../”，再输入目录名/文件名。

绝对路径：是以 Web 站点的根目录为参考基础的目录路径，在 WWW 中以 HTTP 开头的链接都是绝对路径。

当链接到本地计算机上的文件时，建议使用相对路径。如果用绝对路径，当把文件移动到另外的盘符后，那么链接地址可能失败。

2. 表示方法

以下为建立路径所使用的几个特殊符号，及其所代表的意义。

“.” 代表目前所在的目录。

“..” 代表上一层目录。

“/” 如果在最前面，代表根目录。

3. 举例说明

（1）在 C:\www 目录中建立的 Web 站点拥有如图 6-7 所示的目录路径。

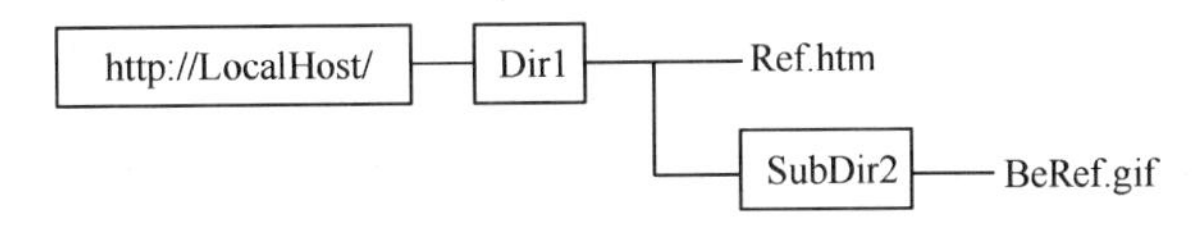

图 6-7　Web 站点的目录路径一

假若要在 Ref.htm 文件中引用 BeRef.gif 文件时，则其相对路径如下所示。

```
./SubDir2/BeRef.gif
```

上面的引用路径中，“.” 代表目前的目录 Dir1，所以“./SubDir2”代表目前目录下的 SubDir2。其实，也可以省略“./”直接用下面这种方式引用。

```
SubDir2/BeRef.gif
```

若使用绝对路径以根目录为参考点引用该文件时，则引用路径如下所示。

```
/Dir1/SubDir2/BeRef.gif
```

（2）如果 Web 站点的目录结构如图 6-8 所示，假若要在 Ref.htm 文件中引用 BeRef.gif 文件，则其相对路径如下所示。

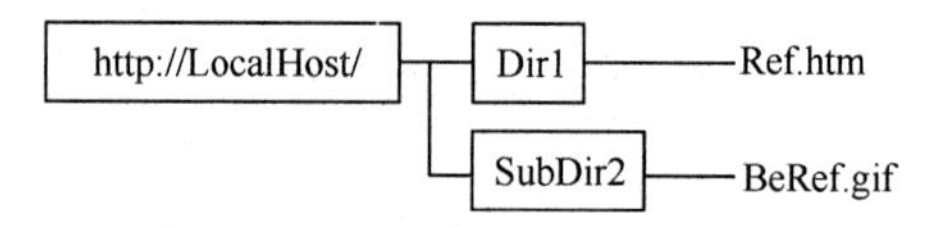

图 6-8　Web 站点的目录路径二

```
../SubDir2/BeRef.gif
```

若使用绝对路径引用时，则引用路径如下所示。

```
/Dir2/BeRer.gif
```

（3）通过一个比较复杂的例子，再来比较一下相对路径与绝对路径的使用。假设在读者所建立的 Web 站点中，拥有如图 6-9 所示的目录路径。

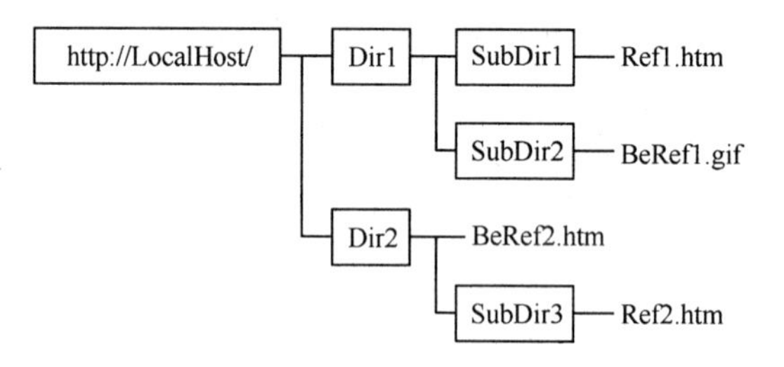

图 6-9　Web 站点的目录路径三

以表 6-4 所示来说明在图 6-9 所示的情况下，某文件引用另一文件时，所应使用的相对路径与绝对路径。

表 6-4　相对路径与绝对路径的示例

引　用　者	被 引 用 者	相 对 路 径	绝 对 路 径
Ref1.htm	BeRef1.gif	../SubDir2/BeRef1.gif	Dir1/SubDir2/BeRef1.gif
Ref2.htm	BeRef1.gif	../../Dir1/SubDir2/ BeRef1.gif	/Dir1/SubDir2/ BeRef1.gif
Ref1.htm	BeRef2.htm	../../Dir2/ BeRef2.htm	/Dir2/BeRef2.htm
Ref2.htm	BeRef2.htm	../BeRef2.htm	/Dir2/BeRef2.htm

6.6　超链接标签<A>

1．超链接语法

超链接是 HTML 语言的一大特色，正因为有了超链接，网站内容的浏览才能够具有灵活性和网络性。超链接标签虽然在网站设计制作中占有不可替代的地位，但是其标签只有一个，那就是<A>标签。

```
<A  href="URL"  Target="value"> 链接文字</A>
```

2. 超链接属性

超链接标签属性用于设置超链接的具体特征，其属性的详细信息如表 6-5 所示。

表 6-5 超链接属性表

属 性	描 述
href	指定链接地址
name	给链接命名
title	给链接提示文字
target	指定链接的目标窗口

其中，href 属性是无论如何不可缺少的，标签对之间加入需要链接的文本或图像（链接图像即加入<img src="">）。href 的值可以是 URL 形式，即网址或相对路径，也可以是 mailto:形式，即发送 E-mail 形式。

target 属性用于单击超链接后，打开的窗口为原有窗口或指定的目标窗口，它的取值如表 6-6 所示。

表 6-6 Target 属性值

属 性 值	描 述
_parent	在上一级窗口中打开，一般使用分帧的框架页会经常使用
_blank	在新窗口中打开
_self	在同一个帧或窗口中打开，此项一般不用设置
_top	在浏览器的整个窗口中打开，忽略任何框架

6.7 超链接的应用

6.7.1 图片链接

➢ 基本语法如下：

```
<A  href="URL"><IMG  alt=提示   src=图片文件/></A>
```

➢ 目标效果如图 6-10 所示。

➢ 源代码清单（6-5 图片链接.html）：

```
<html>
  <body>
    <table>
        <TR><TD width=100>
<A  href="http://www.jswater.gov.cn/slxw/slyw/20101101/092418290.html">
<IMG border=0 src="http://www.nanjing.gov.cn/images/yyt0905.jpg" width=100  height=
85/> 2010 流域水安全与重大工程安全高层论坛在南京举行</A></TD>
            </TR>
```

```
        </bable>
    </body>
</html>
```

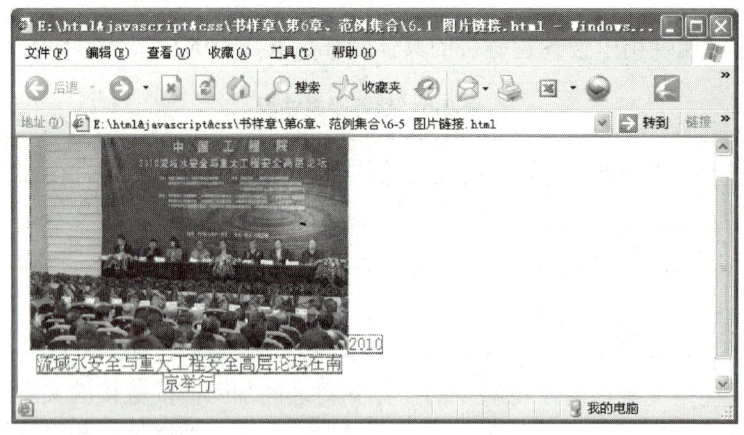

图 6-10　图片链接的效果图

➢ 源代码解释。

源代码中，通过使用<img>标签在网页中添加了一幅图片，图片来自指定网站上，通过<A>标签给网页中添加的图片和文字添加了超链接效果，当单击图片或文字时跳转到<A>标签中 href 属性指定的地址。

6.7.2　邮箱链接

在浏览网页时，经常会出现“给我写信”之类的字样，用鼠标单击后会启动本地计算机的邮件程序（例如 Outlook）发送邮件，并且地址栏的内容已经填写完整。这是如何实现的呢？其实非常简单，其语法格式如下：

```
<a href="mailto:收件人邮箱? cc=抄送邮箱 &subject=主题&body=邮件正文">给我发信
</a>
```

➢ 目标效果如图 6-11 所示。

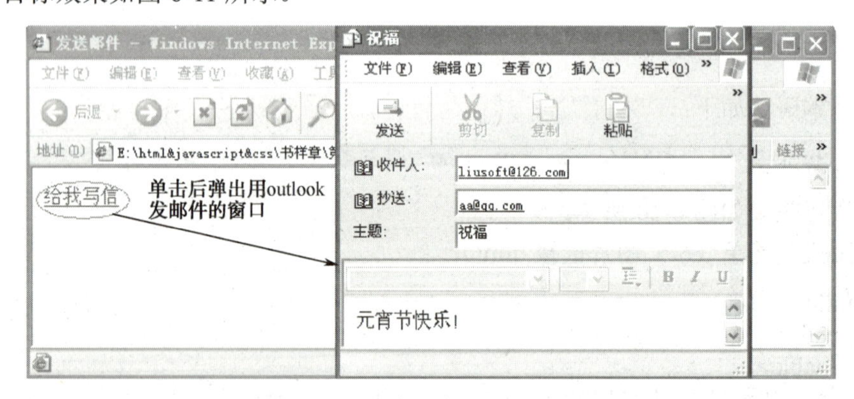

图 6-11　邮箱链接应用效果图

➢ 源代码清单（6-6 邮箱链接.html）：

```
<head>
    <title>发送邮件</title>
```

```
    </head>
    <body>
        <a href="mailto:liusoft@126.com?cc=aa@qq.com&subject=祝福&body=元宵节快乐！
"> 给您写信</a>
    </body>
    </html>
```

➢ 源代码解释：

源代码中，通过<a>标签给文字“给我写信”添加了一个超链接，当单击该文字时，就弹出一个 Outlook 窗口用于书写邮件，默认的收信人地址为 liusoft@126.com，同时抄送给 aa@qq.com，默认的邮件主题是“祝福”，默认邮件内容为“元宵节快乐！”。

6.7.3 书签链接

1. 书签链接的作用

在浏览页面的时候，如果页面的内容较多，页面过长，就需要不断地拖动滚动条，很不方便，如果要寻找特定的内容，就更加不方便。这时如果能在该网页上，或另外一个页面上建立目录，当浏览者单击目录上的项目就能自动跳到网页相应的位置进行阅读，并且还可以在页面中设置诸如“返回页首”之类的链接，这样浏览就会变得很方便。此类链接被称为书签链接，书签链接要先定义后使用，语法如下。

```
<A  name=" name" > 文字</A>                    //定义书签
<A  href=" #bookmark_name" > 文字链接</A>    //链接到书签
```

其中，bookmark_name 就是刚刚定义的书签名称 name。

在页面之间，也可以完成跳转到另一页面某一位置的过程。这需要指定好链接的页面和链接的书签位置。

```
<A Href=" file_name#bookmark_name" > 文字链接</A>
```

其中，file_name 是要跳转到的页面路径，bookmark_name 是定义的书签名称。

2. 书签应用案例

➢ 目标效果如图 6-12 所示。

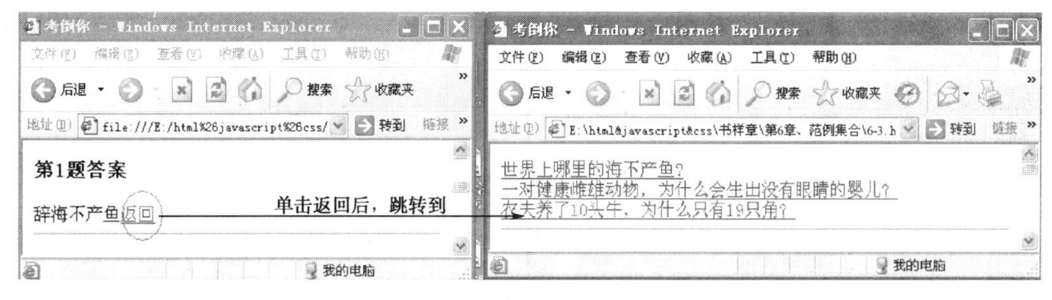

图 6-12 书签应用效果图

➢ 源代码清单。

```
<html>
<head><title>考倒你</title></head>
```

```
<body>
<h3><a name="title" 考倒你</a></h3>
<a href="#T_1">世界上哪里的海不产鱼?</a><br>
<a href="#T_2">一对健康雌雄动物，为什么会生出没有眼睛的婴儿？ </a><br>
<a href="#T_3">农夫养了 10 头牛，为什么只有 19 只角？ </a><br>
<hr>
<br><br><br><br><br><br><br><br><br><br><br>
<h3><a name="T_1">第 1 题答案</a></h3>辞海不产鱼<a href="#title">返回</a>
<hr>
<br><br><br><br><br><br><br><br><br><br><br>
<h3><a name="T_2">第 2 题答案</a></h3>母鸡下的蛋<a href="#title">返回</a>
<hr>
<br><br><br><br><br><br><br><br><br><br><br>
<h3><a name="T_3">第 3 题答案</a></h3>一只是犀牛<a href="#title">返回</a>
</body>
</html>
```

➢ 源代码解释。

源代码中，首先定义了一个链接标签名为“title”，而在后面通过给文字“返回”添加超链接，单击时链接到指定的名为“title”位置。

6.7.4 其他相关标签

1. 定义文件之间关联的标签<LINK>

<LINK>标签用于定义目前的文件与其他文件之间的关联，它必须放在 HTML 文件的<HEAD>区域，不限使用次数。

比如，CSS 的定义既可以是在 HTML 文档内部，也可以单独成立文件。如下所示代码是将 CSS 样式链接到外部的 Style.css 文件。

```
<link rel="stylesheet" href="Style.css" type="text/css">
```

除了定义链接样式表文件以外，还可以定义如表 6-7 所示的关联。

表 6-7 关联类型

REL 类型	中 文 说 明
CONTENTS	内容
INDEX	索引
GLOSSARY	名词解释
COPYRIGHT	版权声明
NEXT	下一页（用“REL=”）
PREVIOUS	上一页（用“REV=”）
START	第一个文件
HELP	在线帮助
BOOKMARK	书签
STYLESHEET	样式表

续表

REL 类型	中文说明
SEARCH	搜索资源
TOP	首页

2. <LINK>标签应用

➢ 源代码清单：

```
<HEAD>
<TITLE >…这里是网页标题…</TITLE>
<LINK    REL="HELP" TYPE="text/html"    HREF="help.htm">
<LINK    REL="TOP" HREF=HTTP://WWW.HAPPY.COM>
<LINK    REV=" PREVIOUS" HREF="BACK.HTM">
</HEAD>
……
```

➢ 源代码解释：

源代码中，通过<LINK>标签链接了三个页面内容，分别是帮助链接（用于打开指定的名为“help.htm”的帮助文档）、首页链接（跳转到指定的名为“HTTP://WWW.HAPPY.COM”首页地址）和上一页的链接（链接到名为“BACK.HTM”页面）。

3. 定义相对 URL 路径基址的标签<BASE>

基底网址标签<BASE>，用来设置一个 URL 地址，一般常用来设置浏览器中文件的绝对路径。在文档中所有的相对地址形式的 URL 都是相对于这里定义的 URL 而言的，在文件中只需写下文件的相对位置，在浏览器中浏览的时候这些位置会自动地附在绝对路径后面，成为完整的路径。

一个 HTML 文档中的 <BASE> 标签不能多于一个，必须放于<HEAD>头部，并且应该在任何包含 URL 地址的语句之前，语法如下。

```
<BASE   href="URL"   target="window_name">
```

其中，href 属性指定了文档的基础 URL 地址。该属性在<BASE>标签中是必须存在的。target 定义的是打开页面的窗口，同框架一起使用。它定义了当文档中的链接被单击后，在哪一个框架集中展开页面。

6.8 典型应用项目范例：超链接在项目中的应用

1. 网站页面要求

设计一个网站页面，该网页内容较多，要求在查看下面的内容时要能返回到前面的内容，并且在网页的最下端要有公司的邮箱联系信息，要在单击邮箱地址时能弹出 Outlook 以书写邮件。

2. 网站页面目标效果如图 6-13 所示

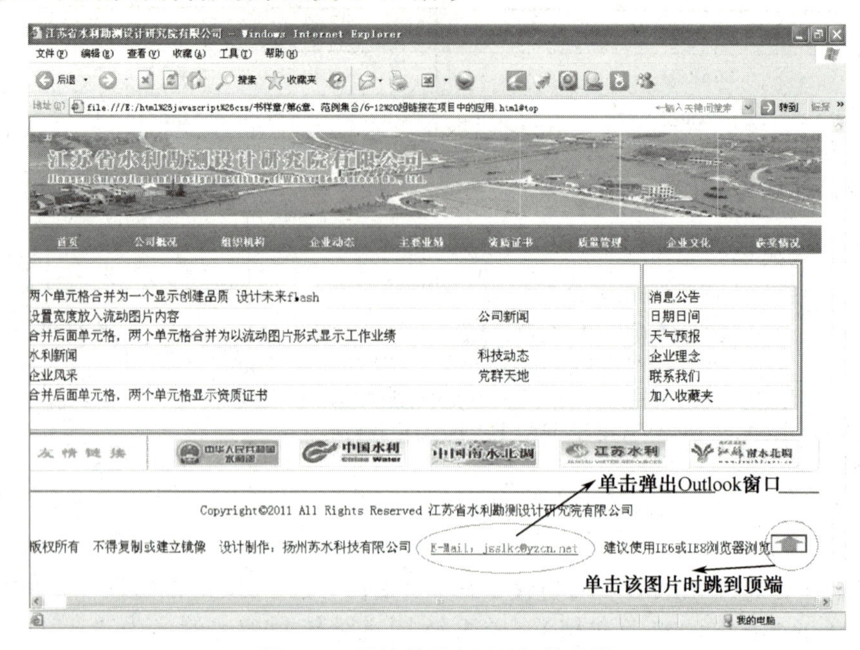

图 6-13　网站首页布局目标效果图

3. 基于目标效果图的设计分析

从以上目标效果图中看出有两个功能要设置，一个为邮件链接，另一个为书签链接。

4. 网站页面制作步骤

（1）利用第 3 章 3.7 节中设计好的网站首页，修改页面源代码，在源代码中添加一个邮件链接功能。

➢ 源代码清单。

```
<a href="mailto:jsslkc@yzcn.net?subject=求职&body=xxx 经理:\n 见信好！"> E-Mail: jsslkc@yzcn.net</a>
```

➢ 运行效果如图 6-14 所示。

（2）添加书签链接功能。

➢ 源代码清单：

```
<table id="table1">
    <tr>
        <td id="top" ><a name="top"  >
        <img src="images/logo.jpg" width="100%" height="103"/>    </a> </td>
    </tr>
…
<a href="#top"><img src="images/up.jpg" width="41" height="18"></a>
```

➢ 运行效果如图 6-15 所示。

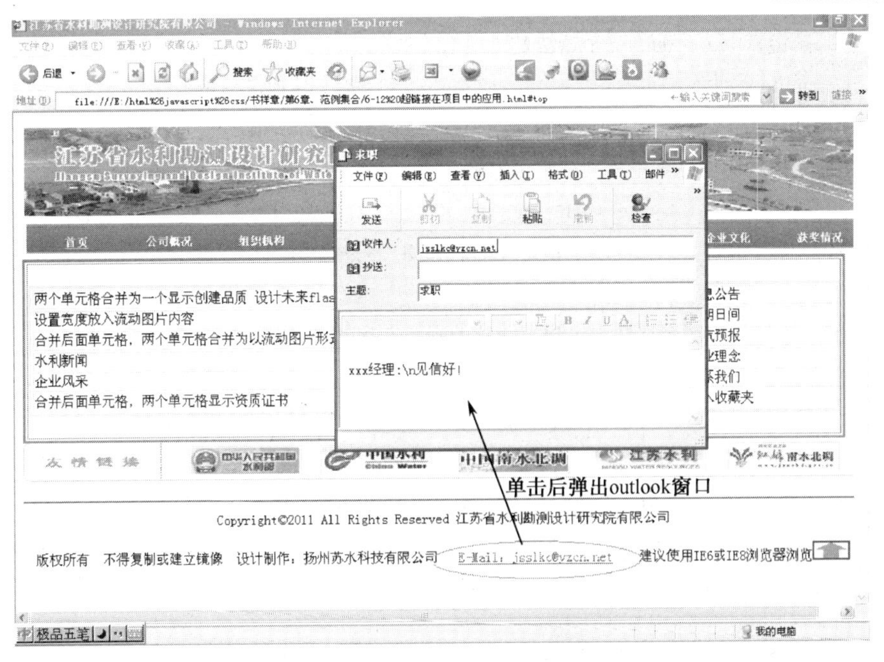

图 6-14　添加邮件链接的效果图

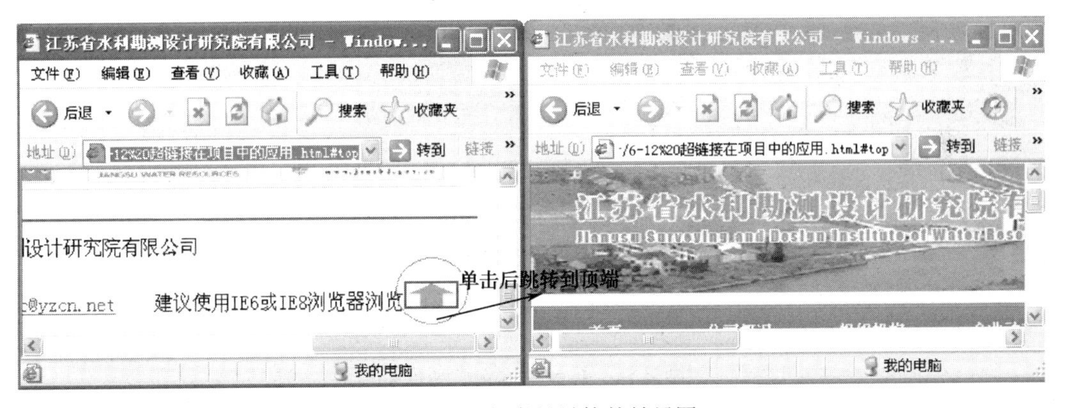

图 6-15　添加书签链接的效果图

6.9　综合练习

一、选择题

（1）下面哪条路径表示的是绝对路径？（　　）

A．C:\hua.jpg　　B．hua.jpg　　C.../image/hua.jpg　　D．image/hua.jpg

（2）下面哪条路径表示的是上一级目录下的 image 子目录中的 hua.jpg 文件？（　　）

A．C:\hua.jpg　　B．hua.jpg　　C．.../image/hua.jpg　　D．image/hua.jpg

（3）<a>标签中的哪个属性用于要链接打开的文件地址？（　　）

A．href　　B．width　　C．src　　D．alt

（4）<a>标签中 target 属性的下面哪一个值用于指定在新窗口中打开要打开的文件？（　　）

A．_parent　　B．_blank　　C．_self　　D．_top

（5）在邮箱链接中，下面哪一个语法是错误的？（　　）

A．mailto:收件人邮箱　　B．cc=抄送邮箱

C．subject=主题　　D．body=邮件附件

（6）下面哪一种图片格式不是网络常用的格式？（　　）

A．gif　　B．jpg　　C．png　　D．bmp

（7）<img>标签中的哪个属性用于指定要插入的图片的路径？（　　）

A．height　　B．width　　C．src　　D．type

（8）<img>标签中的哪个属性用于指定图片的提示文字？（　　）

A．height　　B．width　　C．src　　D．alt

（9）下面哪一种不是HTML支持的三种热点区域形状？（　　）

A．矩形　　B．圆形　　C．多边形　　D．椭圆形

（10）下面哪个属性用于指定<map>标签定义的影像地图的名称？（　　）

A．height　　B．href　　C．src　　D．name

二、应用题

（1）设计一个HTML页面，在该页面上实现常用网页地址导航功能，目标效果如图6-16所示。

百　度	新　浪	搜　狐	腾　讯	网　易	优酷网
凤凰网	新浪微博	淘宝网	QQ空间	4399游戏	谷　歌
人人网	影视大全	彩票开奖	汽车之家	12306	+ 添加网址
东方财富	58同城	央视震区直播	新华・人民	美丽说	太平洋电脑
工商银行	赶集网	中关村在线	奇艺高清	爱卡汽车	央视网・CNTV
唯品会	珍爱网	凡客诚品	贴吧・雅安吧	去哪儿网	太平洋汽车
乐蜂网	蘑菇街	美团网	国美在线	艺龙网	智联招聘
京东商城	苏宁易购	1号店	卓越亚马逊	聚美优品	世纪佳缘

图6-16　导航网页布局效果图

（2）设计一个HTML页面，在页面中插入10张图片并进行从左至右的跑马灯效果流动，目标效果如图6-17所示。（提示：图片可利用随书配套资源中“第6章范例”文件夹中的Turtle.jpg。）

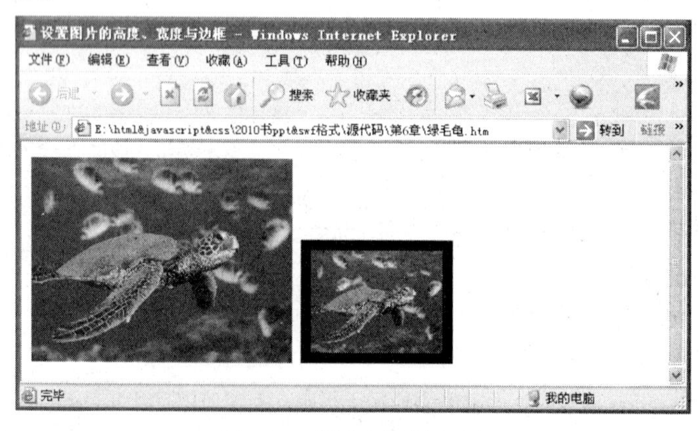

图6-17　图片网页效果图

第7章

网页上的特殊元素与特效

基本介绍

一个网页上的内容除了文字、表格、图像以外，还可以有其他的一些特殊元素，如声音、视频、动画、交互游戏等。

本章内容有点杂，读者可根据需要选取部分学习。本章主要讲述如何在网页中加入音频和视频、Java Applet 特效、嵌入 Flash 动画文件等。

需求应用

网页特效技术在网站设计制作中并不是必需的，主要的目的是增强网页的美观和动态效果，或者是用于某些特殊网页上的小应用软件中。一般用于：

- 休闲娱乐网站加入背景音乐，使人产生愉悦的心情；
- 公司首页嵌入公司自己的宣传片视频；
- 网站 Banner 广告条嵌入 Flash 动画，以便吸引用户点击；
- 可以编写某些特殊网页小应用程序。

学习目标

- 掌握音乐文件的插入。
- 掌握视频文件的插入。
- 掌握网页的动态切换。
- 掌握 Flash 文件的插入。
- 掌握一些特殊效果的应用。

7.1 加入音乐

打开网页，我们经常可以听到悦耳的音乐，也可在线播放指定的音乐和电影视频，很多公司企业为了推广自己的产品和宣传自己，都会在自己的门户网站或知名网站上插入自己公司的视频广告，这些广告一般采用 Flash 制作，因此需要在网页上插入音乐、视频和 Flash 动画等多媒体文件来实现特殊效果。

7.1.1 常见的音乐格式

1. MID

MID 是 MIDI 的简称，也称之为计算机音乐。事实上，利用多媒体计算机不但可以播放、创作和实时地演奏 MIDI 音乐。甚至可以把 MIDI 音乐转变成看得见的乐谱（五线谱或简谱）打印出来，反之，也可以把乐谱变成美妙的音乐。利用 MIDI 的这个性质，可以用于音乐教学（尤其是识谱），让学生利用计算机学习音乐知识和创作音乐。

2. MP3

MP3（MPEG Audio Layer 3）是一种音频压缩技术，将音乐以 1：10 甚至 1:12 的压缩率，压缩成容量较小的文件，换句话说，它能够在音质丢失很小的情况下把文件压缩到更小的程度。

3. APE

APE 是目前流行的数字音乐文件格式之一。与 MP3 这种有损压缩方式不同，APE 是一种无损压缩音频技术，也就是说，如果将从音频 CD 上读取的音频数据文件压缩成 APE 格式后，还可以再将 APE 格式的文件还原成一模一样的原文件。

4. WMA

WMA 的全称是 Windows Media Audio，WMA 是微软力推的一种音频格式。WMA 格式是以减少数据流量但保持音质的方法来达到更高的压缩率目的，其压缩率一般可以达到 1:18，生成的文件大小只有相应 MP3 文件的一半。

5. WAV

WAV 是微软公司开发的一种声音文件格式，也叫波形声音文件，是最早的数字音频格式，被 Windows 平台及其应用程序广泛支持。

6. MOD

MOD 是一种类似波表的音乐格式，但它的结构却类似 MIDI，使用真实采样，体积很小，音质好，在以前的 DOS 年代，MOD 经常被应用于游戏的背景音乐。

7. RA 系列

RA、RAM 和 RM 都是 Real 公司成熟的网络音频格式，采用了“音频流”技术，所以非常适合用于网络广播。在制作时可以加入版权、演唱者、制作者、E-mail 和歌曲的 Title 等信息，是目前在线收听网络音乐最好的一种格式。

8. CD

CD 格式即 CD 唱片，一张 CD 可以播放 74 分钟左右的声音文件，Windows 系统中自带了一个 CD 播放机，另外多数声卡所附带的软件都提供了 CD 播放功能，甚至有一些光驱脱离计算机，只要接通电源就可以作为一个独立的 CD 播放机使用。

9. MD

MD 即 MiniDisc，是 SONY 公司于 1992 年推出的一种完整的便携音乐格式，它所采用的压缩算法就是 ATRAC 技术（压缩比是 1∶5）。MD 又分为可录型 MD（Recordable，有磁头和激光头两个头）和单放型 MD（Pre-recorded，只有激光头）。

10. ASF

ASF 的全称是 Advanced Streaming Format，ASF 是微软所制定的一种媒体播放格式，适合在网络上播放。

7.1.2 音乐相关的标签

1. <Embed>标签

<Embed>标签用来在 HTML 文件中插入对象，可以是音频、视频和 Flash，HTML4 中不赞成该标签，但 HTML5 中允许。如果浏览器不支持时，则需要使用“<No Embed>该浏览器不支持，请更换为 Netscape 或 Internet Explorer 浏览器</No Embed>”。

➢ 标签属性。

该标签支持标准属性和事件属性，还有自己的可选属性，如表 7-1 所示。

表 7-1 <Embed>标签属性表

属　性	值	描　述
height	pixels	设置嵌入内容的高度
src	url	嵌入内容的 URL
type	type	定义嵌入内容的类型
width	pixels	设置嵌入内容的宽度

➢ 语法。

```
<embed src="文件路径 url"  width=宽度值 height=高度值/>
```

➢ 应用案例源代码清单（7-1Embed 标签应用.htm）：

```
<himl>
  <head>
    <title>使用 Embed 标签加入音乐</title>
  </head>
  <body background="images/bg_12.gif">
    <embed src="sound/就是爱.mid" width="200" height="200">
    <noembed>您的浏览器不支持 plug-in 功能</noembed>
  </body>
```

➢ 运行效果如图 7-1 所示。

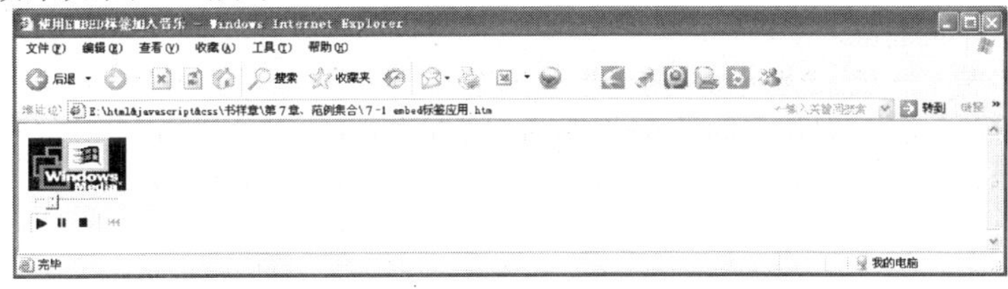

图 7-1 <Embed>标签应用效果图

2. <Object>标签

<Object>标签用于包含对象，比如图像、音频、视频、Java Applets、ActiveX、PDF及Flash，Object的初衷是取代img和applet元素。不过由于漏洞及缺乏浏览器支持，这一点并未实现。如果未显示Object元素，就会执行位于“<Object>对不起，浏览器不支持</Object>”之间的代码。常和param标签配合一同使用。

➢ 标签属性。

该标签支持标准属性和事件属性，还有自己的可选属性，如表7-2所示。

表7-2 <object>标签属性表

属　性	值	描　述
align	left | right | top | bottom	定义围绕该对象的文本对齐方式
archive	URL	由空格分隔的指向档案文件的URL列表。这些档案文件包含了与对象相关的资源
border	pixels	定义对象周围的边框
classid	class ID	定义嵌入Windows Registry中或某个URL中的类的ID值，此属性可用来指定浏览器中包含的对象的位置，通常是一个Java类
codebase	URL	定义在何处可找到对象所需的代码，提供一个基准 URL
codetype	MIME type	通过classid属性所引用的代码的MIME类型
data	URL	定义引用对象数据的URL。如果有需要对象处理的数据文件，要用data属性来指定这些数据文件
declare	declare	可定义此对象仅可被声明，但不能被创建或例示，直到此对象得到应用为止
height	pixels	定义对象的高度
hspace	pixels	定义对象周围水平方向的空白
name	unique_name	为对象定义唯一的名称（以便在脚本中使用）
standby	text	定义当对象正在加载时所显示的文本
type	MIME_type	定义被规定在data属性中指定文件中出现的数据的 MIME类型
usemap	URL	规定与对象一同使用的客户端图像映射的URL
vspace	pixels	定义对象的垂直方向的空白
width	pixels	定义对象的宽度

➢ 语法。

```
<object width=宽度值 height=高度值 data="文件路径 url "></object>
```

➢ 应用案例源代码清单（7-2 Object标签插入音乐.htm）：

```
<html>
<body>
<object height="100" width="100" data="sound/就是爱.mid"></object>
<p><b>注释：</b>浏览器可能需要安装插件以后，才能播放该文件。</p>
</body>
</html>
```

➢ 运行效果如图 7-2 所示。

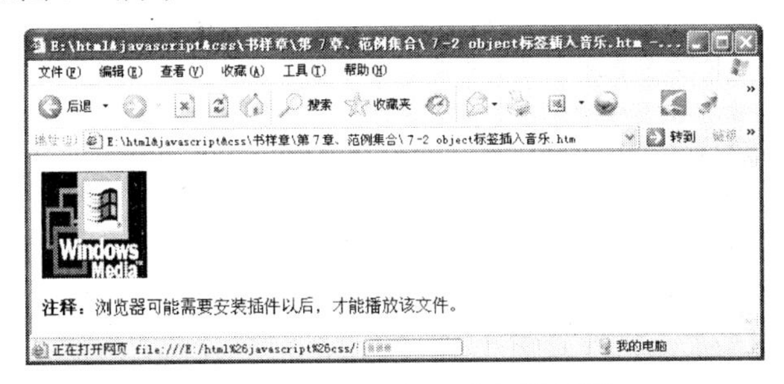

图 7-2　<Object>标签应用效果图

3. <bgsound>标签

<bgsound>标签用于播放背景音乐，当我们在打开网页时，背景音乐就自动播放。

➢ 标签属性。

<bgsound>标签的属性如表 7-3 所示。

表 7-3　<bgsound>标签的属性表

属　性	值	描　述
src	url	嵌入内容的 URL
loop	数值	用于设置音乐播放循环的次数

➢ 语法。

```
<object width=宽度值 height=高度值 data="文件路径 url "></object>
```

➢ 应用案例源代码清单（7-3 bgsound 背景音乐.htm）：

```
<html>
<head>
<title>背景音乐</title>
<bgsound loop=-1 src="sound/就是爱.mid ">
</head>
<body BACKGROUND="images/bg_12.gif">
</body>
</html>
```

7.2　加入视频和 Flash

1. 利用<Embed>标签加入视频

➢ 源代码清单（7-4 Embed 标签插入视频.htm）：

```
<himl>
   <head>
      <title>使用 Embed 标签加入视频</title>
   </head>
   <body backgroud="images/bg_12.gif">
      <Embed src="video/NamieAmuro_1.avi" width="230" height="220"
```

```
    <noembed>您的浏览器不支持 PLUG-IN 功能</noembed>
  </body>
</html>
```

➢ 运行效果如图 7-3 所示。

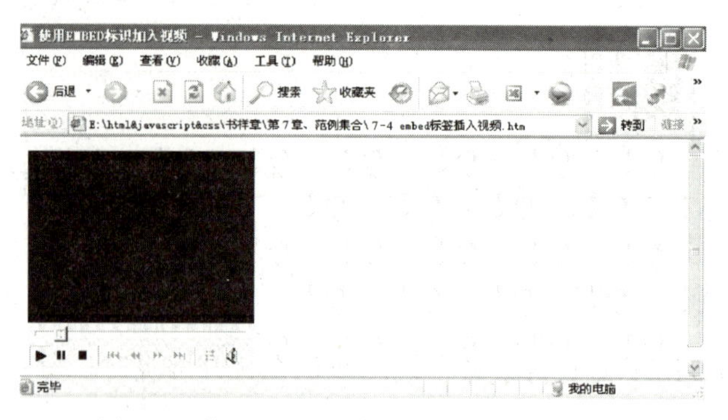

图 7-3　利用<Embed>标签加入视频的效果图

2. 利用<Object>标签加入视频

（1）使用 QuickTime 来播放 Wave 音频。

➢ 源代码清单（7-5 QuickTime 播放 Wave 音频.htm）：

```
<object width="420" height="360"
classid="clsid:02BF25D5-8C17-4B23-BC80-D3488ABDDC6B"
codebase="http://www.apple.com/qtactivex/qtplugin.cab">
<param name="src" value=" video/bird.wav" />
<param name="controller" value="true" />
</object>
```

（2）使用 QuickTime 来播 MP4 视频。

➢ 源代码清单（7-6 QuickTime 播放 MP4 音频.htm）：

```
<object width="420" height="360"
classid="clsid:02BF25D5-8C17-4B23-BC80-D3488ABDDC6B"
codebase="http://www.apple.com/qtactivex/qtplugin.cab">
<param name="src" value=" video/movie.mp4" />
<param name="controller" value="true" />
</object>
```

（3）使用 Windows Media Player 来播放 WMV 影片。

➢ 源代码清单（7-7 Windows Media Player 播放 WMV 影片.htm）：

```
<object width="100%" height="100%"
type="video/x-ms-asf" url="video/3d.wmv" data="3d.wmv"
classid="CLSID:6BF52A52-394A-11d3-B153-00C04F79FAA6">
<param name="url" value=" video/3d.wmv">//指定要播放的文件路径
<param name="filename" value="3d.wmv">//指定文件名
<param name="autostart" value="1">//设置自动开始
<param name="uiMode" value="full" />
<param name="autosize" value="1">
<param name="playcount" value="1">//设置播放次数
</object>
```

3. 加入 Flash

(1) 在<Object>标签中使用 Flash 来播放 SWF 视频。

➢ 源代码清单（7-8 Object 播放 SWF 视频.htm）：

```
<object width="400" height="40"
classid="clsid:d27cdb6e-ae6d-11cf-96b8-444553540000"
codebase="http://fpdownload.macromedia.com/
pub/shockwave/cabs/flash/swflash.cab#version=8,0,0,0">
<param name="SRC" value="video/bookmark.swf">
</object>
```

(2) 在<Embed>标签中使用 Flash 来播放 SWF 视频。

➢ 源代码清单（7-9 Embed 播放 SWF 视频.htm）：

```
<embed src=" video/bookmark.swf" width="400" height="40"></embed>
```

7.3 元信息标签<META>的应用

<META>标签的功能是定义页面中的信息，这些文件信息并不会出现在浏览器页面的显示之中。<META>标签通过属性设置，能够提供文档的关键字、作者、描述等多种信息，在 HTML 的头部可以包括任意数量的<META>标签。它的属性如表 7-4 所示。

表 7-4 <META>标签的属性表

属　性	描　述
HTTP-EQUIV	生成一个 HTTP 标题域，它的取值与另一个属性相同，如 HTTP-EQUIV=Expires，实际取值由 CONTENT 确定
NAME	如果元数据是以关键字/取值的形式出现的，NAME 就表示关键字，如 Author 或 ID
CONTENT	关键字/取值的内容

通过表 7-4 所列的这些属性，可以实现多种多样的效果和功能。

1. 定义网页编辑工具

可以用 Frontpage、Dreamweaver 等多种网页编辑工具来制作网页，在源代码中可以设定网页编辑器的名称，这个名称不会出现在浏览器的显示中。例如：

```
<meta  name="generator" content="Microsoft FrontPage 4.0">
```

其中，generator 表示其功能是定义编辑器，content 的值应该为编辑器的名称。

2. 设定关键字

关键字是为搜索引擎而提供的，如一个音乐网站，为了提高在搜索引擎中被搜索到的几率，可以设定多个和音乐主题相关的关键字以便搜索。这些关键字不会出现在浏览器的显示中。需要注意的是，大多数搜索引擎进行检索时都会限制关键字的数量，有时关键字过多该网页会在检索中被忽略。所以关键字的输入不宜过多，应切中主题。另外，关键字之间要用逗号分隔。

```
<meta  name="keywords"  content="value">
```

其中，keywords 表示其功能是关键字定义，content 的值应该为关键字字符串。

3. 设定描述

对于一个网站的页面，可以在源代码中添加说明语句，用以将网站的主题描述清晰，这就是描述语句的作用。这个描述语句内容不会在浏览器中显示。说明文字可供搜索引擎寻找网页，还可存储在搜索引擎的服务器中，在浏览者搜索时随时调用，还可以在检索到网页时作为检索结果返给浏览者。搜索引擎同样限制说明文字的字数，所以内容应尽量简明扼要。

```
<meta  name="description"  content="value">
```

其中，description 表示其功能是描述定义，content 的值应该为描述内容。

4. 设定作者

在页面的源代码中，可以显示页面制作者的姓名及个人信息。这可以在源代码中保留作者希望保留的信息。

```
<meta  name="author"  content="value">
```


其中，author 表示其功能是作者定义，content 中定义作者的个人信息。

5. 设定字符集

HTML 页面的内容可以用不同的字符集来显示，如中国大陆常用的 GB2312 码（简体中文），中国台湾地区常用的 BIG5 码（繁体中文），欧洲地区常用的 ISO8859-1（英文）等。对于不同的字符集页面，如果用户的浏览器不支持该字符的显示，则浏览器中显示的都是乱码。这时就需要由 HTML 语言来定义页面的字符集，用以告知浏览器以相应的内码显示页面内容。

```
<meta  http-equiv="content-type" content="text/html; charset=value">
```

其中，http-equiv 传送 HTTP 通信协议的标头，content 中定义页面的内码，charset 的值就是内码的语系。例如：

```
<meta http-equiv="content-type" content="text/html;charset=utf-8" />
```

6. 设定自动刷新

使用 HTTP-EQUIV 属性中的 REFRESH 能够设置页面的自动刷新，就是每隔几秒的时间刷新一次页面的内容。比如常用的互联网现场图文直播、论坛消息的自动更新等。

```
<meta http-equiv="refresh" content="value">
```

其中，http-equiv 传送 HTTP 通信协议的标头，refresh 代表刷新，content 的值写下刷新间隔的秒数。

7. 设定网页的跳转

使用 HTTP-EQUIV 属性中的 REFRESH 不仅能够完成页面自身的自动刷新，也可以实现页面之间的跳转过程。如网站地址有所变化时，希望在当前的页面中等待几秒钟之后就自动跳转到新的网站地址，这就可以通过设置跳转时间和地址来实现。

自动跳转特性目前已经被越来越多的网页所使用。例如，可以首先在一个页面上显示欢迎信息，经过一段时间，自动跳转到指定的网页。

```
<meta http-equiv="refresh" content="value;URL=URL_Value">
```

其中，http-equiv 传送 HTTP 通信协议的标头，refresh 代表刷新，content 中写下跳转间隔的秒数及跳转后打开的网页地址。

➢ 源代码清单（7-10 页面自动跳转.htm）：

```
<html>
  <head>
    <title>网页自动切换</title>
    <meta http-equiv="refresh" content="5;url= http://www.hnswxy.com">
  </head>
  <body>
  <h1>热烈欢迎进入湖南商务职业学院网站！</h1>
  </body>
</html>
```


➢ 源代码解释：

源代码中，通过 http-equiv="refresh" 设置了重新刷新，通过 content="5;URL= http://www.hnswxy.com" 设定在打开本页面 5 秒后自动跳转到网站 http://www.hnswxy .com。

8. 设定转场效果

转场效果即网页过渡，是指当进入或离开网站时，页面具有不同的切换效果。添加此功能可以使网页看起来更具动感，语法如下：

```
<meta http-equiv="EVENT" content="REVEALTRANS(Duration=秒,Transition=效果号)">
```

其中，EVENT：触发切换效果时的事件，一般有两种，Page-Enter 和 Page-Exit，如表 7-5 所示。

表 7-5 Page-Enter 和 Page-Exit 事件

事 件	描 述
Page-Enter	表示进入网页时有网页过渡效果
Page-Exit	表示退出网页时有网页过渡效果

Duration：网页过渡效果的延续时间，单位为秒。Transition 中写下过渡效果的方式编号。

Transition：过渡效果的编号及含义如表 7-6 所示。

表 7-6 Transition 效果的编号及含义

效 果	效 果 编 号	效 果	效 果 编 号
盒状收缩	0	左右向中部收缩	13
盒状展开	1	中部向左右展开	14

续表

效　果	效果编号	效　果	效果编号
圆形收缩	2	上下向中部收缩	15
圆形展开	3	中部向上下展开	16
向上擦除	4	阶梯状向左下展开	17
向下擦除	5	阶梯状向左上展开	18
向左擦除	6	阶梯状向右下展开	19
向右擦除	7	阶梯状向右上展开	20
垂直百叶窗	8	随机水平线	21
水平百叶窗	9	随机垂直线	22
横向棋盘式	10	随机	23
纵向棋盘式	11		
溶解	12		

7.4　嵌入 Java Applet 实现烟花特效网页

Java Applet 就是用 Java 语言编写的小应用程序，可以直接嵌入到网页中，并能够产生特殊的效果。当用户访问这样的网页时，Applet 被下载到用户的计算机上执行，但前提是用户使用的是支持 Java 的网页浏览器。

Java Applet 用 Java 语言编写，可实现的功能非常强大，这也带来一些不安全因素。某些浏览器中依然对<applet>标签提供支持，但是需要额外的插件和安装过程才起作用。语法如下：

```
<APPLET  CODE=CLASS 文件名>< PARAM name=… value=…></APPLET>
```

其中，Code：必须要的属性，设置 Applet 类程序的文件名，该类程序的扩展名为.class。

<PARAM>标签：位于<APPLET>标签中间的标签<PARAM>一般有两个属性 name 和 value，name 是 Applet 传入的参数名，value 是 Applet 传入的参数值。一个 Java Applet 程序有哪些参数及参数名称是什么，只有编写该 Class 文件的作者才知道，或者参看他提供的说明。

以下范例是在网页中实现烟花特效，当单击鼠标时，就燃放一个随机颜色的烟花。

➢ 源代码清单（7-11 Java Applet 实现烟花特效.htm）：

```
<html>
  <head>
    <title>Applet 烟花</title>
  </head>
  <body>
  <applet align=baseline code=yanhua.class      height=267 width=436>
            <param name="para_bits" value="10000">
            <param name="para_max" value="150">
            <param name="para_blendx" value="50">
```

```
            <param name="para_blendy" value="50">
            <param name="para_sound" value="2">
            <param name="width" value="600">
            <param name="align" value="baseline">
            <param name="code" value="jhanabi.class">
            <param name="codeBase" value="./">
            <param name="height" value="400">
    </applet>
    </body>
</html>
```

➢ 运行效果如图 7-4 所示。

图 7-4　网页实现烟花特效的效果图

7.5　嵌入 JavaScript 实现跑马灯特效网页

JavaScript 是一种能让网页更加生动活泼的程序设计语言，也是目前网页设计中最容易学又最方便的语言。下面的例子是在浏览器状态栏中实现一条消息的滚动效果，俗称“跑马灯”特效。

➢ 源代码清单（7-12 跑马灯特效.htm）：

```
    <head>
      <title>状态栏跑马灯</title>
      <script language="javascript">
        var msg="路漫漫其修远兮，吾将上下而求索。";
        var delay_time=200;
        var start_position=150;
        var current_position=0;
        for( var counter=1;counter<=start_position;counter++){
                msg=" "+msg;
          }
        function Scroll(){
            current_position++;
            if(current_position<msg.length)
                window.status = msg.substring(current_position);
```

```
                else{
                        current_position=0;
                }
                window.setTimeout("Scroll();",delay_time);
            }
        </script>
    </head>
    <body onLoad="javascript:Scroll()">
    </body>
</html>
```

➢ 运行效果如图 7-5 所示。

图 7-5　实现跑马灯特效的网页效果图

7.6　典型应用项目范例：嵌入 Flash 网页动画

由于 HTML 语言的功能十分有限，无法达到人们的预期设计，以实现令人耳目一新的动态效果，在这种情况下 Flash 应运而生，使得网页设计更加多样化。Flash 脚本动画早期多用于简单的网页动态交互，而到现在，在网页里大面积地铺设 Flash 元素似乎已经成为主流，很多大型的商业网站更是爱不释手。

Flash 是美国的 Macromedia 公司于 1999 年 6 月推出的优秀网页动画设计软件。它采用“帧”在时间轴上的连续变化产生动画效果，可以用来制作特效按钮、菜单、首页的 Banner 横幅广告等。

Flash 也是一种交互式动画设计工具，Flash 使用 ActionScript 脚本，可以编写出基于时间轴的控制语句和各种程序语句，配合脚本可以将音乐、声效、动画、按钮，以及漂亮而个性的图片拼合在一起，制作出酷炫、高品质的交互动画。

一般浏览器都安装了 Flash 的播放插件，如果没有安装，也会提示自动从 Macromedia 公司网站下载安装。

以下的典型应用项目范例，告诉大家在 HTML 网页中如何嵌入 Flash 动画。

1. 网页设计要求

门户网站中，需要在网站中所有页面中顶部显示一个 Logo，本例中的 Logo 是一个 flash 动画。

2. Flash 动画设计目标效果图如图 7-6 所示

图 7-6 嵌入 Flash 动画的网页效果图

3. 基于目标效果图的设计分析

嵌入 Flash 动画的网页效果图中可见本例的目标是在网页窗口上显示公司 Logo 图，可以先设计一个 Flash 动画，在网页布局时在顶端利用<object>标签来显示 Flash 动画。

4. 设计步骤

（1）利用 Dreamweaver 新建名为“7-13 嵌入 Flash 动画.htm”的文件，在文件源码中添加<object>标签，并在标签中指定 image 目录下名字为 top.swf 的 flash 动画。

➢ 源代码清单（7-13 嵌入 Flash 动画.htm）：

```
<object>
codeBase="http://download.macromedia.com/pub/shockwave/cabs/flash/swflash.cab#version
=7,0,19,0"
classid=clsid:D27CDB6E-AE6D-11cf-96B8-444553540000 width=746 height=58>
<param name ="movie" value ="images/top.swf">
< param name ="quality" value ="high">
< param name ="wmode" value="transparent">
 <embed src="images/flash2.swf"
width="746" height="58" quality="high"
pluginspage="http://www.macromedia.com/go/getflashplayer"
type="application/x-shockwave-flash" wmode="transparent">
</embed>
</object>
```

➢ 源代码解释

以上方法是使用<object>和<embed>标签来嵌入 Falsh 动画，细心的你会发现，<object>的很多参数和<embed>里面的很多属性是重复的，为什么这样做呢？这是照顾浏览器的兼容性，有的浏览器支持<object>，有的支持<embed>，这也是为什么要修改 Flash 的参数时两个地方都要改的原因。这种方法是 Macromedia 一直以来的官方方法，最大限度地保证了 Flash 的功能，没有兼容性问题。

➢ 运行效果如图 7-6 所示。

7.7 综合练习

一、选择题

（1）目前在线收听网络音乐最好的一种格式是（　　）。

A．RA、RAM 和 RM　B．CD　C．MIDI　D．WAV

（2）<Embed>标签中的哪个属性用于指定要嵌入的内容？（　　）

A．height　B．width　C．src　D．type

（3）<object>标签一般和下面什么标签一起使用？（　　）

A．<div>　B．<head>　C．<param>　D．<table>

（4）<object>标签中的哪个属性用于指定要嵌入的内容？（　　）

A．src　B．data　C．codebase　D．codetype

（5）下面哪个标签用于插入背景音乐？（　　）

A．<object>　B．<Embed>　C．<bgsound>　D．<video>

二、应用题

设计一个 HTML 页面，在页面中插入 10 张图片并进行从左至右的跑马灯效果流动，目标效果如图 7-7 所示。

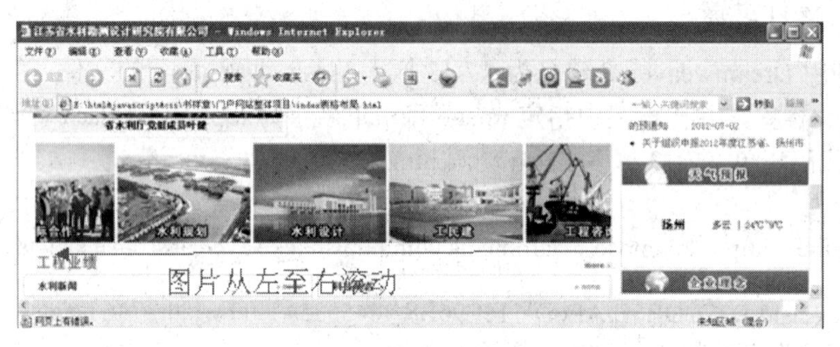

图 7-7　跑马灯效果图

第8章 JavaScript基础语法

基本介绍

网页作为一种新型的传播媒体，浏览者不仅仅要求被动地接收信息，还希望通过网页进行互动。前面学习 HTML 中的表单控件，浏览者可以简单地填入数据，只是没有程序的参与，其功能还是相当简单的。网页中的程序可分为服务器端程序和客户端（浏览器端）程序，服务器端程序运行在网页服务器中，并能在浏览器端呈现结果，例如 ASP、PHP、JSP 等。客户端（浏览器端）程序即通过网页加载到客户端的浏览器后，才开始运行并得出结果。本章开始学习的就是客户端（浏览器端）程序——JavaScript 程序。

需求与应用

通过 HTML 的学习，已经掌握了利用 HTML 语言来设计网页结构，但网页通常是需要具有交互功能的，利用 JavaScript 可以实现用户的交互，动态改变网页内容、数据验证等。JavaScript 是设计具有客户端交互功能的静态页面，是开发 B/S（Browser/Server 浏览器/服务器）结构应用软件的基础。

学习目标

- 认识 JavaScript。
- 掌握 JavaScript 在网页中的位置。
- 掌握 JavaScript 变量的使用。
- 掌握 JavaScript 的表达式和运算的使用。

8.1 JavaScript 概述

JavaScript 是一种基于对象和事件驱动并具有安全性的脚本语言，可使网页变得更加生动，是一种基于客户端浏览器的语言。HTML 页面通过嵌入或调用的方式来执行 JavaScript 程序。

用户在浏览网页过程中填写表单、进行验证的交互过程只是通过浏览器对调入 HTML 文档中的 JavaScript 源代码进行解释执行来完成的，浏览器只将用户输入验证后的信息提交给远程的服务器，这样大大减少了服务器的开销。JavaScript 的出现弥补了 HTML 语言的缺陷，它具有以下几个基本特点。

1. 简单的脚本编程语言

JavaScript是一种脚本语言，它采用小程序段的方式实现编程，像其他脚本语言一样，JavaScript同样也是一种解释性语言，它提供了一个简易的开发过程。它的基本结构形式与C、C++十分类似。但它不像这些语言一样，需要先编译，而是在程序运行过程中被逐行地解释。它与HTML标识结合在一起，从而方便用户使用操作。

2. 动态性

JavaScript是动态的，它可以直接对用户或客户的输入做出响应，无须经过Web服务程序。它对用户的反映响应，是采用以事件驱动的方式进行的。所谓事件驱动，就是指在主页中执行了某种操作所产生的动作，就称为“事件”。比如按下鼠标、移动窗口、选择菜单等都可以视为事件。当事件发生后，可能会引起相应的事件响应。

3. 跨平台性

JavaScript是依赖于浏览器本身，与操作系统环境无关，只要能运行浏览器的计算机，并支持JavaScript的浏览器就可以正确执行。

4. 基于对象的语言

JavaScript是一种基于对象的语言，这意味着它能自己创建对象。因此，许多功能可以来自于脚本环境中对象方法的调用。

5. 安全性

JavaScript是一种安全的语言，它不允许访问本地的硬盘，且不能将数据存入到服务器上，不允许对网络文档进行修改和删除，只能通过浏览器实现信息浏览或动态交互，从而使数据的操作安全化。

8.2 JavaScript的功能

JavaScript虽然是一种简单的语言，但功能却很强大，主要有以下几种功能特征。

1. 制作网页特效

初学者想学习JavaScript的第一个动机就是制作网页特效，例如光标动画、信息提示、动画广告面板、检测鼠标行为等。

2. 提升使用性能

越是复杂的代码，越要耗费资源来执行它，因为大部分的JavaScript程序代码都在客户端执行，操作时完全不用服务器操心，这样网页服务器就可以将资源用在提供客户端更多更好的服务上。现今，越来越多的网站包含表单的结构，例如，申请会员要填写入会的基本表单，JavaScript的任务就是在将客户端所填写的数据送到服务器之前，先作必要的数据有效性测试，比如该输入数字的地方是否有数字等，这样的验证无疑提升了性能。

3. 窗口动态操作

利用 JavaScript，可以很自由地设计网页窗口的大小、窗口的打开与关闭等，甚至可以在不同的窗口文件中互相传递参数。

JavaScript 程序由浏览器解释运行，目前常用的版本为 1.5，相对 CSS 来讲，浏览器兼容性问题少很多。本书的示例使用微软公司的 Internet Explorer 8.0 和 Firefox 19.0 进行测试。读者在学习的过程中要经常使用搜索引擎，以配合实际操作，解决书中没有涉及的问题。

8.3 编写第一个 JavaScript 程序

马上开始吧，将 JavaScript 写在 HTML 文件中，体会一下 JavaScript 语言的特性。

以下为使用 JavaScript 在页面上输出一串文字的范例。

➢ 源代码清单（8-1 我的第一个 JavaScript 程序.html）：

```
<html xmlns="http://www.w3.org/1999/xhtml">
    <head>
        <meta http-equiv="Content-Type" content="text/html; charset=utf-8" />
        <title>我的第一个 JavaScript 程序</title>
    </head>
    <body>
        <br>我的第一个 JavaScript 程序.<br>
        <script language="JavaScript">
            document.write("这里是 JavaScript 输出来的!");
        </script>
        <br>到这里文档内容结束了。
    </body>
</html>
```


➢ 运行效果如图 8-1 所示。

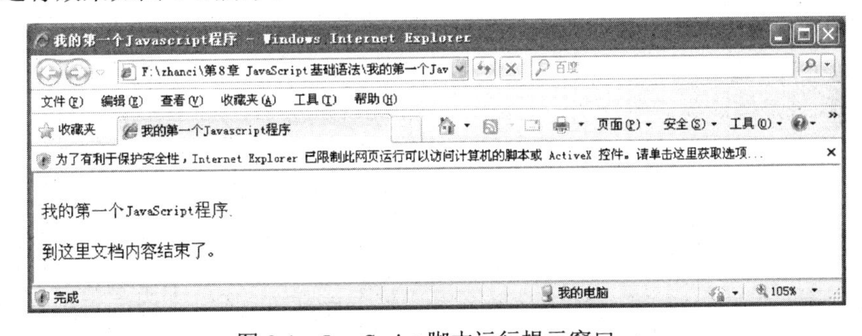

图 8-1　JavaScript 脚本运行提示窗口一

当使用浏览器打开本网页时，这里有个选项需要选择“为了有利于保护安全性，Internet Explorer 已限制此网页运行可以访问计算机的脚本或 ActiveX 控件”，单击它，在弹出的快捷菜单中选择“允许阻止的内容”命令，单击对话框的“是”按钮，让 JavaScript 脚本运行，否则看到的就是如图 8-2 所示的效果。

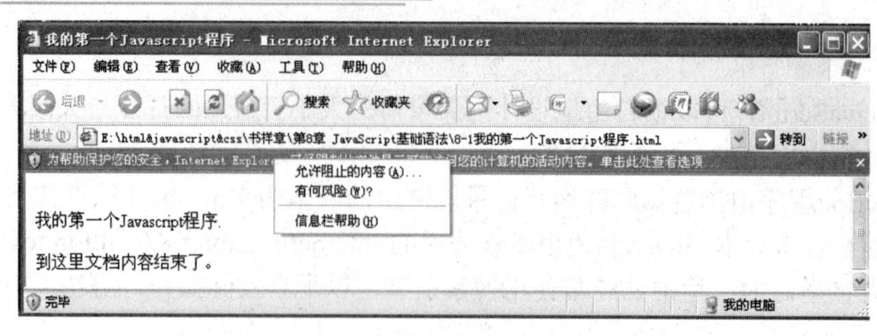

图 8-2　JavaScript 脚本运行提示窗口二

当浏览器允许运行 JavaScript 后，看到的就是如图 8-3 所示的效果

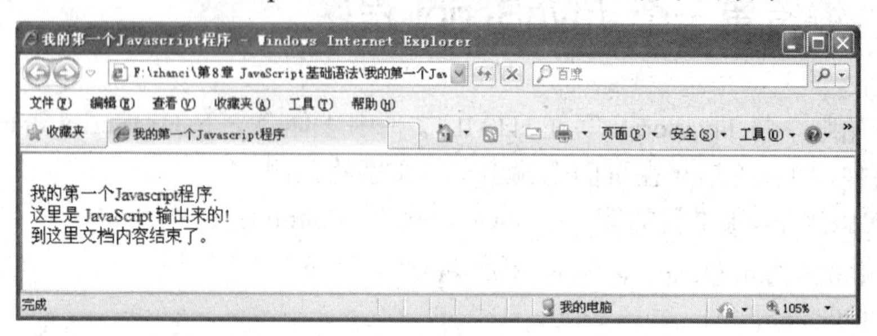

图 8-3　第一个 JavaScript 程序

➢ 源代码解释：

源代码中，在 HMTL 文档中有两句文字是直接输出的，中间有一句是通过在 HTML 中书写 JavaScript 代码来输出的，当在浏览器中打开该页面时，最先显示的是 HTML 中书写的两句文字，而 JavaScript 代码输出的文字没显示，这是因为浏览器设置中设置了阻止自动运行 JavaScript 的代码，因此需要用户在运行中设置“允许阻止的内容”。

8.4　在 HTML 页面中引入 JavaScript 的方式

JavaScript 程序本身并不能独立存在，它要依附于某个 HTML 页面，在浏览器端运行。JavaScript 本身作为一种脚本语言可以放在 HTML 页面中的任何位置，但是浏览器解释 HTML 时是按照先后顺序的，所以放在前面的程序会被优先执行，在 HTML 页面中引入 JavaScript 语言有三种方式，分别是内部引用、外部引用和内联引用。

8.4.1　内部引用 JavaScript

通过在 HTML 的<script></script>标签中加载 JavaScript 代码来内部引用 JavaScript。

➢ 源代码清单（8-2 内部引用 JavaScript.html）：

```
<html xmlns="http://www.w3.org/1999/xhtml">
<head>
<meta http-equiv="Content-Type" content="text/html; charset=utf-8" />
<title>使用 script 标签放置 JavaScript</title>
    <script language="JavaScript">
            <!--
```

```
                    document.write("这里是 JavaScript 输出来的!")
                    // -->
        </script>
    </head>
        <body>
        </body>
    </html>
```

➤ 运行效果如图 8-4 所示。

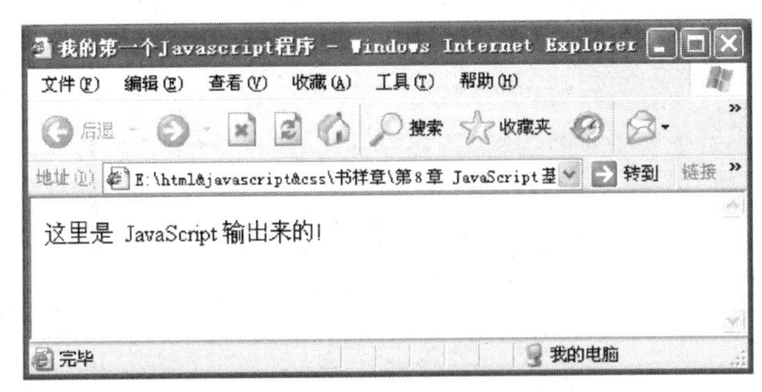

图 8-4　内部引用 JavaScript

➤ 源代码解释：

源代码中，通过在 HTML 页面中加入了一个<script>标签，在该标签中通过"document.write ("这里是 JavaScript 输出来的!")"语句来在页面中输出文字"这里是 JavaScript 输出来的!"。

<!-- ... -->属于 HTML 注释，// 是 JavaScript 注释。当浏览器支持 JavaScript 时//代码生效，因此 HTML 的注释没有效果；当浏览器不支持 JavaScript 时，//代码无效，因此屏蔽了<!-- ... -->之间的 JavaScript 代码。可以通过//来给程序加注释，这样有利于文档的阅读。

源代码中<script>标签位于 head 部分，当然也可以位于 body 部分。

8.4.2　外部引用 JavaScript

外部引用就是引用 HTML 文件外部的 JavaScript 文件，这种方式可以使代码更清晰，更容易扩展。方法为将 JavaScript 脚本文件保存在外部，通过<script>标签的 src 属性指定 URL 的方式来调用外部脚本语言。外部的脚本文件就是包含 JavaScript 代码的纯文本文件，通常文件的后缀名为".js"。

当多个页面中使用相同的脚本时最适合使用这种方式，达到了代码复用，降低网络数据的传输量的目的。

➤ 源代码清单一（8-3 外部引用 JavaScript.html）：

```
<html xmlns="http://www.w3.org/1999/xhtml">
    <head>
    <meta http-equiv="Content-Type" content="text/html; charset=utf-8" />
    <title>使用位于网页之外的单独脚本文件</title>
        <script type="text/javascript" src="one.js"></script>
    </head>
    <body>
```

```
        </body>
    </html>
```

➢ 源代码清单二（One.js）：

```
document.write("hello world!");
```

➢ 运行效果如图 8-5 所示。

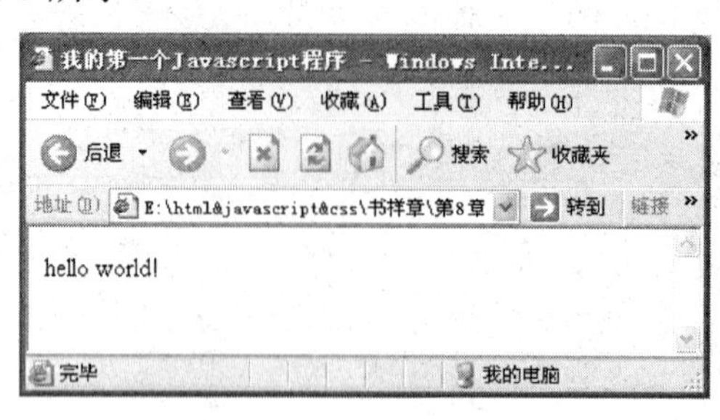

图 8-5　外部引用 JavaScript

➢ 源代码解释：

源代码中，先创建了一个 one.js 文件，在该文件中书写了语句“document.write("hello world!");”，通过在<script>标签中使用属性 src 引入了“one.js”文件，当页面运行时，就会执行引入的 one.js 文件中的所有语句。

8.4.3　内联引用 JavaScript

内联引用是通过 HTML 标签中的事件属性实现的。一些简单的代码可以直接放在事件处理部分的代码中。

➢ 源代码清单（8-4 内联引用 JavaScript.html）：

```
<html xmlns="http://www.w3.org/1999/xhtml">
    <head>
    <meta http-equiv="Content-Type" content="text/html; charset=utf-8" />
    <title>JavaScript 直接位于事件处理部分的代码中</title>
    </head>
    <input name="hitme" type="button" onClick="alert('hello world!'); " value="请点击
我！" />
    <body>
    </body>
</html>
```

➢ 运行效果如图 8-6 所示。

➢ 源代码解释：

源代码中，通过在 HTML 文档的 button 控件中为其添加 onclick 事件属性值为“alert('hello world!');”，表示当该事件触发时去执行指定的 JavaScript 代码，这里的 JavaScript 代码是弹出一个提示对话框，所以在运行页面中，单击按钮时弹出如图 8-7 所示的对话框。

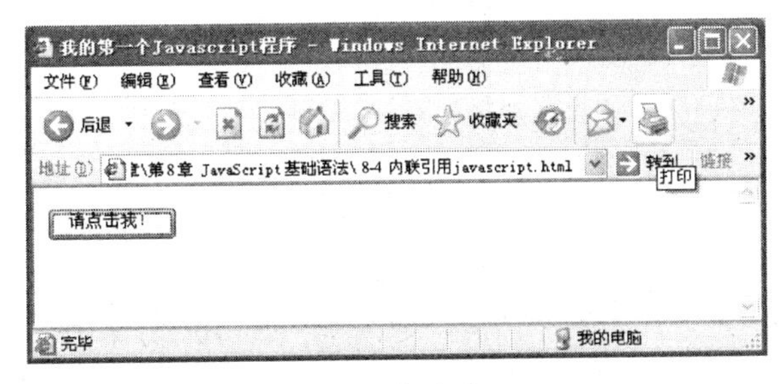

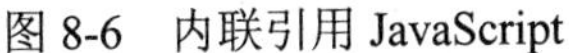
图 8-6 内联引用 JavaScript

图 8-7 内联引用 JavaScript 应用交互效果

8.5 JavaScript 基本语法

本节从最基础的编写格式开始，结合最基本的页面输出语句，体会 JavaScript 程序和 HTML 内容的简单结合。

8.5.1 JavaScript 代码编写格式及规范

类似于 CSS 中 id 和 class 的名称，JavaScript 最基本的规则就是区分字母大小写。由于 HTML 代码不区分大小写，很多初学者在编写代码过程中不注意大小写，经常导致代码出错。为了方便起见，在实际编写中，尽量使用小写，如以下代码：

```
var username,UserName,userName;
```

这个声明变量的语句，由于区分了大小写，一共声明了 3 个变量。

JavaScript 代码的编写比较自由，JavaScript 解释器将忽略标识符、运算符之间的空白字符。而每一句 JavaScript 代码语句之间必须用英文分号分隔，为了保持条理清晰，推荐一行写一条语句，编写格式如下。

```
<script language="JavaScript">
        var width=50;
        var height=100;
        var txt="脚本语言";
</script>
```

函数部分、变量名等标识符中，不能加入空白字符。字符串、正则表达式的空白字符是其组成部分，JavaScript 解释器将会保留。在编写代码时可根据需要自由缩进，以方便结构的查看和调试。

JavaScript 代码也有注释代码，起到对某一段代码进行说明的作用，JavaScript 解释器将忽略注释部分。JavaScript 的注释分为单行注释和多行注释。单行注释以“//”开头，其后面的同一行部分为注释内容，而多行注释以“/*”开头，以“*/”结尾，包含部分为注释内容，注释编写方法如下。

```
<script language="JavaScript">
    //单行注释：定义了一个名为 width 的变量，赋初值为 50
        var width=50;
    /*多行注释：定义了一个名为 txt 的变量，
赋初值为字符串"脚本语言"
```

```
        */
            var txt="脚本语言";
</script>
```

8.5.2 JavaScript 保留字

JavaScript 保留字是指在 JavaScript 语言中有特定含义，成为 JavaScript 语法中一部分的那些字。JavaScript 保留字是不能作为变量名和函数名使用的。使用 JavaScript 保留字作为变量名或函数名，会使 JavaScript 在载入过程中出现编译错误。JavaScript 的保留字如表 8-1 所示。

表 8-1 JavaScript 保留字列表

break	delete	function	return	typeof
case	do	if	switch	var
catch	else	in	this	void
continue	false	instanceof	throw	while
debugger	finally	new	true	with
default	for	null	try	

JavaScript 还有一些未来保留字，这些字虽然现在没有用到 JavaScript 语言中，但是将来有可能用到，如表 8-2 所示。

表 8-2 JavaScript 未来保留字列表

abstract	double	goto	native	static
boolean	enum	implements	package	super
byte	export	import	private	synchronized
char	extends	int	protected	throws
class	final	interface	public	transient
const	float	long	short	volatile

8.5.3 基本的输出方法

我们通过前面的示例已经知道 document.write()的功能是产生输出内容到页面。下面将这个示例加以丰富，让它输出更多的内容。

➢ 源代码清单（8-5 使用 JavaScript 在页面上输出多段文字.html）：

```
<html xmlns="http://www.w3.org/1999/xhtml">
<head>
<meta http-equiv="Content-Type" content="text/html; charset=utf-8" />
<title>使用 JavaScript 在页面上输出多段文字</title>
</head>
<body>
<script language="javascript">
   document.write("Hello,world!<br />");
```

```
    document.write("<strong>大家好</strong>，欢迎大家来到 JavaScript 的世界<br />");
    document.write("<u>这是一个数字：</u>"+1+"<br />");
    document.write("<u>两个数字做字符串连接：</u>"+1+2+"<br />");
    document.write("<u>两个数字进行了加法运算：</u>",1+2);
    </script>
  </body>
</html>
```

➢ 运行效果如图 8-8 所示。

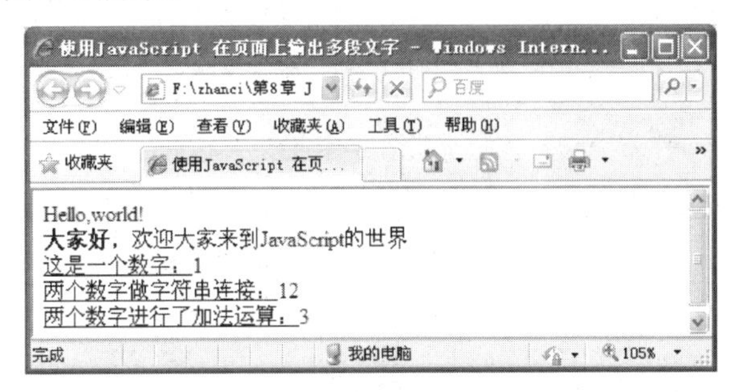

图 8-8　使用 JavaScript 在页面上输出多段文字

➢ 源代码解释：

（1）在 JavaScript 代码中引用字符串必须用英文双引号或英文单引号包含，如果字符串也有一对英文双（单）引号，则引用字符串的引号类型必须相反。

（2）JavaScript 可以通过加号拼接多个字符串。当字符串中有 HTML 标签时，JavaScript 解释器不会理会，而浏览器会将字符串当作 HTML 代码解析。

（3）document 是一个对象，代表已经加载的整个 HTML 文档，而 write()是 document 对象的一个方法，用于输出字符串的值。

（4）document 对象和 write()通过小数点符号连接，小数点右边内容从属于左边。

（5）write()方法的括号中可以存放多个值，并用英文逗号分隔。括号中的同一个值中，如果用加号连接字符串和数字，那么数字将首先转换为字符串，然后进行字符串拼接。而括号中同一个值中，加号连接的只有数字，那么数字进行加法运算得出结果后转换成字符串并输出。

8.6　JavaScript 交互基本方法

JavaScript 与浏览器用户交互的方法有多种，本节中我们学习比较常用的 3 种，即 alert()、confirm()和 prompt()。它们是 Windows 对象的方法。一般在编写代码时可以省略对象的引用，即直接使用方法声明。

8.6.1　显示警告对话框的 alert( )方法

警告对话框 window.alert()在网站中非常常见，用于告诉浏览者某些信息，浏览者必须单击“确定”按钮才能关闭对话框，否则页面无法操作。网站中的警告对话框如图 8-9 所示。alert( )的标准语法如下。

```
window.alert("提示信息")。
```

单击按钮弹出警告对话框范例如下。

➢ 目标运行效果如图 8-9 所示。

图 8-9　单击按钮弹出警告对话框

➢ 源代码清单（8-6 警告对话框.html）：

```
<html xmlns="http://www.w3.org/1999/xhtml">
<head>
<meta http-equiv="Content-Type" content="text/html; charset=utf-8" />
<title>无标题文档</title>
</head>
<body>
<form action="#" method="get">
  <p>用户名：<input type="text" name="txtname" id="txtname" /></p>
  <p>密  码：<input type="text" name="txtpwd" id="txtpwd" /> </p>
  <p>
    <input type="submit" name="button" id="button" value="登 录"
      onclick="javascript:window.alert('用户名不能为空')"/>
  </p>
</form>
</body>
</html>
```

➢ 源代码解释。

当单击页面中的登录按钮时，将触发按钮的 onclick 事件，onclick 事件中有代码 javascript:window.alert('用户名不能为空')，这是在标签中直接使用 JavaScript 脚本的方式，完成的功能是弹出警告对话框，显示的信息为“用户名不能为空”。

8.6.2　显示确认对话框的 confirm( )方法

确认对话框也是很常见的，它也由窗口、提示文本和按钮组成，只是它有“确定”和“取消”两个按钮，根据浏览用户的选择，程序将出现不同的结果。网站中的警告对话框如图 8-10 所示。confirm( )的标准语法如下。

```
window.confirm("content");
```

显示确认对话框范例如下。

➢ 目标运行效果如图 8-10 所示。

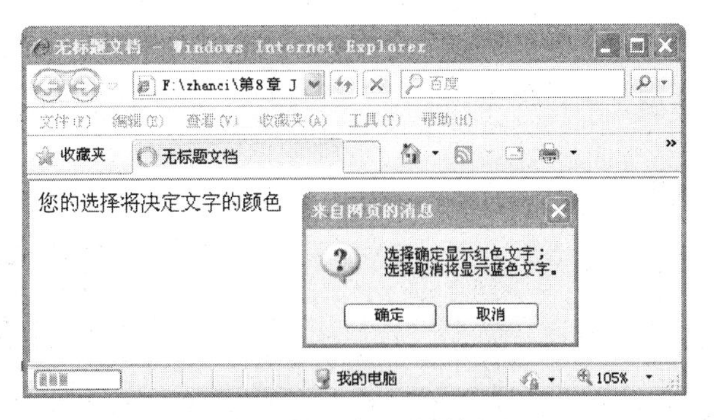

图 8-10　确认对话框

➢ 源代码清单（8-7 确认对话框.html）：

```
<html xmlns="http://www.w3.org/1999/xhtml">
<head>
<meta http-equiv="Content-Type" content="text/html; charset=utf-8" />
<title>确认对话框</title>
</head>
<body>
<script type="text/javascript">
document.write("您的选择将决定文字的颜色<br/>");
var flag=confirm("选择确定显示红色文字；\n 选择取消将显示蓝色文字。");
if(flag==true)
{
  document.write("<h1><font color='red'>红色文字</font></h1>");
}else{
    document.write("<h1><font color='blue'>蓝色文字</font></h1>");
}
</script>
</body>
</html>
```

➢ 源代码解释：

类似于 alert()方法，confirm()方法只接收一个参数，并转换为字符串显示。并且confirm()方法还会返回一个布尔值，为 true 或为 false。当用户单击对话框的“确定”按钮时，confirm()方法将返回 true，反之，confirm()方法将返回 false。JavaScript 程序可使用判断语句对这两种值作出不同处理，以达到显示不同结果的目的。注意：判断语句将在后面详细学习，其中 if 代表“如果”，else 代表“否则”。

8.6.3　显示提示对话框的 prompt( )方法

提示对话框在网站中应用比较少，一般是心理测试、恶作剧等小应用程序使用比较多。提示对话框显示一段提示文本，其下面是一个等待用户输入的文本输入框，并伴有“确定”和“取消”按钮。网站中的提示对话框如图 8-11 所示。

prompt( )的标准语法如下。

```
window. prompt ("prompt_content","default_content");
```

prompt()方法需要输入两个参数，而第二个参数并不是必需的。和 confirm()方法不同，

prompt()方法只返回一个值。当浏览用户单击确定“按钮”时，返回输入文本输入框中的文本（字符串值），当浏览用户单击“取消”按钮时，返回值为 null。图 8-11 的文件代码如下所示。

➢ 目标运行效果如图 8-11 所示。

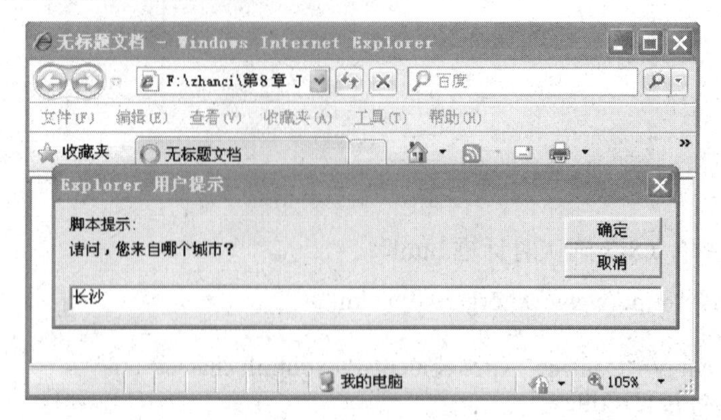

图 8-11 提示对话框

➢ 源代码清单（8-8 提示对话框.html）：

```
<html xmlns="http://www.w3.org/1999/xhtml">
<head>
<meta http-equiv="Content-Type" content="text/html; charset=utf-8" />
<title>提示对话框</title>
</head>
<body>
<script type="text/javascript">
    var mycity=prompt('请问，您来自哪个城市？','');
    document.write("您来自的城市——"+mycity+"<hr />");
</script>
</body>
</html>
```

当在文本框中输入“长沙”，单击“确定”按钮后，浏览效果如图 8-12 所示。

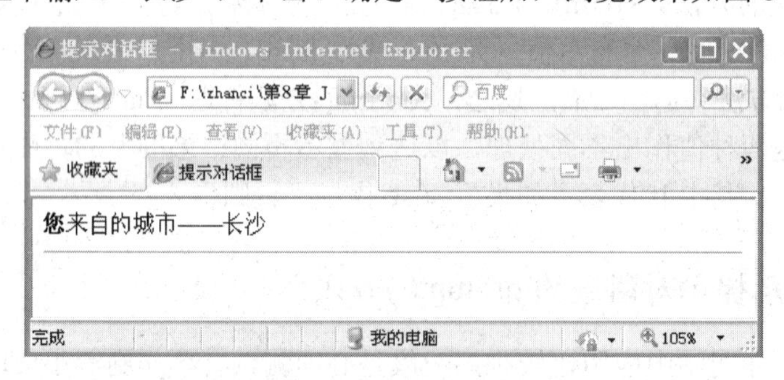

图 8-12 提示对话框确定后结果

➢ 源代码解释：

定义变量 mycity 用于接收用户输入的数据，通过 document.write()方法将用户输入的城市显示在页面上。

8.7 基本数据类型、常量和变量

程序是计算机的灵魂，是人和计算机交流的工具，JavaScript 程序也是如此。程序的运行需要操作各种数据值（value），这些数据值在程序运行时存储在计算机的内存中。内存会开辟很多的小块来存放这些值。这些类似于小房间的地方通常称之为变量，“房间”的大小就取决于其定义的数据类型，我们开发程序时就应该根据需要的不同使用不同的数据类型，以免浪费内存。

8.7.1 基本数据类型

在 JavaScript 中有 4 种基本的数据类型：数值型（整数和实数）、字符串型（用“”号或‘’括起来的字符或数值）、布尔型（用 True 或 False 表示）和空值。在 JavaScript 的基本类型中的数据可以是常量，也可以是变量。由于 JavaScript 采用弱类型的形式，因而一个数据的变量或常量不必首先作声明，而是在使用或赋值时确定其数据的类型的。当然也可以先声明该数据的类型，它是通过在赋值时自动说明其数据类型的。

8.7.2 常量

所谓常量就是在程序运行过程中其值固定不变的量，JavaScript 里的常量分为整型常量、浮点常量、布尔常量、字符型常量及特殊字符。

1. 整型常量

JavaScript 的常量通常又称字面常量，它是不能改变的数据。其中整型常量可以使用十六进制、八进制和十进制表示其值。需要注意的是，八进制常整数在书写时以数字 0 作前缀；十六进制以 0x 作前缀，语法如下。

```
var x=017    //表示把八进制数常量 17 赋值给 x，相当于十进制数 15
var y=0x17   //表示把十六进制数 17 赋值给 y，相当于十进制数 21
```

2. 实型常量

实型常量是由整数部分加小数部分来表示的，如 9.32.193.98 。可以使用科学或标准方法表示，如 5E7、4e5 等。

3. 布尔值

布尔常量只有两种状态：True 或 False。它主要用来说明或代表一种状态或标志，以说明操作流程。

4. 字符型常量

使用单引号（‘）或双引号（“）括起来的一个或几个字符。如 "This is a book of JavaScript "、"3245"、"ewrt234234" 等。

5．空值

JavaScript 中有一个空值 null，表示什么也没有。如试图引用没有定义的变量，则返回一个 null 值。

6．特殊字符

JavaScript 中同样有些以反斜杠（\）开头的不可显示的特殊字符，通常称为转义字符，也叫控制字符，如表 8-3 所示。

表 8-3　JavaScript 常用转义字符

转义序列	字　符	转义序列	字　符
\b	退格	\t	横向跳格（Ctrl-I）
\f	走纸换页	\'	单引号
\n	换行	\"	双引号
\r	回车	\\	反斜杠

8.7.3　变量

变量就是在程序运算过程中其值可变的量，变量的主要作用是存取数据、提供存放信息的容器。对于变量必须明确变量的命名、变量的类型、变量的声明及变量的作用域。

1．命名规则

JavaScript 中的变量命名同计算机语言非常相似，这里要注意以下两点。

（1）必须是一个有效的变量，即变量以字母开头，中间可以出现数字，如 test1、text2 等。除下画线（_）作为连字符外，变量名称不能有空格、(+)、(−)、(,) 或其他符号。

（2）不能使用 JavaScript 中的保留字作为变量。

在 JavaScript 中定义了 40 多个保留字，这些关键是 JavaScript 内部使用的，不能作为变量的名称。如 var、int、double、true 不能作为变量的名称。

在对变量命名时，最好把变量的意义与其代表的意思对应起来，以免出现错误。

2．变量的类型

在 JavaScript 中，变量可以用命令 var 作声明。

```
var mytest;                          //该例子定义了一个 mytest 变量，但没有赋予它的值
var mytest="This is a book";         //该例子定义了一个 mytest 变量，同时赋予了它的值
```

在 JavaScript 中，变量可以不作声明，而在使用时再根据数据的类型来确定其变量的类型。

如 x=100;y="125" ;xy= true ;cost=19.5 等。

其中 x 为整数，y 为字符串，xy 为布尔型，cost 为实型。

8.7.4　变量的声明及作用域

JavaScript 变量可以在使用前先作声明，并可赋值。通过使用 var 保留字对变量作声

明。对变量作声明的最大好处就是能及时发现代码中的错误，因为 JavaScript 是采用动态编译的，而动态编译不易发现代码中的错误，特别是在变量命名方面。

对于变量还有一个重要性——变量的作用域。在 JavaScript 中同样有全局变量和局部变量。全局变量是定义在所有函数体之外，其作用范围是整个函数；而局部变量是定义在函数体之内，只对该函数是可见的，而对其他函数则是不可见的。

```
var x;
function   firstFunction()
{
    var y=2;
}
x=y;      //错误，在变量 y 的作用域外使用变量 y
```

说明：示例中有一个简单的函数 firstFunction()，这个函数声明并初始化了一个变量 y，在函数结束后，将 y 的值赋给了 x，这时 y 已经在它的作用域外，使用变量 y 将导致解释器报出错误。

8.8 表达式和运算符

程序运行时是靠各种运算进行的，运算时需要各种运算符和表达式的参与。大多数 JavaScript 程序运算符和数学中的运算符相似，不过还是有些差异，在下面的学习中，大家将逐一了解。

8.8.1 表达式

表达式是解释器能够对变量进行计算的语句，表达式主要是由合法类型的变量和运算符组成的，下面是几个表达式的例子。

```
var x=4;
x=x+4;
var y=4;
y=y+6;
```

分号代表了一个表达式的结束。使用分号可以在同一行中包括多个表达式，例如：

```
var x=4;   var y=x;   y=y+1
```

在有些时候，分号是可以省略的，例如本节的第一个例子也可以写作：

```
var   x=4
x=x+4
var y=x
y=y+6
```

这是因为这些表达式是被分行符隔开的。但是如果下行表达式可以看作是上行表达式的扩展时，则必须插入分号。一个很典型的例子是 return 关键字的使用：

```
return
x
```

将被解释器看作：

```
return;
x;
```

而不是期望的：

```
return x;
```

这是因为 return 关键字的参数是可选的，它的含义是返回运行结果，在遇到换行符的情况下，解释器将不返回任何参数，只是简单地执行返回操作。

如果需要使用一组表达式表示一个特殊的重要条件或者结果时，可以用一个大括号“{}”将这组表达式放置在一起。被大括号“{}”放置在一起的一组表达式被称作一个块，如：

```
if (x==4)
{
x=x+4;
var y=x;
}
```


在这段代码中，大括号中的代码只有在 if 语句结果为真（true）时，也就是 x 的值为 4 的时候才会被执行，并且这两个表达式要么都被执行，要么都不执行。这里需要注意的是，变量 y 的作用域，在大括号外使用变量 y 将出现错误。正确地使用块将有助于提高程序的可读性。

8.8.2 算术运算符和赋值运算符

1. 算术运算符

JavaScript 支持所有数学中的运算符，例如加（+）、减（-）、乘（*）、除（/）等。表 8-4 列出了算术运算符及其基本功能。

表 8-4 JavaScript 算术运算符列表

运 算 符	名 称	基 本 功 能
+	加法运算符	求+号两边变量的和值，同数学符号+，如 1+2 结果为 3
-	减法运算符	求-号两边变量的差值，同数学符号-，如 9-4 结果为 5
*	乘法运算符	求*号两边变量的积值，同数学符号*，如 2*3 结果为 6
/	除法运算符	求/号两边变量的商值，同数学符号/，如 12/3 结果为 4
%	模运算符	求%左边的变量除以右边变量后的余数，如 13%2 结果为 1，常用来判断数的奇偶性
++	自加运算符	将++号左边或右边的变量加 1，如 var x=1;x++，x 的值为 2
--	自减运算符	将--号左边或右边的变量减 1，如 var x=3;x--，x 的值为 2

应该注意的是，当“+”两边的变量是字符串时，“+”不做加法运算，而是做连接操作，即将“+”两边的字符串连接起来，如：

```
var x="welcome to"+"china.";
```

变量 x 的输出结果是：

```
welcome to china.
```

“+”作字符串连接的时候也允许将变量和字符串结合在一起，如：

```
var x="welcome to china.";
var y=x+"enjoy your time here. "
```

变量 y 的输出结果是：

```
welcome to china.eljoy your time here.
```

当“+”同时遇到字符串类型和数值类型时，也许会得到预料之外的结果，这是因为，如果“+”在执行的时候遇到了一个字符串，它将会把任何数值类型的变量当作字符串类型进行处理，如：

```
var x=200;
var y=40;
var z="this is a string";
window.alert(x+y+z);
```

输出结果如图 8-13 所示。

示例中，“+”遇到字符串前所遇到的两个变量都是数值型的，这时“+”将执行加法操作，然后遇到了字符串，“+”就将“240”当作字符串和“ this is a string”连接起来。

但是如果将警告对话框中的表达式换一种方式：

```
window.alert(z +x+y);
```

则输出结果如图 8-14 所示。

图 8-13　连接操作 1

图 8-14　连接操作 2

示例中，由于“+”先遇到了字符串，因此将后面的 x 和 y 两个变量都当作字符串进行处理，因此导致出现和第一个例子截然不同的运行结果。

2. 赋值运算符

赋值运算符“=”的作用是将某个值赋予的操作，既可以是一对一的，也可以是同时进行的，如：

```
var x="7 is a number. ";
var a=b=c=7;
```

示例中，第一行代码将一个字符串赋给变量 x，第二行代码将 7 同时赋给三个变量 a、b 和 c。将一个表达式的运算结果赋给一个变量也是可行的，如：

```
var x=7;
var y=5;
x=x+y*200;
y=x+y;
```

这段代码执行后，x 的值为 1007，y 的值为 1012。

3．算术运算符和赋值运算符范例

➢ 源代码清单（8-9 算术运算符和赋值运算符.html）：

```
<html xmlns="http://www.w3.org/1999/xhtml">
<head>
<meta http-equiv="Content-Type" content="text/html; charset=utf-8" />
<title>算术运算符和赋值运算符</title>
</head>
<body>
<script type="text/javascript">
   var num0 = 60;
   var num1 = 50;
   var sum1=num0+num1;
   document.write(num0+"和"+num1+"加法表达式的值为："+sum1+"<br />");
   sum1=num0%num1;
   document.write(num0+"和"+num1+"取余表达式的值为："+sum1+"<br />");

   var sum2=200;
   var num2 = 50;
   sum2+=num2;
   document.write("加赋值后 sum 的值为："+sum2+"<br />");
   sum2-=num2;
   document.write("减赋值后 sum 的值为："+sum2+"<br />");
   sum2*=num2;
   document.write("乘赋值后 sum 的值为："+sum2+"<br />");
   sum2/=num2;
   document.write("除赋值后 sum 的值为："+sum2+"<br />");
   sum2%=num2;
   document.write("取余赋值后 sum 的值为："+sum2+"<br />");

   num3 = 50;
   var sum3;
   sum3=num3++;
   document.write("sum3=num3++运算后 sum3 的值为："+sum3+"，而 num3 的值为
"+num3+"<br />");
   sum3=++num3;
   document.write("sum3=++num3 运算后 sum3 的值为："+sum3+"，而 num3 的值为
"+num3+"<br />");
   sum3=num3--;
   document.write("sum3=num3--;运算后 sum3 的值为："+sum3+"，而 num3 的值为
"+num3+"<br />");
   sum3=--num3;
   document.write("sum3=--num3;运算后 sum3 的值为："+sum3+"，而 num3 的值为
"+num3+"<br />");
</script>
</body>
</html>
```

➢ 运行效果如图 8-15 所示。

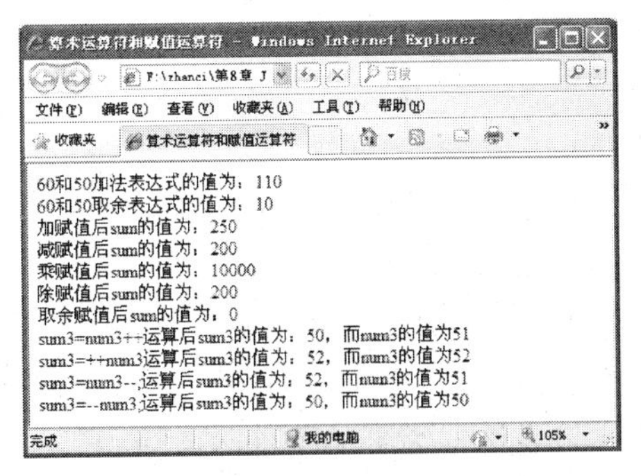

图 8-15 算术运算符和赋值运算符

➢ 源代码解释：

源代码中，对加、减、乘、除进行了示范，得出了相应的结果，其中%表示取余运算，常用于判断奇偶性，如 x%2 结果如果为 1，则表示 x 为奇数，如果为 0 则表示为偶数。

++和--为自运算，位置可在变量和常量的前面或后面，单独运算时，没区别，但如果和赋值运算符一起使用时，放在变量或常量的前面和后面是有区别的，放在前面是先自运算，再赋值，放在后面是先赋值，再自运算，如：

```
var x=12;
var y=x++;
var z=++x;
```

最后结果 x=14，y=12，z=14。

8.8.3 比较运算符和逻辑运算符

1. 比较运算符

比较运算符的作用是判断表达式的真假，因此比较运算符返回的结果类型是布尔型的。JavaScript 中常见的比较运算符如表 8-5 所示。.

表 8-5 JavaScript 的比较运算符列表

符　号	含　义	举　例	结　果
= =	等于	8-2 = = 6	ture
! =	不等于	8-2 ! = 6	false
>=	大于等于	8-2 > = 6	true
<=	小于等于	8-2 <= 5	false
<	小于	8-2 < 7	true
>	大于	8-2 > 7	false
= = =	等于（同一类型）	8+8 = = ="8+8"	false
!= =	不等于（同一类型）	8+8 ! = ="8+8"	ture

特别需要注意的是，“=”和“= =”的区别，“=”是赋值运算符，代表将某个值赋给某个变量，“= =”是逻辑运算符，被用来判断两个量是否相等，在书写时，中间不要有

空格，这里是为了方便阅读，中间看上去有空格。例如下面这个例子：

```
var x=2018;
var y=(x==2018);
```

结果 x 的值为 2018，y 值为 true。

2. 逻辑运算符

在介绍布尔型数据类型时，见过这个例子。x= =2018 是一个逻辑判断表达式，表达式的运算结果是 true 或者是 false。解释器计算出这个表达式的值后，将值赋给 y。

此外，含有“= =”的比较表达式为真的条件时，“= =”两边的变量不仅数值上必须相等，数据类型也必须是一样的。逻辑运算符的作用是将比较表达式组合起来，作为判断的依据，因此逻辑运算符的最常见之处就是在 for 语句的条件中，用来控制流程。表 8-6 列出了 JavaScript 的逻辑表达式。

表 8-6 JavaScript 逻辑表达式

符 号	名 称	含 义
!	逻辑非	如果操作数是 true，则返回 false，反之亦然
&&	逻辑与	如果两个操作数都是 true，则返回 true，否则返回 false
||	逻辑或	如果两个操作数中任何一个是 true，则返回 true，否则返回 false

3. 比较运算符和逻辑运算符范例

➢ 源代码清单（8-10 逻辑运算符的使用.html）：

```
<html xmlns="http://www.w3.org/1999/xhtml">
<head>
<meta http-equiv="Content-Type" content="text/html; charset=utf-8" />
<title>逻辑运算符的使用</title>
</head>
<body>
<script type="text/javascript">
var x=15;
var y=34;
if (x+1>=x && y % x= =4)
{
  window.alert("the sum of x+y<"+x+y);
}
</script>
</body>
</html>
```

➢ 运行效果如图 8-16 所示。

➢ 源代码解释：

在这个例子中，if 的条件语句中 x 加上 1 是否大于 x 和 y 对 x 取模数是否等于 4 两个表达式是否成立求结果，只有在这两个表达式都成立的情况下，才会进行大括号内的代码块的操作，否则将不进行操作。

图 8-16 逻辑运算符的使用

8.8.4 位运算符和条件运算符

位运算符是对字符数进行控制的运算符。对两个十进制的整数进行位运算时，JavaScript 先将这两个数转换成 32 位整数，然后在位运算前将这两个数字转换成位字符。JavaScript 的位运算符如表 8-7 所示。

表 8-7 JavaScript 位运算符

符 号	含 义	举 例	结 果
<<	按位左移	12<<3	96
>>	按位右移	12>>3	1
>>>	无符号右移	12>>>3	1
~	按位非	~12	-13
&	按位与	12&3	0
^	按位异或	12^3	15
|	按位或	12|3	15

➢ 源代码清单（8-11 按位左移.html）：

```
<html xmlns="http://www.w3.org/1999/xhtml">
<head>
<meta http-equiv="Content-Type" content="text/html; charset=utf-8" />
<title>按位左移</title>
</head>
<body>
<script type="text/javascript">
 var result = 12<<3;
 document.write("12<<3 的结果是：  "+result+"<br />");
</script>
</body>
</html>
```

➢ 运行效果如图 8-17 所示。

➢ 源代码解释：

（1）将 12 转换为二进制数后为 00001100。

（2）按位左移 3 位后为 01100000。

图 8-17　12<<3 按位左移结果图

（3）01100000 转换成十进制数是 96，因此 12<<3=96。

例如“12&3”，12 转换为二进制数是 00001100，3 转换为二进制数为 00000011，看下列运算：

```
 00001100
&00000011
 00000000
```

当上下两个数字都是 1 时，结果是 1，否则是 0。所以 12&3=0。

按位与、按位异或和按位或的运算规则如表 8-8 所示。

表 8-8　JavaScript 逻辑按位与、按位异或和按位或运算规则

第一个字节	第二个字节	按位与（&）	按位异或（^）	按位或（|）
0	0	0	0	0
0	1	0	1	1
1	0	0	1	1
1	1	1	1	0

“？”是条件运算符，它是 JavaScript 中唯一的一个三元运算符。所谓三元运算符就是在使用运算符时必须有三个变量存在。基本语法是：

```
a ? b:c
```

a、b 和 c 是三个表达式。当表达式 a 成立的时候，表达式取 b 的值，否则取表达式 c 的值。例如：

```
var x=(a>10)?10:20
```

这行代码声明了一个变量 x 的值是由 a 的值决定的，如果 a 的值大于 10，那么为变量 x 赋值 10，否则就给变量 x 赋值 20。

8.8.5　其他运算符

1. 逗号运算符（,）

逗号运算符（,）将多个语句捆绑在一起按照一个语句的执行方式执行，使用逗号运算符捆绑到一起的语句返回最后一个语句的值。

➢ 源代码清单（8-12 逗号运算符.html）：

```
<html xmlns="http://www.w3.org/1999/xhtml">
<head>
```

```
<meta http-equiv="Content-Type" content="text/html; charset=utf-8" />
<title>逗号运算符</title>
</head>
<body>
<script type="text/javascript">
 var a,b,c,d;
var x=(a=1,b=2,c=3,d=4);
 document.write("x=(a=1,b=2,c=3,d=4)的结果 x 是: "+ x +"<br />");
//逗号运算符将最后一个语句 d=4 的值赋给 x，因此 x 被赋值 4
</script>
</body>
</html>
```

➢ 运行效果如图 8-18 所示。

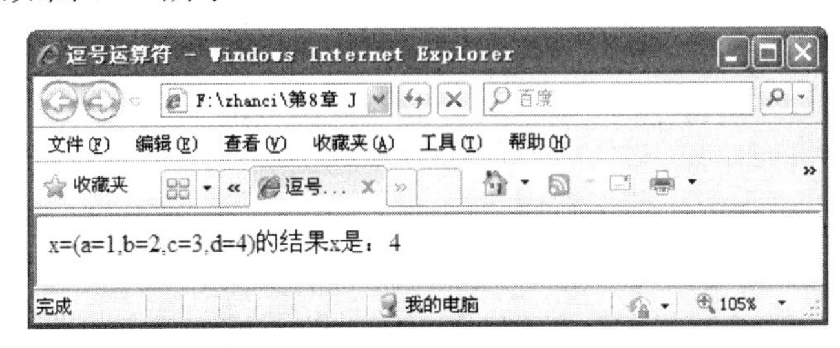

图 8-18　逗号运算符运行效果图

➢ 源代码解释：

源代码中先执行小括号中的语句，从左到右扫描，执行到 d 等于 4 后，将会把最后的这个值赋值给 x，所以显示的 x 结果是 4。

2．typeof 运算符

typeof 运算符返回一个表示表达式的数据类型的字符串，typeof 运算符的使用方法如下面的例子所示。

➢ 源代码清单（8-13 typeof 运算符.html）：

```
<html xmlns="http://www.w3.org/1999/xhtml">
<head>
<meta http-equiv="Content-Type" content="text/html; charset=utf-8" />
<title>typeof 运算符</title>
</head>
<body>
<script type="text/javascript">
 var x=32;
 var y="this is a string";
 document.write(typeof x);//显示数值型
 document.write("<br>");
 document.write(typeof y);//显示字符串型
 document.write("<br>");
 if (typeof(x)= =typeof(y))
  document.write("x 和 y 是同样的类型");//x 和 y 的类型不同，此语句不会执行
 else
  document.write("x 和 y 类型不同");
```

```
</script>
</body>
</html>
```

➢ 运行效果如图 8-19 所示。

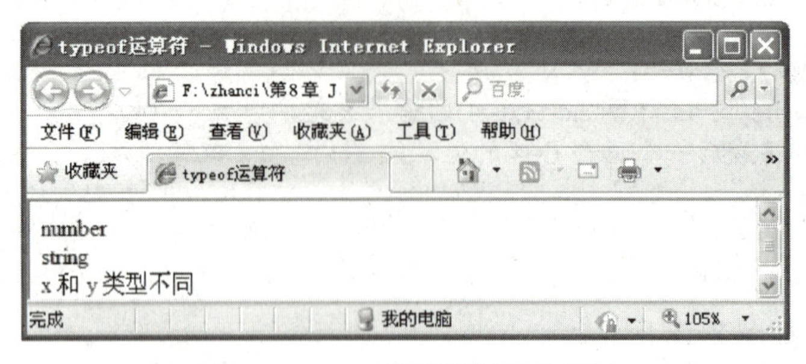

图 8-19 typeof 运算符运行效果图

➢ 源代码解释：

typeof 运算符有 6 种可能的返回值，“number”、“string”、“boolean”、“object”、“function”、和“undefined”，分别对应着“数值型”、“字符串型”、“布尔型”、“对象”、“函数”、和“未定义型”。32 是“number”类型、"this is a string"是“string”类型，所以 x 和 y 的类型不同。

3. 空运算符

空运算符（void）定义了没有任何返回值的表达式，例如下面的例子。

➢ 源代码清单（8-14 空运算符.html）：

```
<html xmlns="http://www.w3.org/1999/xhtml">
<head>
<meta http-equiv="Content-Type" content="text/html; charset=utf-8" />
<title>空运算符</title>
</head>
<body>
<script type="text/javascript">
   var x,y;
   x=void(y=3);
   document.write("x="+x+" y="+y);
</script>
</body>
</html>
```

➢ 运行效果如图 8-20 所示。

图 8-20 空运算符运行效果图

➢ 源代码解释：

空运算符被使用得最多的地方是在使用超链接时，为了避免加载无效的页面并且不希望超链接文本被单击时不产生任何操作，可以利用空运算符。

```
<a href="javascript:void(alert('本链接无效！'))">超链接</a.>
```

8.8.6 运算符的优先级

在数学运算中，运算符优先级的概念是十分明显的，乘法和除法的优先级是高于加法和减法的，在 JavaScript 中，运算符也各自拥有自己的优先级。例如：

```
var a=2,b=6,c=9;
var x=(a+b)*c;
var y=a+b*c+"is a number";
```

运行结束后，变量 x 的值为 72，变量 y 的值是"56 is a number"。这是因为在 JavaScript 中，乘法运算符比加法运算符拥有更高的优先级。注意 y 的值是 "56 is a number"，而不是 "254 is a number"。

表 8-9 根据从高到低的顺序列出了 JavaScript 中各种运算符的优先级。

表 8-9 JavaScript 运算符的优先级

运 算 符	含 义
[]	数组元素
()	函数调用或方法调用
++	自增
--	自减
-	取负
~	按位非
typeof	确定数据类型
void	无返回值表达式
!	逻辑非
*，/，%	乘，除，取模
+，-	加，减
+	字符串连接
<<，>>	按位左移，按位右移
>>>	无符号右移，按位右移用 0 填充空位
<，<=，>，>=	小于，小于等于，大于，大于等于
= =，!=，= = =，!= =	等于，不等于，同类型等于，同类型不等于
&，^，|	按位与，按位异或，按位或
&&，||	逻辑与，逻辑或
?:	条件运算
=，*=，/=，%=，+=，-=	赋值，快速赋值
,	逗号运算符

8.9 典型应用项目范例：在网页上显示系统日期时间

通常在网站的首页会显示当前系统的日期时间，请获取系统的日期时间按中文习惯方式显示在页面上。

1. 系统日期时间显示要求

（1）要求按照中文习惯方式显示。
（2）要求能使用提示框显示。
（3）要求能在文档中显示。
显示效果如图 8-21 所示。

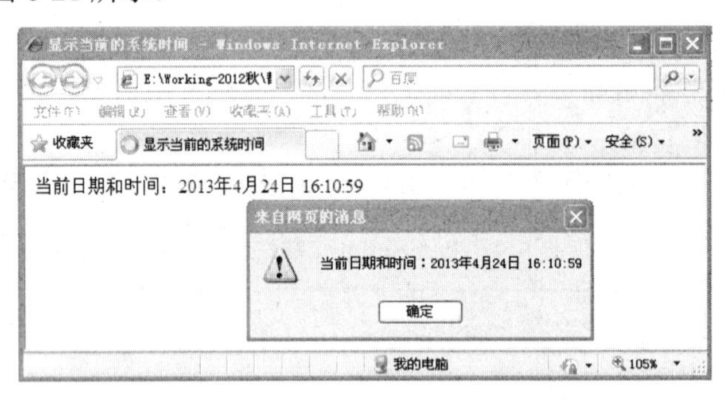

图 8-21　系统日期时间显示

2. 基于目标的设计分析

首先要使用 JavaScript 的日期对象 Date 获取系统的时间和日期，通过 new 运算符和 Date()构造函数就可以创建日期对象。但是日期对象显示时都会使用默认的格式，为了获得中文习惯的阅读方式，所以要使用它的方法获取某个部分，例如年、月、日等。

3. 实例功能编写

➢ 源代码清单（8-15 显示当前的系统时间.html）：

```
<html xmlns="http://www.w3.org/1999/xhtml">
<head>
<meta http-equiv="Content-Type" content="text/html; charset=utf-8" />
<title>显示当前的系统时间</title>
</head>
<script language="javascript" type="text/javascript">
    var now=new Date();
    var year=now.getYear();
    var month=now.getMonth()+1;
    var date=now.getDate();
    var day=now.getDay();
    var hour=now.getHours();
    var minu=now.getMinutes();
    var sec=now.getSeconds();
    var time="";
```

```
        time=year+"年"+month+"月"+date+"日  "+hour+":"+minu+":"+sec;
        alert("当前日期和时间：" + time);
    </script>
    <body>
    </body>
    </html>
```

➢ 源代码解释。

变量 now 是内置的日期时间 Date 的对象，变量 year、month 和 date 分别用于获取年、月、日；变量 hour、minu 和 sec 用于获取时、分、秒；变量 time 定义了一个字符串，用来将获取到的值连接成中文习惯的显示方式。

8.10 项目实训：根据半径的值求圆的周长、面积和体积

假设圆的半径为 5cm，请用 JavaScript 编程实现计算圆的周长、面积和体积。

8.11 综合练习

1．简述“=”和“==”的区别。

2．null 和 0 是一样的吗？

3．编写程序，声明 3 个变量 x、y 和 z，使 x 等于字符串“hello”，使 y 等于数值“2018”，当 x+y 等于“hello2018”且 x 不等于 y 时，z 等于“welcome to China!”，否则 z 等于“We are still waiting!”。

第9章

JavaScript 程序控制语句

基本介绍

充分运用计算机的运算能力强的特点，在程序代码中按照某种规则进行多次运算，或者根据情况的不同进行不同类型的运算，这时分支控制语句和循环控制语句就能发挥重要的作用了，程序控制语句在任何语言中是必须有的，它能使整个程序减少混乱，使之顺利地按其一定的方式执行。

JavaScript 程序流程主要包括三种基本的形式：顺序结构、分支结构和循环结构。程序在执行时是按照编写的先后顺序运行的，这称之为顺序运行，是程序流的默认方向，也是典型的顺序结构。与顺序运行不同的是，程序执行不按照顺序运行下一条语句，而是运行到另外的语句，这就需要分支控制语句和循环控制语句了。

需求与应用

JavaScript 程序控制语句是 JavaScript 语言的核心部分，所有比较复杂的任务都必须要用程序控制语句才能完成，现实生活中一般的业务逻辑判断与处理都是通过程序控制语句来完成的。

学习目标

- 掌握 JavaScript 程序流程的三种基本形式。
- 掌握顺序控制语句的使用。
- 掌握分支控制语句的用途和使用方法。
- 掌握循环控制语句的用途和使用方法。

9.1 顺序控制语句

JavaScript 顺序程序设计是最基本的程序设计思路，顺序程序设计是按照顺序一步步设计，中间没有判断与分叉语句，程序从上至下运行。下面介绍一个关于计算三角形面积的顺序控制语句范例。

- 范例描述。

输入三角形的三个边，计算三角形的面积 s。

- 分析过程。

（1）输入三个边（a, b, c）的长度。

（2）计算三角形面积（可以通过海伦公式计算三角形面积 s=sqrt(p*(p-a)*(p-b)*(p-c))，

p 为三角形的半周长，p=(a+b+c)/2。

（3）输出三角形面积 s。

➢ 源代码清单（9-1 计算三角形的面积.html）：

```
<html xmlns="http://www.w3.org/1999/xhtml">
<head>
<meta http-equiv="Content-Type" content="text/html; charset=utf-8" />
<title>计算三角形的面积</title>
</head>
<script type="text/JavaScript">
    //a，b，c 为三角形的三个边
    var a=3,b=4,c=5;
    //s 为三角形面积，p 为三角形半周长
    var s=0,p=0;
    p=(a+b+c)/2;
    s=Math.sqrt(p*(p-a)*(p-b)*(p-c));
    document.write("三角形的面积为:"+s);
</script>
<body>
</body>
</html>
```

➢ 运行效果如图 9-1 所示。

图 9-1　计算三角形面积的效果图

➢ 源代码解释：

上面的过程设计成一个程序就是顺序程序设计，顺序程序设计不会有任何分支，是一条线的程序设计，如图 9-2 所示。

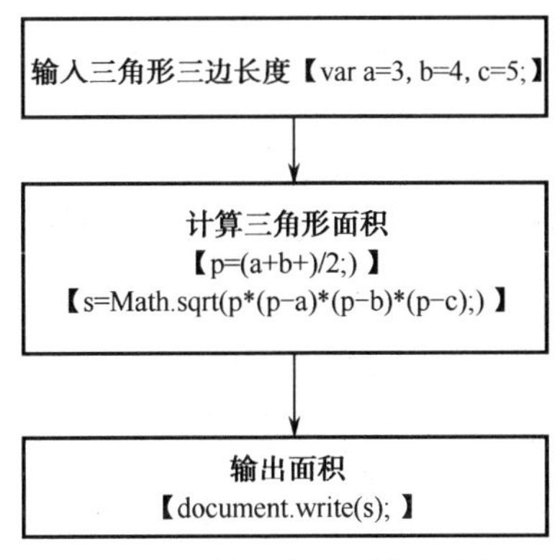

图 9-2　计算三角形面积流程图

代码中的 Math 是 JavaScript 的数学运算对象，它不需要创建对象，可直接访问它的属性和方法，Math.sqrt()返回参数的平方根值，Math 对象的详细内容请大家查阅相关文档。

9.2 分支控制语句

分支控制语句使用逻辑方式判断语句的执行顺序，判断条件通常是一个表达式，如果表达式的值为“真”，将采用一种执行方式，如果表达式的值为“假”，将采用另外的执行方式。这种控制方法就像一个岔路口，必须根据一定的目的或方式选择行驶的道路。

JavaScript 支持三种分支控制语句，分别是 if 语句、if...else 语句和 switch 语句，另外条件运算符也可以用作分支控制语句。

9.2.1 if 语句

if 语句是一种单一的选择语句，基本语法规则如下。

```
if ( expression )
    statement;
```


其中，expression 是一个条件表达式，这个表达式如果成立将返回结果“true”，否则将返回结果“false”。但是当且仅当 expression 返回“true”时，代码 statement 才会被执行，否则 statement 将不会被执行。

当 expression 返回“true”时，如果需要执行多行代码时，则可以使用块。

```
if ( expression )
{
    statement1;
    statement2;
    …
}
```

以下范例为 if 语句的使用。

➢ 源代码清单（9-2 if 语句的使用.html）：

```
<html xmlns="http://www.w3.org/1999/xhtml">
<head>
<meta http-equiv="Content-Type" content="text/html; charset=utf-8" />
<title>if 语句的使用</title>
</head>
<script type="text/JavaScript">
    var x=prompt("请输入一个大于 0 的整数","    ");
    if(x%2= =1)
        alert(x+"是一个奇数");
    x=prompt("请输入另一个大于 0 的整数","    ");
</script>
<body>
</body>
</html>
```

➢ 运行效果如图 9-3 所示。

图 9-3　运行后弹出的对话框 1

当输入“11”并单击“确定”按钮时，程序会弹出如图 9-4 所示的对话框。

图 9-4　运行后弹出的对话框 2

➢ 源代码解释：

源代码中，系统首先请用户输入一个大于 0 的整数，在获取了用户输入的整数后，这个数取 2 的模数，如果结果是 1，则这个数是奇数，解释器将弹出一个警告对话框，告诉用户所输入的数是奇数，否则请用户输入另外一个大于 0 的整数。

9.2.2　if...else 语句

if...else 语句是二重分支语句，基本语法规则如下。

```
if ( expression )
    statement1;
else
    statement2;
```

其中，当 expression 为真时，将执行 statement1，否则执行 statement2。两个语句必有一个会执行。如果为真或为假时有多个语句要执行，则可以使用语句块的方式。

```
if ( expression )
{
    statement1;
}
else
{
    statement2;
}
```

将语句放在大括号中是个良好的习惯，可以使程序结构清晰，有较高的可读性，也可以避免无意中造成的错误。

通过 if...else 语句改写上节中的例子来实现数的奇偶性的判断。

➢ 源代码清单（9-3 if...else 语句的使用.html）：

```
<html xmlns="http://www.w3.org/1999/xhtml">
<head>
<meta http-equiv="Content-Type" content="text/html; charset=utf-8" />
<title>if...else 语句的使用</title>
</head>
<script type="text/JavaScript">
    var x=prompt("请输入一个大于 0 的整数","    ");
    if(x%2= =1)
    {
      document.write(x+"是一个奇数");
    }
    else
    {
     document.write(x+"是一个偶数");
    }
    x=prompt("请输入另一个大于 0 的整数","    ");
</script>
<body>
</body>
</html>
```

➢ 运行效果如图 9-5 所示。

当在对话框中输入“12”并单击“确定”按钮时，将看到如图 9-5 所示的结果。

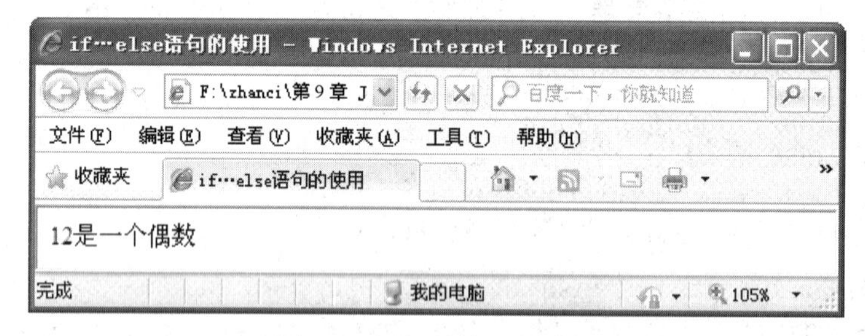

图 9-5　运行后的显示结果

➢ 源代码解释：

如果用户不输入任何值，直接关掉提示对话框，仍然会出现如图 9-5 所示的界面，显示用户输入的是一个偶数。这是因为当用户关掉提示对话框时，返回值是 null，当 x 的值是 null 时，条件表达式为假，则 else 后大括号内的代码必然会执行。

为了避免出现这种情况，可以对提示对话框的返回值是否为 null 进行判断，这时嵌套 if 语句和 if...else 语句就可以达到目的了，请大家在上例的基础上补充完整进行调试。

```
var x=prompt(“请输入一个大于 0 的整数”,”    ”);
if(x != null)
{
    if(x%2= =1)
```

```
    {
      document.write (x+"是一个奇数");
    }
    else
    {
     document.write (x+"是一个偶数");
    }
}
x=prompt("请输入另一个大于 0 的整数","    ");
```

如果二重的选择不够，可以使用下面的多重 if…else 结构。

```
if ( condition1 )
{
        statement1;
}
else if(condition2)
{
    statement2;
}
else
{
    statement3;
}
```

这是三重结构，改写上面的示例如下：

```
var x=prompt("请输入一个大于 0 的整数","    ");
if(x != null)
{
        document.write ( "您的输入不满足要求");
}
else if(x%2= =1)
{
        document.write (x+"是一个奇数");
}
else
{
        document.write (x+"是一个偶数");
}
```

9.2.3 switch 语句

switch 语句就像是一个多路的岔路口，switch 语句的语法结构是定义一个条件表达式，然后一个个地检查是否能够找到匹配值。如果无法找到匹配值，就执行 default 条件。

```
switch(expression)
{
case condition1:statement 1;
            break;
case condition1:statement 2;
            break;
```

```
...
case condition1:statement n-1;
            break;
default: statement n
}
```

从语法规则可以看出，case 语句结束后都伴随一个 break 语句，break 语句的含义是运行到这里的时候跳出。用在循环中可以跳出循环，用在 switch 语句中可以跳出 switch，执行 switch 语句后面的代码。

1．范例 1——switch 语句判断数值的奇偶性

➢ 源代码清单（9-4 switch 语句的使用.html）：

```
<script type="text/JavaScript">
    var x=57;
     switch(x%2)
     {
         case 0:document.write(x+"是一个偶数");break;
         case 1:document.write(x+"是一个奇数");break;
         default:document.write( "您的输入不满足要求");
     }
</script>
```


➢ 运行效果如图 9-6 所示。

图 9-6　switch 语句奇偶性判断效果图 1

➢ 源代码解释：

当条件表达式的值是确定值，并且值的个数比较确定时，switch 语句可以使程序条理清晰，简单易懂。使用时，当 case 语句后有多个语句要执行时，不需要使用大括号将这些语句括起来。其次，遇到 break 语句将跳出 switch 语句，否则将继续和 case 给定的值进行匹配，直到执行完 default 语句为止。

2．范例 2——switch 语句判断数的奇偶性

➢ 源代码清单（9-5 switch 语句的使用 2.html）：

```
<script type="text/JavaScript">
    var x=57;
     switch(x%2)
     {
         case 0:document.write(x+"是一个偶数");break;
         case 1:document.write(x+"是一个奇数<br>");
         default:document.write( "您的输入不满足要求");
```

```
    }
</script>
```

➢ 运行效果如图 9-7 所示。

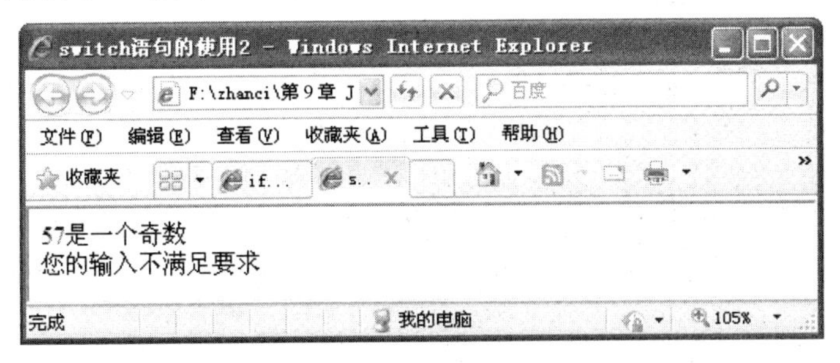

图 9-7 switch 语句奇偶性判断效果图 2

9.3 循环控制语句

现实生活中不少实际问题有许多具有规律性的重复操作，因此在程序中就需要重复多次执行某些语句。一组被重复执行的语句称之为循环体，能否继续重复，决定于循环的终止条件。循环控制语句是由循环体及循环的终止条件两部分组成的。

在使用循环控制语句时，对循环条件的控制和对循环次数的控制是两个十分重要的要素。JavaScript 支持三种循环控制语句，while 语句、do…while 语句、for 语句。

9.3.1 while 语句

while 循环重复执行一段代码，直到某个条件不再满足为止，它的基本语法如下。

```
while(判断条件)
{
    循环代码
 }
```

当表达式的值为 true 时，反复执行大括号中的内容，直到判断条件的值为 false 为止。以下为利用 while 循环语句循环输出 1 至 10 的累加之和的范例。

➢ 源代码清单（9-6 while 语句的使用.html）：

```
<script type="text/JavaScript">
    var x=0;
    var sum=0;
    while(x<=10)
    {
        sum=sum+x;
        document.write("sum is :"+sum+"   ");
        x++;
    }
    document.write("1 到 10 的累加和是:"+sum);
</script>
```

➢ 运行效果如图 9-8 所示。

图 9-8　while 语句的使用效果图

➢ 源代码解释：

从这个示例可以看出，循环控制语句最重要的两个要素是循环条件和循环次数。如果没有合适的循环条件，循环控制语句就可能从来都不会被执行到。例如：

```
var x=0;
while(x<0)
{
        document.write("x="+x);
}
```


对循环控制语句可能执行的次数要充分考虑，无论哪种循环控制语句都要有结束的可能，不要让程序出现无限循环或者死循环的情况。例如：

```
var x=0;
while(x= =0)
{
      document.write("x="+x);
}
```

以上循环为死循环，因为当第一次循环时，条件为真，并且每次执行完本次循环时，循环条件没变，所以总是满足循环条件，不断的循环执行就成了死循环，要解决死循环的问题就必须在循环体中有改变循环条件的语句。

9.3.2　do…while 语句

do…while 语句和 while 语句的功能类似，while 语句是先判断条件是否满足，满足则执行循环，do…while 语句是在先执行一次循环语句后，再判断条件是否满足，所以 do…while 语句的循环控制语句至少都会被执行一次。

do…while 语句的基本语法结构如下：

```
do{
循环代码;
}while(判断条件);
```

以下为利用 do…while 循环语句循环输出 1 至 10 之间的和的范例。

➢ 源代码清单（9-7 do while 语句的使用.html）：

```
<script type="text/JavaScript">
    var x=1;
    var sum=0;
```

```
    do
    {
        sum=sum+x;
        document.write("sum is :"+sum+"   ");
        x++;
    } while(x<=10)
    document.write("1 到 10 的累加和是:"+sum);
</script>
```

➢ 运行效果如图 9-9 所示。

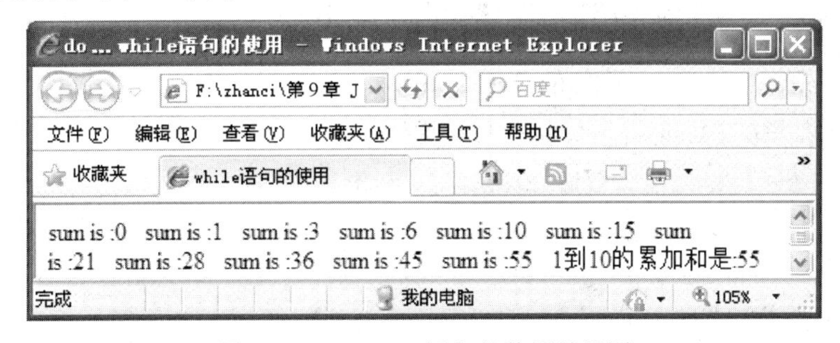

图 9-9 do…while 语句的使用效果图

➢ 源代码解释。

从以上 while 和 do…while 语句的示例来看，结果一样，循环体中的语句也一样，循环条件也一样，只是 x 变量的初始值不同，在 while 中为 0，在 do…while 中为 1，主要原因是在 while 循环中是先判断，再循环，该循环语句有可能一次循环都不执行，但在 do…while 循环中是先执行循环体中的语句，再判断，也就是该循环体至少执行一次。

9.3.3 for 语句

for 语句非常灵活，完全可以代替 while 与 do...while 语句。如图 9-10 所示，先执行“初始化表达式”，再根据“判断表达式”的结果判断是否执行循环，当判断表达式为真（true）时，执行循环中的语句，最后执行“循环表达式”，并继续返回循环的开始进行新一轮的循环；表达式为假(false)时不执行循环，并退出 for 循环。(真(true)、假（false）是 JavaScript 布尔类型)。

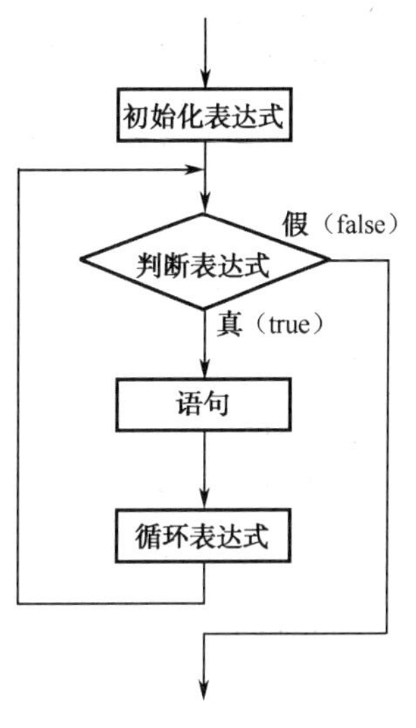

图 9-10 for 循环语句流程图

for 语句适合有明确循环次数的循环，for 语句的基本语法规则如下：

```
for(初始条件; 判断条件; 循环后动作)
{
    循环体代码
}
```

for 语句定义了一个计数器变量，有一个循环测试条件和更新计数器变量的操作。这 3 个要素使用分号“;”隔开。每次执行前，对计数器进行测试，如果满足测试条件，则执行循环语句，并在下次执行前更新计数器变量。

for 语句形式多样，初始化表达式，判断表达式，循环表达式都可以省略，也可以只省略其中一项，可以把初始化表达式放在 for 语句前面，把判断条件和循环后动作都放入 for 循环体之内。

```
for(;;)
{
}
```

1. 范例——使用 for 语句循环输出 1 至 10 之间的累加和

➢ 源代码清单（9-8 for 语句的使用.html）：

```
<script type="text/JavaScript">
    var i=0;
    var sum=0;
    for(i=0;  i<=10;  i++)
    {
        sum=sum+i;
    }
    document.write("1 到 10 的累加和是:"+sum);
</script>
```


➢ 运行效果如图 9-11 所示。

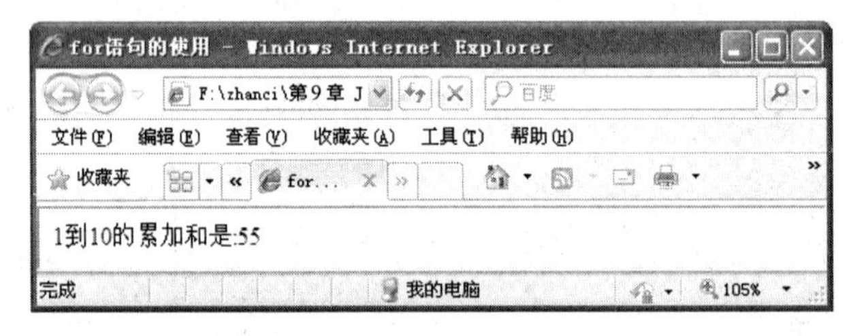

图 9-11　for 语句的使用效果图

➢ 源代码解释：

以下示例中，当然也可以在 for 语句的内部定义计数器变量。

```
<script type="text/JavaScript">
    var sum=0;
    for(var i=0;  i<=10;  i++)
    {
        sum=sum+i;
    }
    document.write("1 到 10 的累加和是:"+sum);
</script>
```

也可以使用 break 语句进行循环的控制，修改上面的示例代码如下：

```
<script type="text/JavaScript">
    var sum=0;
    for(var i=0; ;i++)
    {
        sum=sum+i;
```

```
            if(i>=10) break;
        }
        document.write("1 到 10 的累加和是:"+sum);
</script>
```

在上面的代码中，for 循环的测试条件为空，这样大括号中的循环语句将无限地循环执行，利用 break 语句，当计数器变量满足一定的条件或者其他的某些条件满足时，退出循环，执行 for 语句以后的内容。

2. for 与 while 语句的互相转化

for 与 while 语句的互相转化，如下列范例中都是计算 1 至 100 之内的和。

```
for(var i=0,iSum=0;i<=100;i++)
{
        iSum+=i;
}
```

等价的 while 循环：

```
var i=0;
var iSum=0;
while(i<=100)
{
        iSum+=i;
        i++;
}
```

9.3.4 for…in 语句

for...in 提供了一种特别的循环方式来遍历一个对象的所有用户定义的属性或者一个数组的所有元素，for...in 循环中的代码每执行一次，就会对数组的元素或者对象的属性进行一次操作，for...in 循环中的循环计数器是一个字符串，而不是数字，它包含当前属性的名称或者当前数组元素的下标。for…in 语句的基本语法结构如下：

```
for(属性 in 对象)
{
   循环体语句;
}
```

1. 范例 1——for…in 输出对象的属性

➢ 源代码清单（9-9 for in 输出对象的属性.html）：

```
<script type="text/JavaScript">
    // 创建具有某些属性的对象
    var myObject = new Object();
    myObject.name = "Mike";
    myObject.age = "25";
    myObject.phone = "13988776655";

    // 枚举（循环）对象的所有属性
```

```
    for (prop in myObject)
    {
        // 显示 myObject 的所有属性
        document.write("属性：" + prop + "的值是 " + myObject[prop]+"<br>");
    }
</script>
```

➢ 运行效果如图 9-12 所示。

图 9-12 for…in 输出对象的属性的效果图

➢ 源代码解释：

源代码中，myObject 为一自定义对象，该对象有三个属性，分别为 name、age 和 phone，在程序中分别赋值为“Mike”、“25”和“13988776655”，当用 for…in 语句遍历时，会遍历该对象的中所有属性，而在循环体中语句 document.write("属性：" + prop + "的值是 " + myObject[prop]+"<br>")是输出当前属性的名（prop 表示属性名）和值（myObject [prop] 表示属性值），因此在图 9-12 中输出了三个属性及属性的值。

2．范例——for…in 遍历数组中的元素

➢ 源代码清单（9-10 遍历数组中的元素.html）：

```
<script type="text/JavaScript">
    var array=[55,44,33,22.2,"one",null,true];
    var element;
    for(element in array)
    {
        document.write(array[element]+"<br>");
    }
</script>
```

➢ 运行效果如图 9-13 所示。

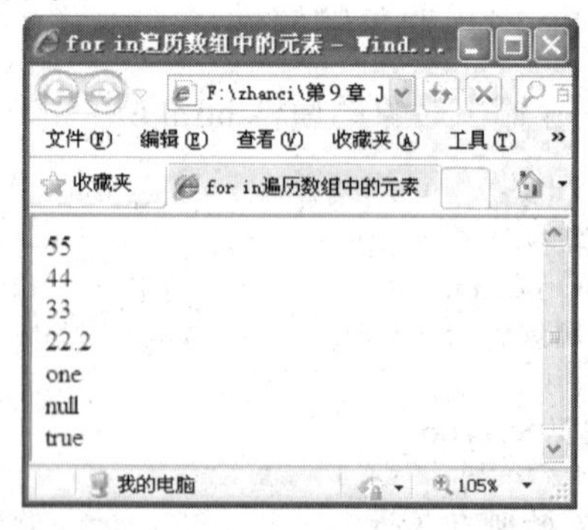

图 9-13 for…in 遍历数组中的元素的效果图

9.3.5 break 和 continue 语句

在循环控制语句中，break 语句和 continue 语句能改变循环执行的方式，作用都是跳出循环，但是 break 语句的含义是跳出循环语句，执行循环语句后面的内容，而 continue 语句的含义是跳出本次循环，进行下一次循环。解释器在遇到 continue 语句后，马上跳出循环条件，再次对循环条件进行判断，是否执行下一轮循环。

以下为使用 continue 语句输出 10 以内的偶数的范例。

➢ 源代码清单（9-11 continue 语句的使用.html）。

```
<script type="text/JavaScript">
    document.write("从 1 到 10 的偶数有： "+"<br>");
    for(var i=1;i<10;i++)
    {
        if(i%2==1)
            continue;
        document.write(i+"<br>");
    }
</script>
```

➢ 运行效果如图 9-14 所示。

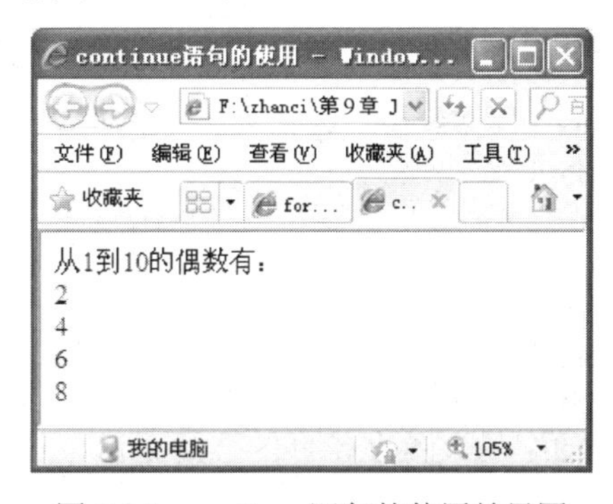

图 9-14　continue 语句的使用效果图

➢ 源代码解释：

源代码中，当 i 取 2 的模值是 1 时，跳出本次循环，再执行下次循环前，i 的值增加 1。当 i 取 2 的模值是 0 时，则输出。

9.4　典型应用项目范例：网页分时问候

个人网站经常使用比较俏皮的语言使浏览者感到愉悦，体现网站的人性化，例如 163 邮箱的问候语。

1. 分时问候要求

当浏览者浏览网页时，将根据他浏览时的时间，显示不同的问候语：0 点到 7 点前显示“别当夜猫子，要注意身体哦！”、7 点到 12 点前显示“今天的阳光真灿烂，欢迎欢迎！”、12 点到下午 2 点前显示“午休时间，您要保持睡眠哦！”、下午 2 点到下午 6 点前显示“祝您下午工作愉快！”、下午 6 点到晚上 10 点前显示“欢迎您再次到了！”、晚上 10 点到 0 点前显示“您应该休息了！”。例如下午 6 点到晚上 10 点前的分时问候页面如图 9-15 所示。

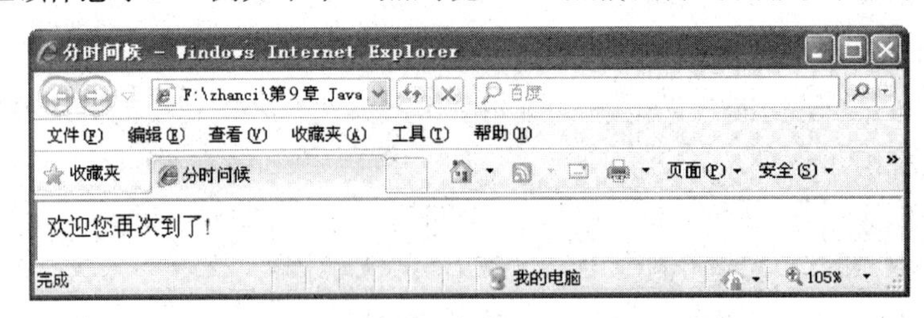

图 9-15　分时问候页面

2．基于目标的设计分析

根据案例要求，需要分时间段，所以首先要获取系统的时间，然后使用 if...else 多分支语句对时间进行判断，并在不同的时间段显示不同的提示内容。

3．实例功能编写

➢ 源代码清单（9-12 分时问候.html）：


```
<html xmlns="http://www.w3.org/1999/xhtml">
<head>
<meta http-equiv="Content-Type" content="text/html; charset=utf-8" />
<title>分时问候</title>
</head>
<script Language="JavaScript">
<!--
   var text="";
   var day = new Date( );
   var time = day.getHours( );
   if (( time>=0) && (time <7 ))
         text="别当夜猫子，要注意身体哦！  ";
   if (( time >= 7 ) && (time < 12))
          text="今天的阳光真灿烂，欢迎欢迎！ ";
   if (( time >= 12) && (time<14))
         text="午休时间，您要保持睡眠哦！ ";
   if (( time >=14) && (time <18))
         text="祝您下午工作愉快！  ";
   if ((time >= 18) && (time <= 22))
         text="欢迎您再次到了!" ;
   if ((time >= 22) && (time <24))
         text="您应该休息了!";
    document.write(text);
    //--->
   </script>
 <body>
 </body>
 </html>
```

➢ 源代码解释：

源代码中 text 变量用来获取显示的问候信息；变量 time 是通过 day 变量获取到的当

前时间；当获取到时间后就可以判定当前时间位于计划好的 6 个时间段的哪一个，将问候文本的值赋给 text，最后显示出来。

9.5 项目实训：将成绩分数按 4 个等级输出结果

现有一个班级的英语成绩，要求按 4 个等级输出每个人的成绩，85～100 分为优秀，70～85 分为良好，60～70 分为及格，0～60 分为不及格。

9.6 综合练习

一、选择题

（1）下列 JavaScript 的判断语句中，（　　）是正确的。

A．if(a= =0)　　B．if(a=0)　　C．if a= =0 then　　D．if a=0 then

（2）下列 JavaScript 的判断语句中，（　　）是正确的。

A．if(a<>0) then　　B．if(a!=0)　　C．if a=!0 then　　D．if a<>0 then

（3）下列 JavaScript 的循环开始语句中，（　　）是正确的。

A．for i=1 to 10　　B．for(i=0;i<=10)　　C．for(i<=10;i++)　　D．for(i=0;i<=10;i++)

（4）下述关于循环语句的描述中，（　　）是错误的。

A．循环体内必须同时出现 break 语句和 continue 语句

B．循环体内可以出现条件语句

C．循环体内可以包含循环语句

D．循环体可以是空语句，即循环体中只出现一个分号

（5）下述关于 break 语句的描述中，（　　）是不正确的。

A．break 语句用于循环体内，它将退出该重循环

B．break 语句用于 switch 语句，它表示退出该 switch 语句

C．break 语句用于 if 语句，它表示退出该 if 语句

D．break 语句在一个循环体内可使用多次

二、应用题

（1）使用 JavaScript 编程实现：将标题“欢迎访问海尔公司网站”连续循环出现 3 次。

（2）使用 JavaScript 编程实现：计算增加后的工资，要求若基本工资大于等于 1000 元，则增加 20%工资；若小于 1000 元，且大于等于 800 元，则增加 15%工资；若小于 800 元，则增加 10%工资。

第10章 JavaScript函数与对象

基本介绍

JavaScript中的函数是可以独立完成某种特定功能的一系列代码的集合，在函数被调用前函数体内的代码并不执行，即独立于主程序。编写主程序时不需要知道函数体内的代码是如何编写的，只需要使用函数方法即可。可把程序中的大部分功能拆解成一个个函数，使程序代码结构清晰，易于理解和维护。函数调用时，只需要函数的名字和函数需要的参数，调用后的结果不是一成不变的，当向函数传递不同的参数时，就能得到不同的结果，以解决不同的问题。

需求与应用

- JavaScript提供内置函数，方便用户调用完成日常逻辑业务功能，如日期时间获取、字符串处理、数值运算等都有对应的函数供使用。
- 通过自定义函数完成完整特定的功能，将部分功能打包，减少代码冗余，方便控件事件处理。

学习目标

- 掌握常用内置函数的使用。
- 掌握自定义函数的创建。
- 掌握函数参数的传递、函数返回值和函数的作用域。

10.1 函数概述

JavaScript中的函数是可以完成某种特定功能的一系列代码的集合，是进行模块化程序设计的基础。编写复杂的应用程序，必须对函数有更加深入的了解。JavaScript中的函数不同于其他语言，它的每个函数都是作为一个对象被维护和运行的。通过函数对象的性质，可以方便地将一个函数赋值给一个变量或者将函数作为参数传递。

JavaScript中支持两种函数：一类是内置函数，另一类是自定义函数。内置函数是已经定义好的，编程过程中直接调用就可以了，自定义函数就需要脚本编写者自己定义了。

定义函数最常用的方法是使用保留字function，保留字后是函数名、参数列表和使用大括号括起来的语句块。函数的基本语法结构如下：

```
function  函数名（参数1，参数2，…，参数n）
{
```

```
    语句块;
}
```

以下为函数的简单使用的范例。

➢ 源代码清单（10-1 函数的简单使用.html）：

```
<html xmlns="http://www.w3.org/1999/xhtml">
<head>
<meta http-equiv="Content-Type" content="text/html; charset=utf-8" />
<title>函数的简单使用</title>
</head>
<script type="text/JavaScript">
    //定义不带参数的函数
    function welcome1()
    {
        document.write("您好，欢迎访问我们的网站！");
    }
    //定义带一个参数的函数
    function welcome2(name)
    {
        document.write("您好，"+name+"，欢迎访问我们的网站！");
    }
    //调用 welcome2 函数
    welcome2("马云");
</script>
<body>
</body>
</html>
```

➢ 运行效果如图 10-1 所示。

➢ 源代码解释。

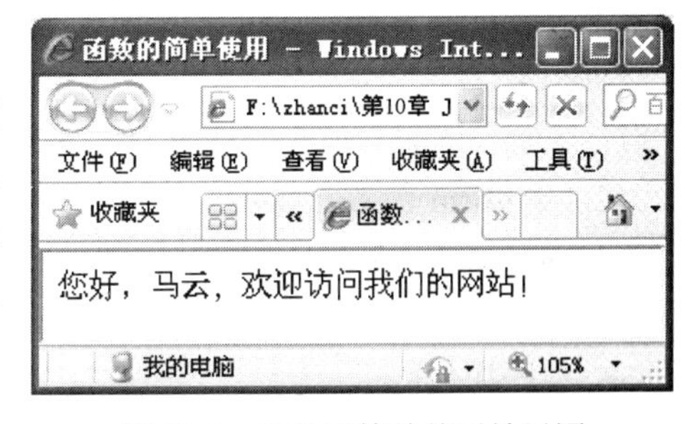

图 10-1　函数的简单使用效果图

源代码中定义了 2 个函数，第一个函数 welcome1()的作用是直接在文档中输出欢迎信息；第二个函数 welcome2(name)，通过获取传递的参数 name 获得用户的名称，然后在文档中输出欢迎信息；在脚本的最后通过书写语句“welcome2("马云");”调用了带参数的函数名“welcome2”的函数，并传入了值“马云”，此时计算机会去执行名为“welcome2”的函数体中的语句，在页面中输出信息，显示的结果如图 10-1 所示。

10.2　JavaScript 内置函数

JavaScript 中的内置函数又称为系统函数或内部函数。它提供了与任何对象无关的程序功能，使用这些函数不需要创建任何实例就可以直接使用。常用系统函数一共可分为 5 类，分别为常规函数、数组函数、日期函数、数学函数和字符串函数。

1. 常规函数

JavaScript 常规函数主要用于常规处理，如交互式对话框、类型转换等，主要包括以下 9 个函数。

（1）alert 函数：显示一个警告对话框，包括一个 OK 按钮，通常用于一些对用户的提示信息，如在表单中输入了错误的数据时；消息对话框是由系统提供的，因此样式字体在不同浏览器中可能不同；消息对话框是排他的，也就是在用户单击对话框的按钮前，不能进行任何其他操作；消息对话框通常可以用于调试程序，此函数应用较多。

➢ 程序源代码如下：

```
<script type="text/JavaScript">
    alert('helloworld');
</script>
```

➢ 运行效果如图 10-2 所示。

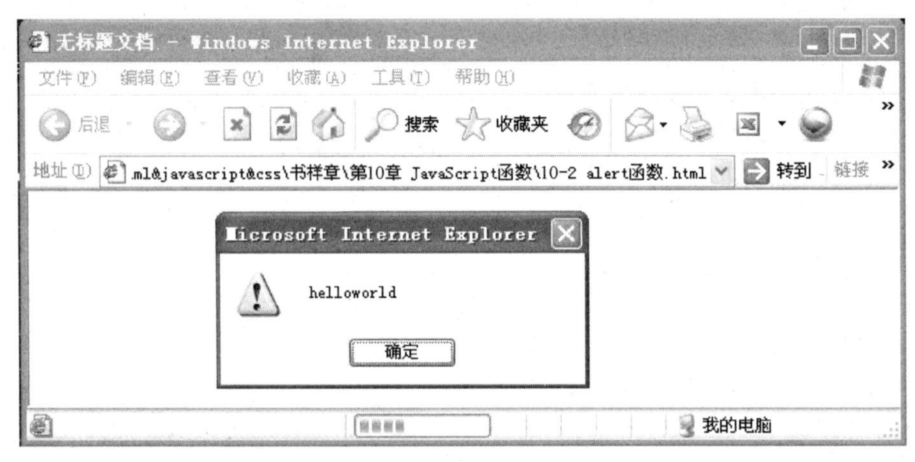

图 10-2 alert 函数的使用效果图

（2）confirm 函数：显示一个确认对话框，包括 OK、Cancel 按钮，分别代表两个不同的返回值，true 和 false，通过判断返回值可以确定用户单击了什么按钮。confirm 消息对话框通常用于允许用户选择一些动作，例如“您确定吗？”等。

➢ 程序源代码：

```
<script type="text/JavaScript">
        if(confirm("确定要离开 HTML 学习网站吗？"))
        {
            alert("再见，欢迎下次光临!");
        }
        else
        {
            alert("现在继续学习!");
        }
    </script>
```

➢ 运行效果如图 10-3 所示。

图 10-3　confirm 函数的使用效果图

（3）prompt 函数：弹出消息对话框，该对话框中包含一个 OK 按钮、Cancel 按钮与一个文本输入框，其中文本输入框提示等待用户输入，当单击 OK 按钮时，文本框中的内容将作为函数返回值，单击 Cancel 按钮时，将返回 null。prompt 函数通常用于询问一些需要与用户交互的信息。

➢ 程序源代码：

```
<script type="text/JavaScript">
        var sResult=prompt("请在下面输入您的姓名","");
        if(sResult!=null)
        {
                alert("您好"+sResult);
        }
        else
        {
                alert("您好：您你已完成了取消操作！");
        }
    </script>
```

➢ 运行效果如图 10-4 所示。

图 10-4　prompt 函数的使用效果图 1

➢ 源代码解释：

在运行弹出的对话框中输入名字后，单击“确定“按钮后显示消息为“您好：谢英辉”的对话框，当单击“取消”按钮后显示消息为“您好：您已完成取消操作”。效果如图 10-5 所示。

图 10-5　prompt 函数的使用效果图 2

（4）parseFloat 函数：将字符串转换成浮点数字形式，函数括号中的为要转换的字符串，而函数返回的结果为浮点数，该函数指定字符串中的首个字符是否是数字。如果是，则对字符串进行解析，直到到达数字的末端为止，然后以数字返回该数字，而不是作为字符串。如果在解析过程中遇到了正负号（+ 或 -）、数字（0～9）、小数点，或者科学记数法中的指数（e 或 E）以外的字符，则它会忽略该字符及之后的所有字符，返回当前已经解析到的浮点数。同时参数字符串首位的空白符会被忽略。如果参数字符串的第一个字符不能被解析成为数字，则 parseFloat 返回 NaN。可以通过调用 isNaN 函数来判断 parseFloat 的返回结果是否是 NaN。如果让 NaN 作为了任意数学运算的操作数，则运算结果必定也是 NaN。

➢ 程序源代码：


```
<script type="text/JavaScript">
    document.write(parseFloat("10") +parseFloat("20")+ "<br />")
    document.write(parseFloat("10.00") + "<br />")
    document.write(parseFloat("10.33") + "<br />")
    document.write(parseFloat("34 45 66") + "<br />")
    document.write(parseFloat("    60    ") + "<br />")
    document.write(parseFloat("40 years") + "<br />")
    document.write(parseFloat("He was 40") + "<br />")
</script>
```

➢ 运行效果如图 10-6 所示。

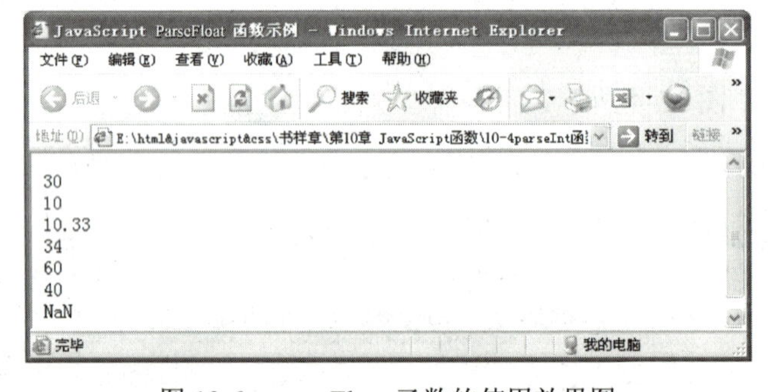

图 10-6　parseFloat 函数的使用效果图

（5）parseInt 函数：将字符串转换成整数数字形式（可指定几进制），该函数第一个参数为要转换的字符串，第二个参数为指定的几进制的数，如果省略就默认为十进制，如果要转换的字符串以 0x 开头，也把其作为十六进制，以 0 开头，为八进制，但也有可能是十进制。

➢ 程序源代码：

```
<html>
  <body>
```

```
        <script type="text/JavaScript">
        document.write(parseInt("10") + "<br />") //转换成十进制
        document.write(parseInt("19",10) + "<br />") //转换成十进制
        document.write(parseInt("11",2) + "<br />") //转换成二进制
        document.write(parseInt("17",8) + "<br />") //转换成八进制
        document.write(parseInt("1f",16) + "<br />") //转换成十六进制
        document.write(parseInt("010") + "<br />")//转换成八进制
        document.write(parseInt("He was 40") + "<br />")
        </script>
    </body>
</html>
```

➢ 运行效果如图 10-7 所示。

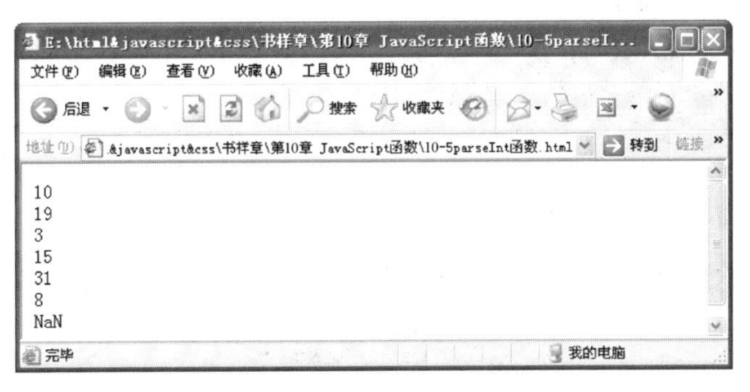

图 10-7　parseInt 函数的使用效果图

（6）escape 函数：将字符转换成 Unicode 码，也就是对字符串进行编码，这样就可以在所有的计算机上读取该字符串，返回值为已编码的 string 的副本，其中某些字符被替换成了十六进制的转义序列。该方法不会对 ASCII 字母和数字进行编码，也不会对下面这些 ASCII 标点符号进行编码：* @ - _ + . / 。其他所有的字符都会被转义序列替换。

➢ 程序源代码：

```
<html>
<body>
    <script type="text/JavaScript">
      document.write(escape("Visit W3School.com.cn!") + "<br />")
      document.write(escape("?!=()#%&"))
      </script>
</body>
</html>
```

➢ 运行效果如图 10-8 所示。

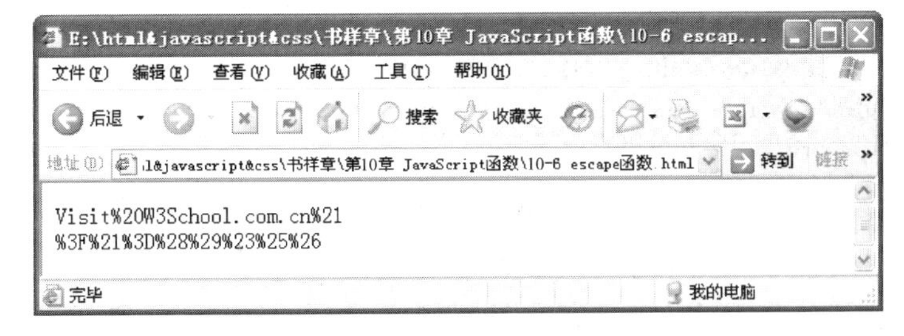

图 10-8　escape 函数的使用效果图

（7）unescape 函数：解码由 escape 函数编码的字符。工作原理是通过找到形式为 %xx 和 %uxxxx 的字符序列（x 表示十六进制的数字），用 Unicode 字符 \u00xx 和 \uxxxx 替换这样的字符序列进行解码。ECMAScript v3 已从标准中删除了 unescape() 函数，并反对使用它，因此应该用 decodeURI() 和 decodeURIComponent() 取而代之。

➢ 程序源代码：

```
<html>
<body>
    <script type="text/JavaScript">
        var test1="Visit W3School!"
        test1=escape(test1)
        document.write (test1 + "<br />")
        test1=unescape(test1)
        document.write(test1 + "<br />")
        </script>
        </body>
</html>
```

➢ 运行效果如图 10-9 所示。

图 10-9　unescape 函数的使用效果图

（8）eval 函数：计算某个字符串，并执行其中的 avaScript 代码，返回通过计算 string 得到的值。虽然 eval() 的功能非常强大，但实际用到它的情况并不多。

➢ 程序源代码：

```
<html>
<body>
    <script type="text/JavaScript">
        eval("x=10;y=20;document.write(x*y)")
        document.write("<br />")
        document.write(eval("2+2"))
        document.write("<br />")
        var x=10
        document.write(eval(x+17))
        document.write("<br />")
        eval("alert('Hello world')")
    </script>
</body>
</html>
```

➢ 运行效果如图 10-10 所示。

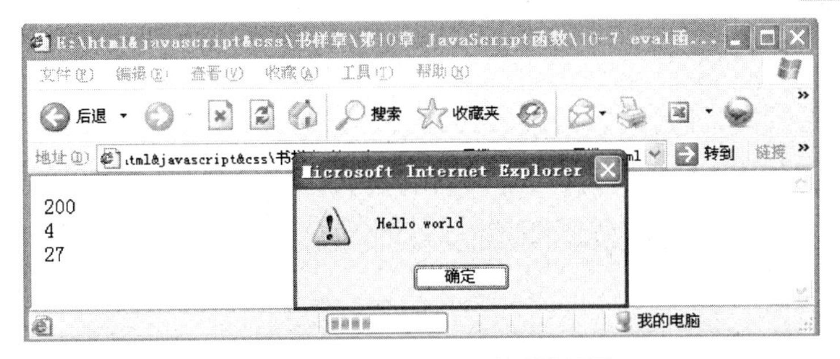

图 10-10　eval 函数的使用效果图

（9）isNaN 函数：该函数方法是返回一个 Boolean 值，指明提供的值是否是保留值 NaN （不是数字）。使用方法：

```
isNaN(numValue);
```

其中，必选项 numValue 参数为要检查是否为 NaN 的值。如果值是 NaN，那么 isNaN 函数返回 true，否则返回 false。使用这个函数的典型情况是检查 parseInt 和 parseFloat 方法的返回值。还有一种办法，变量可以与它自身进行比较。如果比较的结果不等，那么它就是 NaN。这是因为 NaN 是唯一与自身不等的值。

2. 数组函数

JavaScript 数组函数包括 4 个函数：join 函数、length 函数、reverse 函数和 sort 函数。

（1）join 函数：以指定的参数中的字符为分隔符，转换并连接数组中的所有元素为一个字符串。直接输出数组时，会默认以“,”把各元素分隔开。

➢ 程序源代码：

```
<script type="text/JavaScript">
    var a, b;
    a = new Array(0,1,2,3,4);
    b = a.join("-");//分隔符
    document.write(b);//在页面输出 b 为"0-1-2-3-4"
</script>
```

➢ 运行效果如图 10-11 所示。

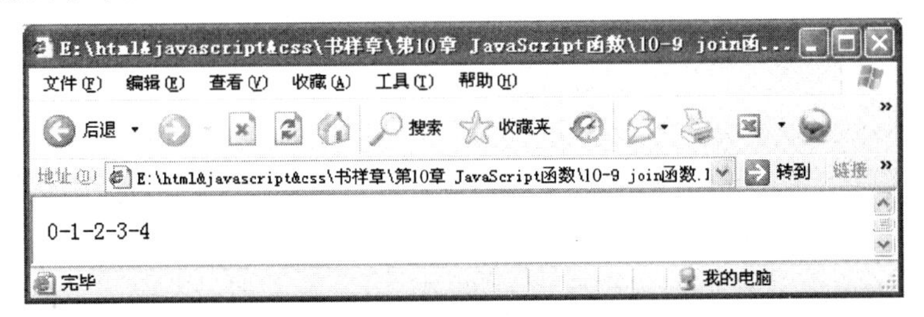

图 10-11　join 函数的使用效果图

（2）length 函数：返回数组的长度，长度表示数组中元素的个数。

➢ 程序源代码：

```
<script type="text/JavaScript">
    var a, l;
    a = new Array(0,1,2,3,4);
```

```
    l = a.length;
    document.write(l);//在页面输出 l 为 5
</script>
```

➢ 运行效果如图 10-12 所示。

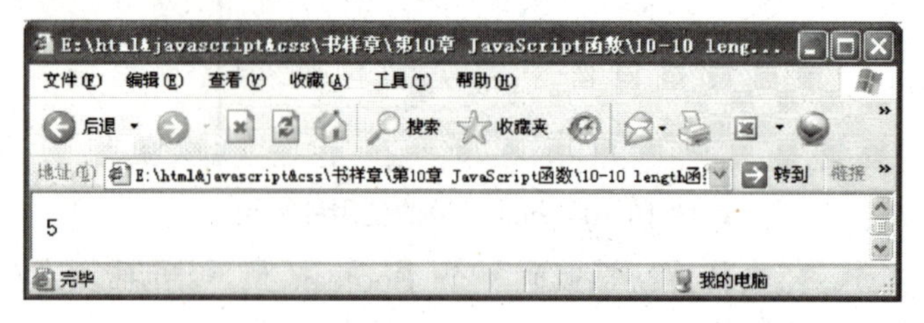

图 10-12　length 函数的使用效果图

（3）reverse 函数：将数组中的元素按原来的顺序颠倒后返回。

➢ 程序源代码：

```
function ReverseDemo()
{
    var a, l;
    a = new Array(0,1,2,3,4);
    l = a.reverse();//顺序反过来为 4，3，2，1，0
    return(l);//输出 l，直接输出数组时，会默认以“,”把各元素分隔开
}
```

➢ 运行效果如图 10-13 所示。

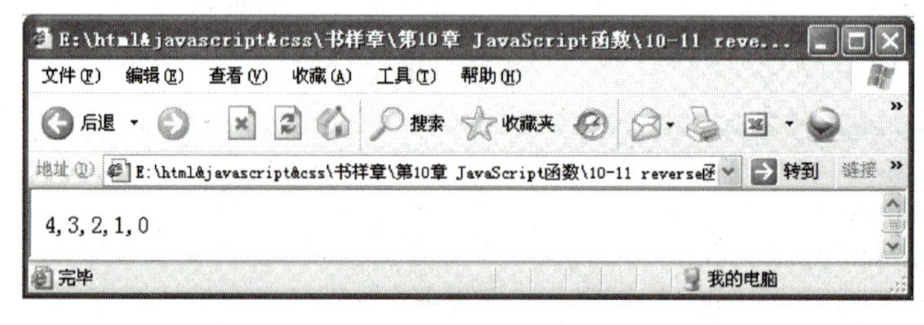

图 10-13　reverse 函数的使用效果图

（4）sort 函数：如果调用该方法时没有使用参数，则将按字母顺序对数组中的元素进行排序，说得更精确点，就是按照字符编码的顺序进行排序。要实现这一点，首先应把数组的元素都转换成字符串（如有必要），以便进行比较。

如果想按照其他标准进行排序，就需要提供比较函数，该函数要比较两个值，然后返回一个用于说明这两个值的相对顺序的数字。比较函数应该具有两个参数 a 和 b，其返回值如下。

若 a 小于 b，在排序后的数组中 a 应该出现在 b 之前，则返回一个小于 0 的值。

若 a 等于 b，则返回 0。

若 a 大于 b，则返回一个大于 0 的值。

➢ 程序源代码一：

```
<script type="text/JavaScript">
var arr = new Array(6)
arr[0] = "George"
arr[1] = "John"
```

```
arr[2] = "Thomas"
arr[3] = "James"
arr[4] = "Adrew"
arr[5] = "Martin"
document.write(arr + "<br />")
document.write(arr.sort())
</script>
```

➢ 程序源代码二：

```
<script type="text/JavaScript">
var arr = new Array(6)
arr[0] = "10"
arr[1] = "5"
arr[2] = "40"
arr[3] = "25"
arr[4] = "1000"
arr[5] = "1"
document.write(arr + "<br />")
document.write(arr.sort())
</script>
```

➢ 程序源代码三：

```
<script type="text/JavaScript">
function sortNumber(a, b)
{
return a - b
}
var arr = new Array(6)
arr[0] = "10"
arr[1] = "5"
arr[2] = "40"
arr[3] = "25"
arr[4] = "1000"
arr[5] = "1"
document.write(arr + "<br />")
document.write(arr.sort(sortNumber))
</script>
```

➢ 运行效果如图 10-14 所示。

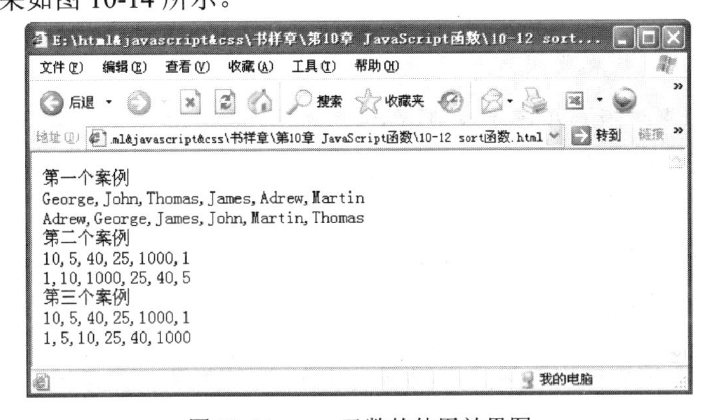

图 10-14　sort 函数的使用效果图

3. 日期函数

JavaScript 日期函数包括以下 20 个函数。

（1）getDate 函数：返回日期的“日”部分，即月份中的某一天，值为 1～31。该方法总是结合一个 Date 对象来使用。语法为：

```
var d = new Date();
d.getDate();
```

（2）getDay 函数：返回一周中的星期几，值为 0～6，其中 0 表示星期日，1 表示星期一，……，6 表示星期六。语法为：

```
d.getDay();
```

（3）getHours 函数：返回日期的“小时”部分，值为 0～23。语法为：

```
d.getHours();
```

（4）getMinutes 函数：返回日期的“分钟”部分，值为 0～59。语法为：

```
d.getMinutes()
```


（5）getMonth 函数：返回日期的“月”部分，值为 0～11。其中 0 表示 1 月，2 表示 3 月，……，11 表示 12 月。语法为：

```
d.getMonth();
```

（6）getSeconds 函数：返回日期的“秒”部分，值为 0～59。语法为：

```
d.getSeconds();
```

（7）getTime 函数：返回系统时间。语法为：

```
d.getTime();
```

（8）getTimezoneOffset 函数：返回此地区的时差（当地时间与 GMT 格林威治标准时间的地区时差），单位为分钟，返回之所以以分钟计，而不是以小时计，原因是某些国家所占有的时区甚至不到一个小时的间隔，由于使用夏令时的惯例，该方法的返回值不是一个常量。语法为：

```
d.getTimezoneOffset();
```

（9）getYear 函数：返回日期的“年”部分。返回值以 1900 年为基数，例如 1999 年为 99。语法为：

```
d.getYear();
```

（10）parse 函数：返回在该参数中指定的时间距离 1970 年 1 月 1 日零时整算起的毫秒数（当地时间）。语法为：

```
Date.parse("月 日,年")
```

（11）setDate 函数：用于设定日期的“日”部分，值为 0～31。语法为：

```
d.setDate(15)//设定为 15 号
```

（12）setHours 函数：用于设定日期的“小时”部分，值为 0～23。语法为：

```
d. setHours (13)//设定为下午 1 点
```

（13）setMinutes 函数：用于设定日期的“分钟”部分，值为 0～59。语法为：

```
d. setMinutes (25)//设定为 25 分钟
```

（14）setMonth 函数：用于设定日期的“月”部分，值为 0～11。其中 0 表示 1 月，……，11 表示 12 月。语法为：

```
d.setMonth(11)//设定为 12 月
```

（15）setSeconds 函数：用于设定日期的“秒”部分，值为 0～59。语法为：

```
d. setSeconds(35)//设定为 35 秒
```

（16）setTime 函数：用于设定时间。时间数值为 1970 年 1 月 1 日零时整算起的毫秒数。语法为：

```
d. setTime(1375952553343)//设定为 1375952553343，也就到了 2013 年 8 月 8 日的某个时间
```

（17）setYear 函数：用于设定日期的“年”部分。语法为：

```
d. setYear(2012)//设定为 2012 年
```

（18）toGMTString 函数：用于转换日期成为字符串，为 GMT 格林威治标准时间，不赞成使用此方法。请使用 toUTCString() 取而代之。语法为：

```
d. toGMTString(15)//设定为 15 号
```

（19）toLocaleString 函数：用于转换日期成为字符串，为当地时间。语法为：

```
d.toLocaleString ()
```

（20）UTC 函数：用于返回从 1970 年 1 月 1 日零时整算起的毫秒数，以 GMT 格林威治标准时间计算。语法为：

```
Date.UTC(2005,7,8)// 根据世界时取得从 1970/01/01 到 2005/07/08 的毫秒数
```

➢ 程序源代码：

```
<script type="text/JavaScript">
    var d = new Date()
    document.write("<center>2013 年 8 月 9 日日期函数操作案例</center><br/>")
    document.write("getDate()函数值： "+d.getDate() +"<br/>")
    document.write("getDay()函数值： "+d.getDay()+"<br/>")
    document.write("getHours()函数值： "+d.getHours()+"<br/>")
    document.write("getMinutes()函数值： "+d.getMinutes()+"<br/>")
    document.write("getMonth()函数值： "+d.getMonth()+"<br/>")
    document.write("getSeconds()函数值： "+d.getSeconds()+"<br/>")
    document.write("getTime()函数值： "+d.getTime()+"<br/>")
    document.write("getTimezoneOffset()函数值： "+d.getTimezoneOffset()+"<br/>")
    document.write("getYear()函数值： "+d.getYear()+"<br/>")
```

```
var    d1 = Date.parse("Jul 8, 2005")
    document.write("parse('Jul 8, 2005')函数值：  "+d1+"<br/>")
    d.setDate(15)
    document.write("setDate(15)函数值：  "+d+"<br/>")
    d.setHours (13)
    document.write("setHours (13)函数值：  "+d+"<br/>")
    d.setMinutes(25)
    document.write("setMinutes(25)函数值：  "+d+"<br/>")
    d.setMonth(11)
    document.write("setMonth(11)函数值：  "+d+"<br/>")
    d.setSeconds(35)
    document.write("setSeconds(35)函数值：  "+d+"<br/>")
    d.setTime(1375952553343)
    document.write("setTime(1375952553343)函数值：  "+d+"<br/>")
    d.setYear(2012)
    document.write("setYear(2012)函数值：  "+d+"<br/>")
    document.write ("toGMTString()函数值：  "+d.toGMTString()+"<br/>")
    document.write ("toLocaleString()函数值：  "+d.toLocaleString()+"<br/>")
    var d2 = Date.UTC(2005,7,8)
    document.write("Date.UTC(2005,7,8)函数值：  "+d2+"<br/>")
</script>
```


➢ 运行效果如图 10-15 所示。

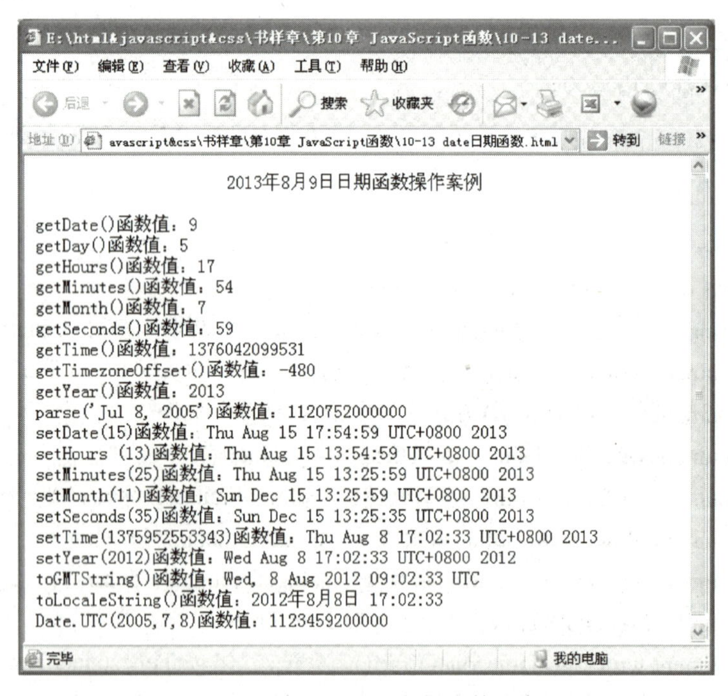

图 10-15　2013 年 8 月 9 日日期函数操作效果图

4. 数学函数

JavaScript 数学函数其实就是 Math 对象，它包括属性和函数（或称方法）两部分，其中属性主要有 8 个，详细如表 10-1 所示 Math 对象属性表，函数主要有 18 个数学函数，详细如表 10-2 所示 Math 数学函数表。

表 10-1 Math 对象属性

属　性	描　述
Math.E	返回算术常量 e，即自然对数的底数（约等于 2.718）
Math.LN2	返回 2 的自然对数（约等于 0.693）
Math.LN10	返回 10 的自然对数（约等于 2.302）
Math.LOG2E	返回以 2 为底的 e 的对数（约等于 1.414）
Math.LOG10E	返回以 10 为底的 e 的对数（约等于 0.434）
Math.PI	返回圆周率（约等于 3.14159）
Math.SQRT1_2	返回返回 2 的平方根的倒数（约等于 0.707）
Math.SQRT2	返回 2 的平方根（约等于 1.414）

表 10-2 Math 数学函数表

方　法	描　述	示　例
abs(x)	返回数的绝对值	abs(-12)值为 12
acos(x)	返回数的反余弦值，为 0～PI 之间的弧度值，x 为-1.0～1.0 之间的数	Math.acos(-1)值为 3.141592653589793
asin(x)	返回数的反正弦值	Math.asin(-1)值为-1.570796326
atan(x)	以介于 -PI/2 与 PI/2 弧度之间的数值来返回 x 的反正切值	Math.atan(5)值为 1.37340076694
atan2(y,x)	返回从 x 轴到点 (x,y) 的角度（介于 -PI/2 与 PI/2 弧度之间）	Math.atan2(0.50,0.50)值为 0.7853981633974483
ceil(x)	对数进行上舍入，x 必须是数字	Math.ceil(0.60)值为 1
cos(x)	返回数的余弦	Math.cos(3)值为-0.9899924966
exp(x)	返回 e 的指数	Math.exp(1)值为 2.718281828459
floor(x)	对数进行下舍入	Math.floor(-5.1)值为-6
log(x)	返回数的自然对数（底为 e）	Math.log(1)值为 0
max(x,y)	返回 x 和 y 中的最高值	Math.max(5,7)值为 7
min(x,y)	返回 x 和 y 中的最低值	Math.min(5,7)值为 5
pow(x,y)	返回 x 的 y 次幂	Math.pow(2,3)值为 8
random()	返回 0～1 之间的随机数	Math.random()值每次都不一样
round(x)	把数四舍五入为最接近的整数	Math.round(0.60)值为 1
sin(x)	返回数的正弦	Math.sin(3)值为 0.141120008059
sqrt(x)	返回数的平方根	Math.sqrt(9)值为 3
tan(x)	返回角的正切	Math.tan(0.50)值为 0.546302489

5. 字符串函数

JavaScript 字符串函数完成对字符串的字体大小、颜色、长度和查找等操作处理，详细如表 10-3 所示字符串函数表。

表 10-3　字符串函数表

方　法	描　述	示　例
charAt()	返回在指定位置的字符，从 0 开始	“hello”.charAt(1)值为 e
charCodeAt()	返回在指定的位置的字符的 Unicode 编码	“hello”.charCodeAt(1)值为 101
concat()	连接字符串	“he”.concat(“llo”)值为 “hello”
fixed()	以打字机文本显示字符串	“hello”.fixed()
fontcolor()	使用指定的颜色来显示字符串	“hello”.fontcolor("Red")
fontsize()	使用指定的尺寸来显示字符串	“hello”.fontsize(3)
fromCharCode()	从字符编码创建一个字符串	String.fromCharCode(72,69,76,76,79)值为 “HELLO”
indexOf()	检索字符串	"Hello".indexOf("e")值为 1
italics()	使用斜体显示字符串	"Hello".italics()设置字体为粗体
lastIndexOf()	从后向前搜索字符串	"Hello".lastIndexOf("l")值为 3
link()	将字符串显示为链接	“新浪网”.link("http://www.sina. com.cn")
localeCompare()	用本地特定的顺序来比较两个字符串，相等为 0，大于为 1	"hi".localeCompare("he")值为 J
match()	在字符串内检索指定的值，或找到一个或多个正则表达式的匹配	“hello world”.match("world")值为 world，也可匹配正则表达式见本章案例库
replace()	用于在字符串中用一些字符替换另一些字符，或替换一个与正则表达式匹配的子串	“hello”.replace(“e”, "a")值为 hallo，正则表达式示例见本章案例库
search()	检索字符串中指定的子字符串，或检索与正则表达式相匹配的值	“hello”.search(“l”)值为 2，正则表达式示例见本章案例库
slice()	提取字符串的片断，并在新的字符串中返回被提取的部分	“hello world”.slice(6)值为 world
small()	使用小字号来显示字符串	“helloworld”.small()
split()	把字符串分割为字符串数组	"2:3:4".split(":")值为["2","3", "4"]
strike()	使用删除线来显示字符串	“helloworld”. strike ()
sub()	把字符串显示为下标	“helloworld”. sub ()
substr()	从起始索引号提取字符串中指定数目的字符	“hello world”.substr(6)值为 world
substring()	提取字符串中两个指定的索引号之间的字符	“hello world”. substring (6,8)值为 world
sup()	把字符串显示为上标	“hello world”. sup()
toLocaleLowerCase()	按照本地方式把字符串转换为小写，只有几种语言有区别，如土耳其语	“HELLO”. toLocaleLowerCase () 值为 hello
toLocaleUpperCase()	按照本地方式把字符串转换为大写	“hello”. toLocaleUpperCase () 值为 HELLO
toLowerCase()	把字符串转换为小写	“HELLO”. toLowerCase ()值为 hello
toUpperCase()	把字符串转换为大写	“hello”. toLowerCase ()值为 HELLO

续表

方　法	描　述	示　例
anchor()	创建 HTML 锚	“hello”.anchor("anchor")值为 <a name="anchor">Hello</a>
big()	用大号字体显示字符串	“hello”. big()
blink()	显示闪动字符串	“hello”. blink ()
bold()	使用粗体显示字符串	“hello”. bold ()

10.3 自定义函数

1. 定义一个加法函数

函数定义的基本语法是：

```
function 函数名()
{
    函数代码;
}
```

函数由保留字 function 定义，把“函数名”替换为您想要的名字，把“函数代码”替换为完成特定功能的代码，函数就定义好了。如下面一个实现两数相加的函数。

➢ 程序源代码：

```
function add(){
 var sum = 12 + 23;
 document.write(sum);
}
```

➢ 源代码解释：

首先给函数起一个有意义的名字“add”，在此函数中有两条语句，第一条语句用于 12 加上 23 后赋值给 sum 变量保存，然后用 document.write(sum)语句在页面上输出 sum 变量中保存的值。

2. 函数的调用

函数定义好了，如何调用呢？其实可以通过很多种方法调用上面的函数，在这里使用最简单的函数调用方式——按钮的点击事件。JavaScript 事件会在后面介绍。试着点击下面范例中的按钮以调用定义好的函数。

以下为函数的定义域调用的范例。

➢ 源代码清单（10-19 函数的定义与调用.html）：

```
<html xmlns="http://www.w3.org/1999/xhtml">
<head>
<meta http-equiv="Content-Type" content="text/html; charset=utf-8" />
<title>函数的定义与调用</title>
<script language=JavaScript>
    function add(){
            sum = 1 + 1;
```

```
            document.write(sum);
        }
</script>
</head>
<body>
<form action="#" method="get">
<input type="submit" name="button" id="button" value="点击我" onclick="add()"/>
</form>
</body>
</html>
```

通过 button 按钮的鼠标单击事件 onclick 调用 add()函数。

➢ 运行效果如图 10-16 所示。

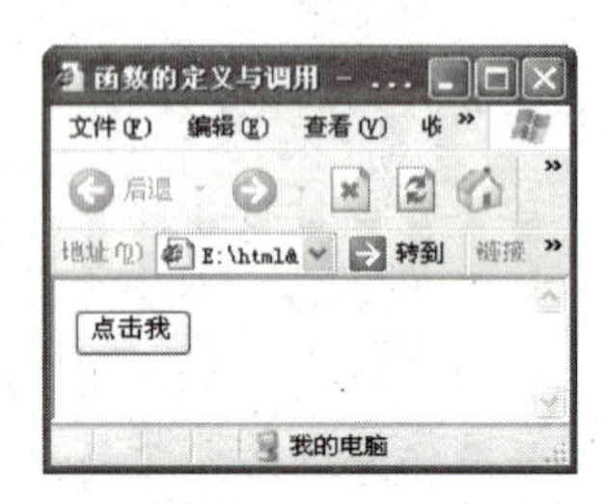

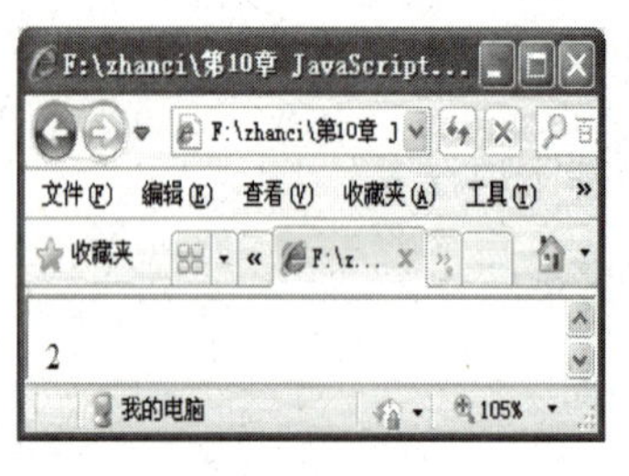

图 10-16　函数的定义与调用效果图

➢ 源代码解释：

首先在<script>标签中定义了一个函数 add()，然后在按钮的单击事件中调用这个函数，函数运行的结果是显示出 1+1 的和。

3. 带参数的函数

上述 add()函数不能实现任意指定两数相加。其实，函数的定义可以是下面的格式：

```
function　函数名（参数 1，参数 2，…，参数 n）
{
   语句块;
}
```

按照这个格式，前面的函数 add()可以改写成：

```
function add2(x,y){
  sum = x + y;
  document.write (sum);
}
```

x 和 y 则是 add()函数的两个参数，调用函数的时候，就可以通过这两个参数把两个加数传递给函数了。例如，add2(3,4)会求 3+4 的和，add2(56,65)则会求出 56 与 65 的和。

“再等等！这函数没有用啊，这里只是把结果显示出来，我想对结果做些处理怎么办啊？”

4. 带返回值的函数

把 document.write (sum);一行改成下面的代码：

```
return sum;
```

return 后面的值叫做返回值。使用下面的语句调用函数就可以将这个返回值存储在变量中了。

```
result = add2(3,4);
```

该语句执行后，result 变量中的值为 7。值得说明的是，在函数中，参数和返回值都是数字，其实它们也可以是字符串等其他类型。

10.4　典型应用项目范例：在网页上实现日期验证

网页中经常会有些输入框是要求输入日期格式的，如果输入的不是日期格式就需要提示用户重新输入，请实现如图 10-17 所示的日期格式验证功能。

1. 日期验证要求

支持 YYYY-MM-DD 或者 YYYYMMDD 形式的日期输入。如果不匹配要求的格式则必须有友好的信息提示。

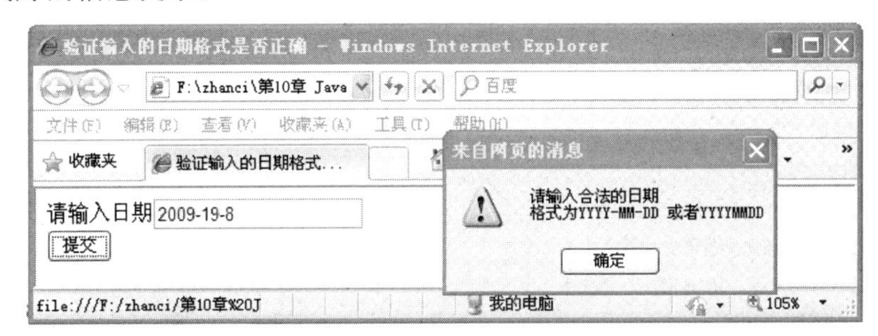

图 10-17　日期格式验证效果图

2. 基于目标的设计分析

对用户输入的日期，首先判断输入的位数是否在 8～10 之间，然后将输入的内容中的‘-’符号替换成为‘1’，对替换后的内容做判断看是否全部为数字，如果输入的内容中包含‘-’，则判断最后一次出现‘-’和第一次出现‘-’的位置之差是否为不大于 3，因为两者之间是月份，而月份有可能输入一位或两位，所以两者之间的最大差值是 3，然后分别从输入的字符串中获取年月日，再判断年份是否为闰年来判断每个月的最后一天，看看输入的天数是否超过了每个月的最后一天，从而判断输入的是否为日期。对于单独的功能内容，可以通过定义函数来实现，然后通过函数间的调用实现完整的功能。

3. 实例功能编写

➢ 源代码清单（10-3 验证输入的日期格式是否正确.html）：

新建一个页面，在页面的表单中添加一个文本框，在该文本框中输入日期，在其 onblur 事件中调用日期格式判断方法。

```
< <html xmlns="http://www.w3.org/1999/xhtml">
<head>
<meta http-equiv="Content-Type" content="text/html; charset=utf-8" />
```

```
<title>验证输入的日期格式是否正确</title>
</head>
<script type="text/JavaScript">
//判断输入的内容是否为日期格式
function checkDateFormate(Field) {
    var inputDateValue = Field.value;
    var desc = Field.description;
    if(inputDateValue == null || inputDateValue == '') {
        return false;
    }
    //获取输入字符串的长度
    var inputValueLength = inputDateValue.length;
    //如果满足下面判断的所有条件才算合法的日期，否则不合法
    if(checkNumeric(inputDateValue) && checkLegth(inputValueLength) && check
SpecialChar(inputDateValue) ) {
        alert("您输入了合法的日期！");
        return true;
    }else {
        alert("请输入合法的日期\n 格式为 YYYY-MM-DD 或者 YYYYMMDD");
        Field.focus();
        return false;
    }
}

//日期只能是 8～10 位
function checkLegth(length) {
    if(length < 8 || length > 10) {
        return false;
    }
    return true;
}

//如果输入的内容中包含‘-’，则按照‘-’分割来取年、月、日，否则直接按照位数取
function checkSpecialChar(inputDateValue) {
    var index = inputDateValue.indexOf('-');
    var year = 0;
    var month = 0;
    var day = 0;
    if(index > -1) {
        var lastIndex = inputDateValue.lastIndexOf('-');
        //只能是 YYYY-M-DD 或者 YYYY-MM-DD 的形式
        if(lastIndex - index < 1 || lastIndex - index > 3) {
            return false;
        }
        var arrDate = inputDateValue.split('-');
            year = arrDate[0];
            month = arrDate[1];
            day = arrDate[2];
        } else {
            year = inputDateValue.substring(0,4);
            month = inputDateValue.substring(4,6);
```

```
            day = inputDateValue.substring(6,8);
        }
        if(Number(month) > 12 || Number(day) > 31 ||Number(month)<1
                                        || Number(day)<1 ||    year.length != 4) {
            return false;
    } else    if(day > getLastDayOfMonth(Number(year),Number(month))) {
            return false;
    }
    return true;
}

//判断输入的内容将 '-' 替换成为数字 1 后，是否全部为数字
function checkNumeric(inputDateValue) {
    var replacedValue = inputDateValue.replace(/-/g,'1');
    return isNumeric(replacedValue);
}

//判断是否为数字
function isNumeric(strValue)
{
  var result = regExpTest(strValue,/\d*[.]?\d*/g);
  return result;
}

function regExpTest(source,re)
{
  var result = false;
  if(source==null || source=="")
    return false;
  if(source==re.exec(source))
    result = true;
  return result;
}
//获得一个月中的最后一天
function getLastDayOfMonth(year,month)
{
    var days=0;
    switch(month){
    case 1: case 3: case 5: case 7: case 8: case 10: case 12: days=31;break;
    case 4: case 6: case 9: case 11: days=30;break;
    case 2: if(isLeapYear(year)) days=29;else days=28;break;
    }
    return days;
}

//判断是否为闰年
function isLeapYear(year){
    if((year %4==0 && year %100!=0) || (year %400==0))
 return true;
    else
return false;
```

```
    }
    </script>
    <body>
    <form name=fm >
        请输入日期<input type="text" name="StartStatDate" onblur="checkDateFormate
(this);"/><br />
        <input name="submit" type="submit" value="提交"/>
    </form>
    </body>
    </html>
```

➢ 源代码解释：

源代码中，首先将单独的小功能用单个的函数进行了定义，例如，判断是否是闰年的 isLeapYear()、获取一个月的天数 getLastDayOfMonth()、判断是否是数字 isNumeric()、检查字符串长度函数 checkLegth()等。

在函数 checkDateFormate()中，var inputDateValue = Field.value;获取用户输入的日期，然后进行数据有效性检验，最后将检验的结果反馈给客户。

10.5 内置对象

所有编程语言都具有由内部（或内置的）对象来创建语言的基本功能。内部对象是您编写自定义代码所用语言的基础，该代码基于您的想象实现自定义功能。JavaScript 有许多将其定义为语言的内部对象。在前面章节中介绍函数时已介绍了对象 Math、Date、String 和 Boolean，本节主要介绍浏览器内置对象的使用，介绍它们有哪些功能及如何使用这些功能，文档对象（document）是浏览器窗口对象（window）的一个主要部分，如图 10-18 所示，它包含了网页显示的各个元素对象。

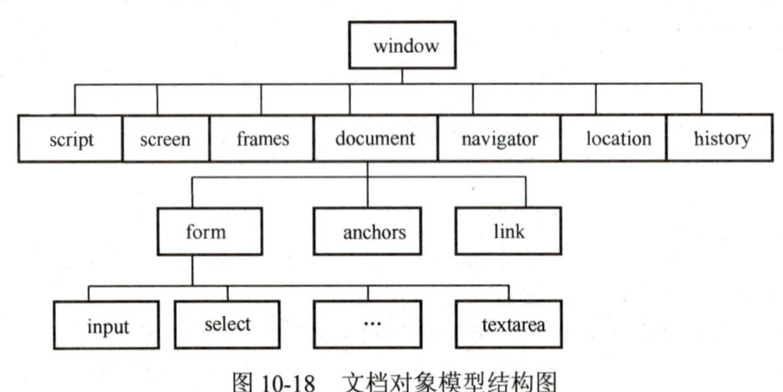

图 10-18　文档对象模型结构图

10.5.1　浏览器信息对象（navigator）

navigator 对象包含有关访问者浏览器的信息，不同浏览器的 navigator 属性差异很大，所有的浏览器都有几个通用的属性，如表 10-4 所示。

表 10-4 navigator 对象通用属性表

属 性	描 述
appCodeName	返回浏览器的代码名
appName	返回浏览器的名称
appVersion	返回浏览器的平台和版本信息
cookieEnabled	返回指明浏览器中是否启用 Cookie 的布尔值
platform	返回运行浏览器的操作系统平台
userAgent	返回由客户机发送服务器的 user-agent 头部的值
systemLanguage	IE 浏览器中使用返回操作系统的默认语言，Firefox 中用 Language

➢ 程序源代码：

```
<html>
<body>
<script type="text/JavaScript">
  document.write("浏览器代码是："+ navigator.appCodeName + "<br/>")
  document.write("浏览器名称是："+ navigator.appName + "<br/>")
  document.write("浏览器版本是："+ navigator.appVersion + "<br/>")
  document.write("浏览器支持 Cookie："+ navigator.cookieEnabled + "<br/>")
  document.write("操作系统默认语言是："+ navigator. systemLanguage + "<br/>")
  document.write("操作系统默认语言是："+ navigator. Language + "<br/>")
  document.write("操作系统是："+ navigator.platform + "<br/>")
</script>
</body>
</html>
```

➢ 运行效果如图 10-19 所示。

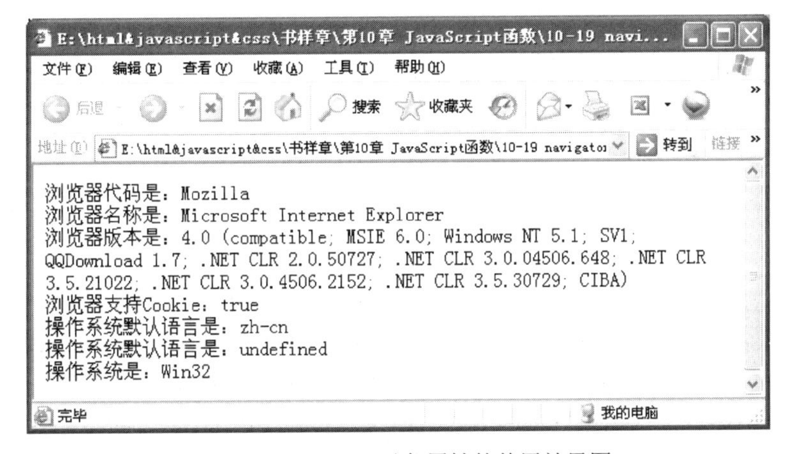

图 10-19 navigtor 对象属性的使用效果图

➢ 源代码解释：

示例是在 IE 浏览器中打开并运行的，所以支持 IE 浏览器的属性 navigator. systemLanguage 能返回操作系统默认语言，而 navigator. Language 属性却不能，而在 Firefox 浏览器中结果却相反，总之，不同浏览器属性差异很大，可以使用 if 语句对

navigator.appName 取得的名称和 navigator.appVersion 取得的版本进行判断。

10.5.2 窗口对象（window）

窗口对象包括许多使用的属性、方法和事件驱动程序，编程人员可以利用这些属性控制浏览器窗口显示的各个属性，如对话框、框架等，如表 10-5 所示 window 对象属性列表。窗口对象包含的常用方法有很多，如表 10-6 所示，其中 alert、confirm 和 prompt 已在第 8 章的 8.6 节消息对话框中详细介绍过，本节主要介绍 open 方法，在使用这些方法时，窗口对象可以省略，即可直接调用函数名。

1. window 对象属性

属性是用来描述对象特征的，编程人员可以通过设置修改 window 对象属性值来设置窗口特征，window 对象各属性如表 10-5 所示。

表 10-5 window 对象属性列表

属　性	描　述
closed	返回窗口是否已被关闭
defaultStatus	设置或返回窗口状态栏中的默认文本
document	对 document 对象的只读引用。请参阅 document 对象
history	对 history 对象的只读引用。请参阅 history 对象
length	设置或返回窗口中的框架数量
location	用于窗口或框架的 location 对象
name	设置或返回窗口的名称
navigator	对 navigator 对象的只读引用。请参阅 navigator 对象
opener	返回对创建此窗口的引用
parent	返回父窗口
screen	对 screen 对象的只读引用。请参阅 screen 对象
self	返回对当前窗口的引用。等价于 window 属性
status	设置窗口状态栏的文本
top	返回顶层的先辈窗口
window	window 属性等价于 self 属性，它包含了对窗口自身的引用
screenLeft screenTop screenX screenY	只读整数。声明了窗口的左上角在屏幕上的 x 坐标和 y 坐标。IE、Safari 和 Opera 支持 screenLeft 和 screenTop，而 Firefox 和 Safari 则支持 screenX 和 screenY

2. window 对象方法

方法也称为函数，window 对象的方法有很多，window 对象表示一个浏览器窗口或一个框架。在客户端 JavaScript 中，window 对象是全局对象，所有的表达式都在当前的环境中计算。也就是说，要引用当前窗口根本不需要特殊的语法就可以把那个窗口的属性作为全局变量来使用。例如，可以只写 document，而不必写 window.document。详细如表 10-6 所示。

表 10-6 window 对象方法列表

方 法	描 述
alert()	显示带有一段消息和一个确认按钮的警告框
blur()	把键盘焦点从顶层窗口移开
clearInterval()	取消由 setInterval()方法设置的 timeout
clearTimeout()	取消由 setTimeout() 方法设置的 timeout
close()	关闭浏览器窗口
confirm()	显示带有一段消息及确认按钮和取消按钮的对话框
createPopup()	创建一个 pop-up 窗口，只在 IE 中有效
focus()	把键盘焦点给予一个窗口
moveBy()	可相对窗口的当前坐标移动指定的像素
moveTo()	把窗口的左上角移动到一个指定的坐标
open()	打开一个新的浏览器窗口或查找一个已命名的窗口
print()	打印当前窗口的内容
prompt()	显示可提示用户输入的对话框
resizeBy()	按照指定的像素调整窗口的大小
resizeTo()	把窗口的大小调整到指定的宽度和高度
scrollBy()	按照指定的像素值来滚动内容
scrollTo()	把内容滚动到指定的坐标
setInterval()	按照指定的周期（以毫秒计）来调用函数或计算表达式
setTimeout()	在指定的毫秒数后调用函数或计算表达式

3. open()方法介绍与使用

使用 window.open()方法可打开浏览器窗口，window 对象表示的是浏览器窗口，open()方法表示新建一个窗口来打开并指定页面，如打开新浪网窗口可使用以下语句。

window.open("http://www.csmzxy.com")或者 open("http://www.csmzxy.com")。

以上语法是最简单的窗口打开方式，其实 open()对新建窗口的打开样式是多种多样的，用户可以根据需要利用 open()函数中的参数属性设置进行控制，如可以设置窗口大小，是否显示菜单栏、滚动条、地址栏、状态栏，显示后的窗口是否可以改变大小等。语法如下：

```
window.open("要打开的窗口 url","打开后的窗口名", "属性设置 1=value1,属性设置2=value2,…")。
```

其中，第一个参数为要打开的窗口的地址与页面名称，可以使用绝对地址，也可以使用相对地址。第二个参数是打开的新窗口的名称。第三个参数是相关控制窗口特征属性设置，详细说明如表 10-7 所示。

表 10-7　窗口特征属性说明

属性名与值	说　　明
channelmode=yes|no|1|0	是否使用剧院模式显示窗口。默认为 no
directories=yes|no|1|0	是否添加目录按钮。默认为 yes
fullscreen=yes|no|1|0	是否使用全屏模式显示浏览器。默认为 no。处于全屏模式的窗口必须同时处于剧院模式
height=pixels	窗口文档显示区的高度。以像素计
left=pixels	窗口的 x 坐标。以像素计
location=yes|no|1|0	是否显示地址字段。默认为 yes
menubar=yes|no|1|0	是否显示菜单栏。默认为 yes
resizable=yes|no|1|0	窗口是否可调节尺寸。默认为 yes
scrollbars=yes|no|1|0	是否显示滚动条。默认为 yes
status=yes|no|1|0	是否添加状态栏。默认为 es
titlebar=yes|no|1|0	是否显示标题栏。默认为 yes
toolbar=yes|no|1|0	是否显示浏览器的工具栏。默认为 yes
top=pixels	窗口的 y 坐标
width=pixels	窗口的文档显示区的宽度。以像素计

➢ 程序源代码：

```
<html>
   <body>
      <script type="text/JavaScript">
         open("http://www.sina.com.cn","新浪网","height=100,width=400, top=0, left=0,
toolbar= no, menubar=no,scrollbars=no,resizable=no,location=no,status=no");
      </script>
   </body>
</html>
```

➢ 运行效果如图 10-20 所示。

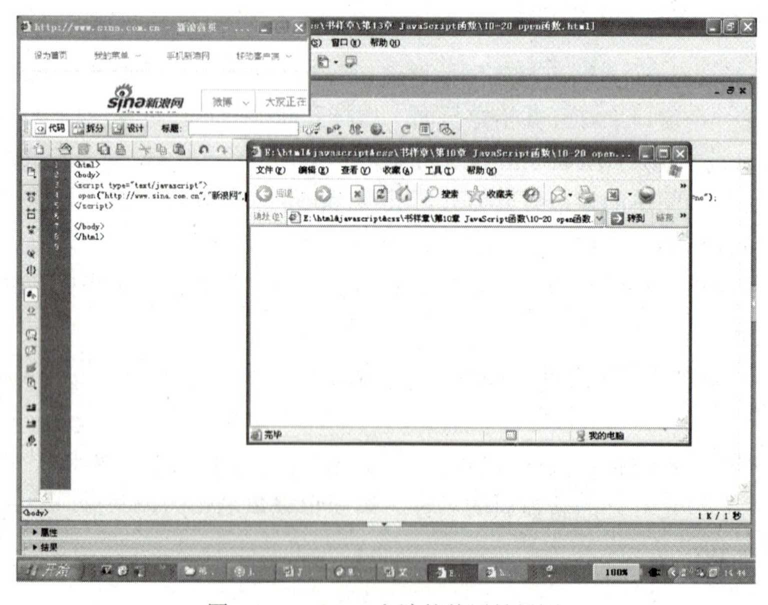

图 10-20　open()方法的使用效果图

➢ 源代码解释：

示例中使用 open 函数打开了新浪网，并且设置了窗口的特征为高 100 像素，宽 400 像素，打开时在显示屏的最左边和顶端位置，其他属性都不显示，关于其他属性的设置，您可以修改源程序，设置不同的值，查看效果。

10.5.3 屏幕对象（screen）

screen 对象包含有关客户端显示屏幕的信息，每个 window 对象的 screen 属性都引用一个 screen 对象。screen 对象中存放着有关显示浏览器屏幕的信息。JavaScript 程序将利用这些信息来优化它们的输出，以达到用户的显示要求。例如，一个程序可以根据显示器的尺寸选择使用大图像还是使用小图像，它还可以根据显示器的颜色深度选择使用 16 位色还是使用 8 位色的图形。另外，JavaScript 程序还能根据有关屏幕尺寸的信息将新的浏览器窗口定位在屏幕中间。screen 对象常用属性如表 10-8 所示。属性使用语法为：

```
screen.width; //返回显示器屏幕的宽度
```

表 10-8 screen 对象常用属性

属性	描述（单位为像素）
availHeight	返回显示屏幕的高度（除 Windows 任务栏之外）
availWidth	返回显示屏幕的宽度（除 Windows 任务栏之外）
colorDepth	返回目标设备或缓冲器上的调色板的比特深度
height	返回显示屏幕的高度
width	返回显示器屏幕的宽度

10.5.4 历史记录对象（history）

history 对象包含用户（在浏览器窗口中）访问过的 URL。history 对象是 window 对象的一部分，可通过 window.history 属性对其进行访问。history 对象的最初设计表示窗口的浏览历史。但出于隐私方面的原因，history 对象不再允许脚本访问已经访问过的实际 URL。唯一保持使用的功能只有 back()、forward() 和 go() 方法。详细如表 10-9 所示。方法调用语法为：

```
history.go(1);//页面前进，1 改为-1 是页面后退
```

表 10-9 history 对象方法表

方　法	描　述
back()	加载 history 列表中的前一个 URL
forward()	加载 history 列表中的下一个 URL
go()	加载 history 列表中的某个具体页面

10.5.5 文档对象（document）

每个载入浏览器的 HTML 文档都会成为 document 对象，document 对象使我们可以

从脚本中对 HTML 页面中的所有元素进行访问，document 对象是 window 对象的一部分，可通过 window.document 属性对其进行访问，document 对象包含很多方法和属性以用来操作 HTML 页面中的元素，详细如表 10-10 和表 10-11 所示。

表 10-10　document 对象方法列表

方　法	描　述
close()	关闭用 document.open() 方法打开的输出流，并显示选定的数据
getElementById()	返回对拥有指定 id 的第一个对象的引用
getElementsByName()	返回带有指定名称的对象集合
getElementsByTagName()	返回带有指定标签名的对象集合
open()	打开一个流，以收集来自任何 document.write() 或 document.writeln() 方法的输出
write()	向文档写 HTML 表达式 或 JavaScript 代码
writeln()	等同于 write() 方法，不同的是在每个表达式之后写一个换行符

表 10-11　document 对象属性列表

属　性	描　述
body	提供对 <body> 元素的直接访问 对于定义了框架集的文档，该属性引用最外层的 <frameset>
cookie	设置或返回与当前文档有关的所有 cookie
domain	返回当前文档的域名
lastModified	返回文档被最后修改的日期和时间
referrer	返回载入当前文档的 URL
title	返回当前文档的标题
URL	返回当前文档的 URL

10.6 JavaScript 操作页面中标签元素与属性

使用 document 对象的方法可以得到页面中所有标签对象的引用，进而读写操作标签对象属性。

10.6.1 页面标签对象的引用

（1）getElementById()方法。

返回对拥有指定 ID 的第一个标签对象的引用，在操作文档的一个特定的元素时，最好给该元素一个 ID 属性，为它指定一个（在文档中）唯一的名称，然后就可以用该 ID 查找想要的元素了。

➢ 程序源代码：

```
<html>
  <head>
  <script type="text/JavaScript">
```

```
        function getValue()
        {
            var x=document.getElementById("txt1")
            alert(x.value)
        }
    </script>
  </head>
<body>
    <input type="text" id="txt1" value="helloworld"/>
    <input type="button" id=btn1 onClick="getValue()" value="点击按钮利用 js 获得文本
框中的值"/>
  </body>
</html>
```

➢ 运行效果如图 10-21 所示。

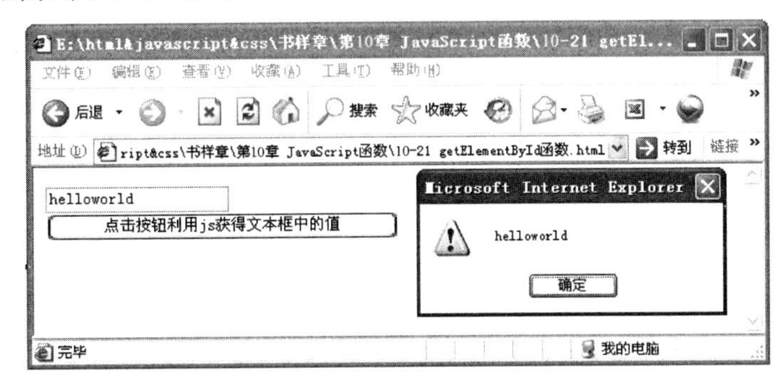

图 10-21　getElementById()方法的使用效果图

➢ 源代码解释：

示例中先有一个 id 为 txt1 值为 helloworld 的文本框标签元素控件和一个 id 为 btn1 的按钮控件，其 onClick 事件指定为 getValue()函数，程序运行后，单击按钮，程序执行 JavaScript 的 getValue()函数中代码，而 getValue()函数中通过 getElementById()函数获得了 id 为 txt1 的控件，并通过 alert()函数把获得的控件的 value（value 为控件的值属性）值以消息框的形式显示出来。

（2）getElementByName()方法。

返回带有指定名称的对象的集合，该方法与 getElementById() 方法相似，但是它查询元素的 name 属性，而不是 id 属性。另外，因为一个文档中的 name 属性可能不唯一（如 HTML 表单中的单选按钮通常具有相同的 name 属性），所有 getElementsByName() 方法返回的是元素的数组，而不是一个元素，可用循环控制语句和数组加下标访问其中的标签对象。

➢ 程序源代码：

```
<html>
  <head>
    <script type="text/JavaScript">
      function getElements(){
         var x=document.getElementsByName("myInput");
         var ele="";
          for(var i=0;i<x.length; i++){
```

```
                ele +=x[i].value +";";
            }
        alert("所有控件元素的值为： " + ele +"          控件元素的个数为： "+x.length);
        }
    </script>
  </head>
  <body>
      <input name="myInput" type="text" size="20" /><br />
      <input name="myInput" type="text" size="20" /><br />
      <input name="myInput" type="text" size="20" /><br />
      <br />
    <input type="button" onclick="getElements()" value="名为 'myInput' 的元素有多少
个？ " />
  </body>
  </html>
```

➢ 运行效果如图 10-22 所示。

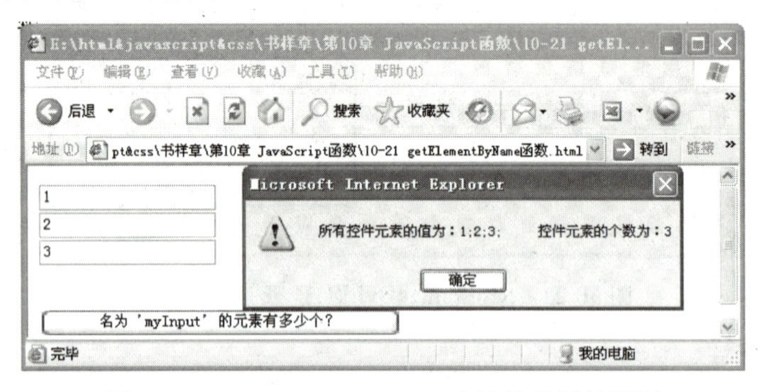

图 10-22　getElementByName()方法的使用效果图

➢ 源代码解释：

示例中先有三个 name 为 myInput 的文本框标签元素控件和一个 id 为 btn1 的按钮控件，其 onClick 事件指定为 getElements()函数，程序运行后，在三个文本框中分别输入 1、2、3。单击按钮后程序执行 JavaScript 的 getElements()函数中代码，而 getValue()函数中通过 getElementByName()函数获得了 name 为 myInput 的控件集合，并通过一个 for 循环语句取得所有控件，并取得每个控件的 value 属性的值累加到变量 ele 中，最后通过 alert()函数把 ele 变量中的值和获得的控件集合的 length（length 为集合中元素的个数）值以消息框的形式显示出来。

（3）getElementByTagName()方法。

返回带有指定标签名的对象的集合，集合中控件顺序是它们在文档中的顺序，如果把特殊字符串 "*" 传递给 getElementsByTagName() 方法，它将返回文档中所有元素的列表。

➢ 程序源代码：

```
<html>
  <head>
    <script type="text/JavaScript">
      function getElements(){
```

```
        var x=document. getElementsByTagName ("input");
        var ele="";
         for(var i=0;i<x.length; i++){
                ele +=x[i].value +";";
           }

         alert("所有控件元素的值为: " + ele +"        控件元素的个数为: "+x.length);
        }
    </script>
  </head>
<body>
    <input name="myInput" type="text" size="20" /><br />
    <input name="myInput" type="text" size="20" /><br />
    <input name="myInput" type="text" size="20" /><br />
    <br />
   <input type="button" onclick="getElements()" value="单击看效果" />
</body>
</html>
```

➢ 运行效果如图 10-23 所示。

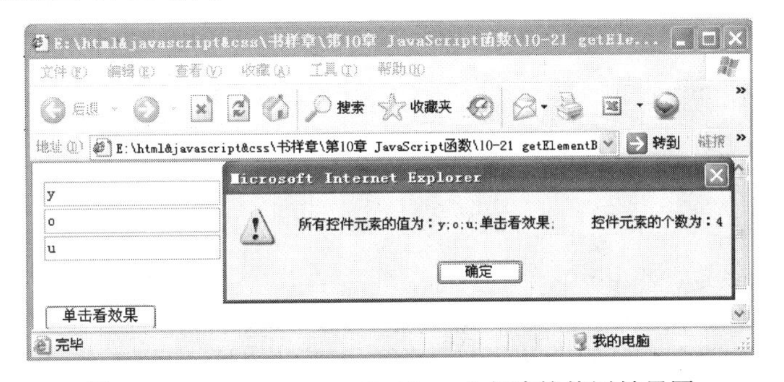

图 10-23　getElementByTagName()方法的使用效果图

➢ 源代码解释：

示例中把 document.getElementsByName("myInput ")换成了 getElementsByTagName ("input");此时因为文档中有 4 个 input 控件，所以结果中得到了 4 个控件，所以结果中也把按钮控件中的 value 值输出了。

10.6.2　HTML 文档中控件对象的属性

（1）读对象的属性。

主要有以下两种格式：

➢ HTML 对象.属性名。如 document.getElementsById("txt1").value; 表示获得 id 为 txt1 的控件 value 属性的值。
➢ HTML 对象.getAttribute(属性名)。如 document.getElementsById("txt1"). getAttribute (value); 表示获得 id 为 txt1 的控件 value 属性的值。

（2）写对象的属性。

主要有以下两种格式：

➢ HTML 对象.属性名="新属性值"，如 document.getElementsById("txt1").value="hi";

表示获得 id 为 txt1 的控件后为其 value 属性的赋值为 hi。

- HTML 对象.setAttribute(属性名,属性值)：如 document.getElementsById("txt1").setAttribute （"value","hi"）;表示获得 id 为 txt1 的控件后为其 value 属性的赋值为 hi。

10.6.3 表单及其控件的访问

（1）表单的访问。

表单的访问有如下两种方式：

- document.forms[下标索引]。因为在 HTML 文档中可以有多个 form，按文档顺序，第一个 form 的下标索引为 0，第 n 个下标为 n-1。后面可通过加“.”后接表单的属性或方法，如果不接表示获得指定表单中的所有控件。

```
var forms= document.forms[0];//表示获得表单中的所有控件，结果为一集合
var formname= document.forms[0].name;//表示获得表单的名称
```

- document.表单名称。在 HTML 文档中可以有多个 form，可以用名字或 id 来区别。

（2）表单内控件的访问。

表单内控件的访问为通过其 elements 集合可返回包含表单中所有元素的数组。语法为：


```
表单对象.elements[下标]
```

- 程序源代码：

```
<html>
<body>
    <form name="myForm">
        Firstname: <input id="fname" type="text" value="Mickey" />
        Lastname: <input id="lname" type="text" value="Mouse" />
                  <input id="sub" type="button" value="Submit" />
    </form>
  <p>Get the value of all the elements in the form:<br />
  <script type="text/JavaScript">
      //表示获得表单中的所有控件，结果为一集合，可用 document.myForm 替换
var x=document.forms[0];
      // var x=document.myForm;
      for (var i=0;i<x.length;i++)//循环所有控件
      {
         var ele=x.elements[i];//取出第 i 个控件元素
         var val=ele.value;//取得控件的 value 属性的值
        document.write(val);//在文档中输出值
        document.write("<br />");
        document.write(x.elements[i].type);
        document.write("<br />");
      }
  </script>
  </p>
</body>
</html>
```

➤ 运行效果如图 10-24 所示。

Firstname: Mickey Lastname: Mouse Submit

Get the value of all the elements in the form:
Mickey
text
Mouse
text
Submit
button

图 10-24 表单及其控件的使用效果图

10.7 典型应用项目范例：弹出“用户登记”新窗口

1. 程序设计要求

某门户网站需要在一个信息浏览页面窗口中单击“注册”按钮时弹出一个新窗口用于提交用户登记信息，并且原窗口不关闭。

2. 门户网站弹出新窗口目标效果图如图 10-25 所示

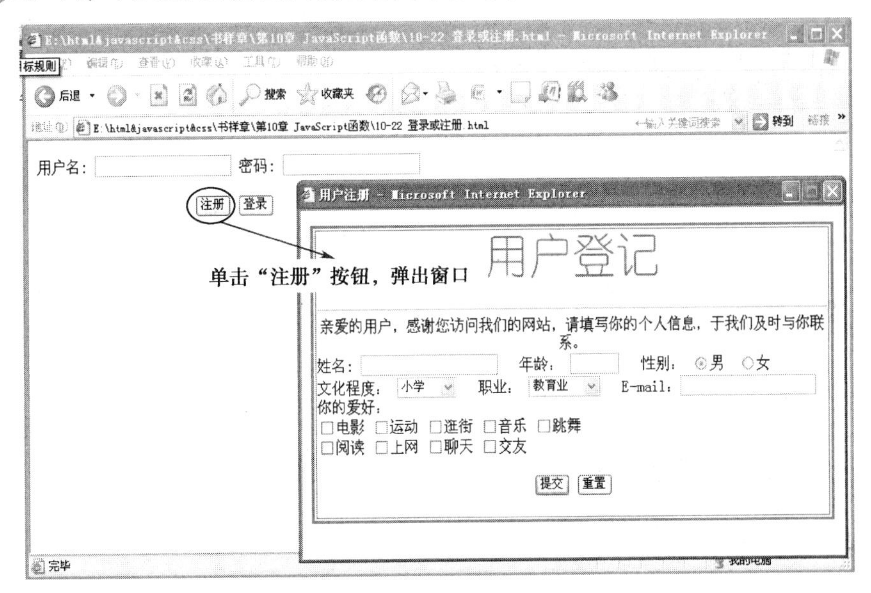

图 10-25 弹出“用户登记”新窗口效果

3. 基于目标效果图的设计分析

目标效果图中显示源窗口是一个用户登录页面中，单击“注册”按钮时弹出一个用于用户信息登记的新窗口。

4. 设计步骤

（1）利用 Dreamweaver 新建名为“10-22 登录或注册.html”的文件，在文件中添加两个文本框和两个按钮。

➢ 源代码清单（10-22 登录或注册.html）：

```
<html >
<head>
</head>
<body>
<form name="myForm">
        用户名: <input id="fname"   type="text"   />
        密码:   <input id="lname"   type="text"   />
         <br />
        <input id="btnRegister" type="button" value="注册" />
          <input id="sub" type="button" value="登录" />
   </form>
</body>
</html>
```


➢ 源代码解释：

文本框按钮控件的定义区别为文本框是 type=text，按钮是 type= button，其他格式一样。

➢ 目标效果如图 10-26 所示

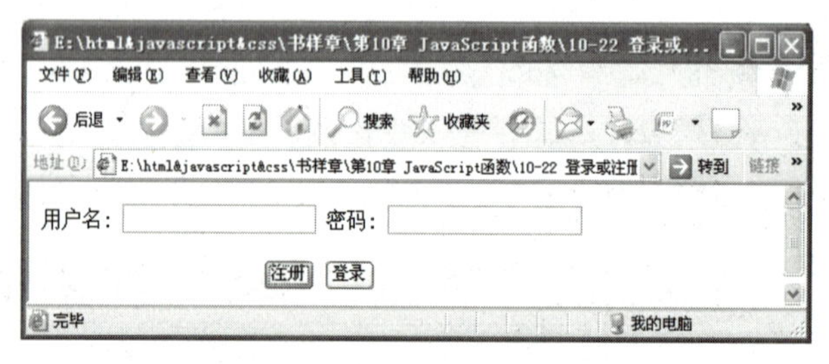

图 10-26 登录或注册页面效果图

（2）在“注册”按钮上添加客户端单击事件，用于执行名字为openWindow()的js函数，并在html页面中加入JavaScript代码，书写名为openWindow()的函数，实现弹出窗口。

➢ 源代码清单：

```
<html>
<head>
<script>
    function openWindow() {
        window.open(' 10-23 注册.htm', 'newwindow', 'height=350,width=600');
    }
</script>
</head>
…
<input id="btnRegister" type="button" value="注册" onclick="openWindow()" />
</html>
```

➢ 源代码解释：

onclick 为“注册”按钮控件的单击事件属性，设置其值为“openWindow()”，表示当单击“注册”按钮时，事件触发，去执行名为“openWindow()”的 JavaScript 函数，在函数中利用 window 对象的 open 函数实现打开名为“10-23 注册.htm”的新窗口，并且新窗口的宽为 600 像素，高为 350 像素。

➢ 目标效果如图 10-25 所示。

10.8 综合练习

1. 使用 JavaScript 编写函数 showPrime(startValue,endValue)，显示由 startValue 值开始，到 endValue 值结束的所有的素数，要求每 5 个显示一行，并使用 1 至 100 进行测试。

2. 使用 JavaScript 编写函数 min(x,y)，求出 x，y 两个数中的最小值，要求 x，y 的值由用户通过提示对话框输入。

第11章 JavaScript事件触发与响应处理

基本介绍

当Web页面中发生了某些类型的交互时，事件就发生了。事件可能是用户在某些内容上的单击、鼠标经过某个特定元素或者按下键盘上的某些按键，还可能是Web浏览器中发生的事情（如页面加载完成）或者是用户滚动窗口或改变窗口大小等。通过本章的学习我们要掌握JavaScript常用事件及处理。

需求与应用

JavaScript语言是基于对象和事件驱动的编程语言，在页面中执行的某种操作所产生的动作都为事件，事件驱动是编写可交互的客户端程序所必须掌握的基础知识。

学习目标

- 了解JavaScript的事件处理机制。
- 了解JavaScript的事件分类。
- 掌握常用的事件和事件处理。

11.1 事件触发与响应

用户可以通过多种方式与浏览器中的页面进行交互，而事件就是交互的桥梁。Web应用程序开发者通过JavaScript脚本内置的事件或自定义的事件来响应用户的动作，就可以开发出更有交互性和动态性的页面。

JavaScript事件可以分为下面几种不同的类别。最常用的类别是鼠标交互事件，然后是键盘和表单事件。

（1）鼠标事件：分为两种，追踪鼠标当前位置的事件（mouseover、mouseout）；追踪鼠标单击事件（mouseup、mousedown、click）。

（2）键盘事件：负责追踪键盘的按键何时及在何种情况中被按下。与鼠标相似，三个事件用来追踪键盘：keyup，keydown，keypress。

（3）UI事件：用来追踪用户何时从页面的一部分转到另一部分。例如，使用它能知道用户何时开始在一个表单中输入。用来追踪这一点的两个事件是focus和blur。

（4）表单事件：直接与只发生于表单和表单输入元素上的交互相关。submit事件用来追踪表单何时提交；change事件监视用户向表单元素的输入；select事件当<select>元素被更新时触发。

（5）加载和错误事件：事件的最后一类是与页面本身有关的。如加载页面事件 load；离开页面事件 unload。另外，JavaScript 错误使用 error 事件追踪。

事件的产生和响应，都是由浏览器来完成的，而不是由 HTML 或 JavaScript 来完成的。使用 HTML 代码可以设置哪些元素响应什么事件，使用 JavaScript 可以告诉浏览器怎么处理这些事件。然而，不同的浏览器所响应的事件有所不同，相同的浏览器在不同版本中所响应的事件也会有所不同。

11.2 常用事件程序编写

前面介绍了事件的大致分类，下面通过实例具体剖析常用的事件，它们是怎样工作的，在不同的浏览器中有着怎样的差别，怎样使用这些事件制作各种交互特效的网页。

11.2.1 click 事件

click 单击事件是常用的事件之一，此事件是在一个对象上按下然后释放一个鼠标按键时发生，它也会发生在一个控件的值改变时。这里的单击是指完成按下鼠标键并释放这一个完整的过程后产生的事件。

使用单击事件的语法格式如下：

```
onClick=函数或处理语句
```

➢ 源代码清单（11-1 click 事件.html）：

```
<html xmlns="http://www.w3.org/1999/xhtml">
<head>
<meta http-equiv="Content-Type" content="text/html; charset=utf-8" />
<title>click 事件</title>
</head>
<body>
  <input type="submit" name="Submit" value="打印本页"
   onClick="JavaScript:window.print()">
</body>
</html>
```

➢ 运行效果如图 11-1 所示。

图 11-1　click 事件运行效果

➢ 源代码解释：

本段代码运用click事件，当用鼠标单击按钮时实现打印效果。代码运行效果如图11-1所示。支持该事件的JavaScript对象有button、document、checkbox、link、radio、reset、submit。

11.2.2 change 事件

改变（change）事件通常在文本框或下拉列表中被激发。在下拉列表中只要修改了可选项，就会激发change事件；在文本框中，只有修改了文本框中的文字并在文本框失去了焦点时才会被激发。

使用change事件的语法格式如下：

```
onchange=函数或处理语句
```

➢ 源代码清单（11-2 change 事件.html）：

```
<html xmlns="http://www.w3.org/1999/xhtml">
<head>
<meta http-equiv="Content-Type" content="text/html; charset=utf-8" />
<title>change 事件</title>
</head>
<body>
<form name="searchForm">
    <input name="Test" type="text" size="20" onchange=alert("输入搜索内容")>
     <br />
     <input name="search" type="button" value="搜索" />
</form>
</body>
</html>
```

图 11-2 change 事件运行效果

➢ 运行效果如图11-2所示。

➢ 源代码解释：

当在文本框中输入值，并单击“搜索”按钮时将得到如图 11-2 所示效果。本段代码在一个文本框中使用了onchange=alert("输入搜索内容")来显示表单内容变化引起change事件执行处理效果。这里的change结果是弹出提示信息框。

11.2.3 select 事件

select事件是指当文本框中的内容被选中时所发生的事件。语法格式如下：

```
onselect=函数或处理语句
```

➢ 源代码清单（11-3 选中文本框内容引发 select 事件.html）：

```
<html xmlns="http://www.w3.org/1999/xhtml">
<head>
<meta http-equiv="Content-Type" content="text/html; charset=utf-8" />
```

```
<title>选中文本框内容引发 select 事件</title>
</head>
<body>
<form>
<input name="Test" type="text" value="选中我会触发 select 事件" onselect="alert('我被选中了！')"/>
</form>
</body>
</html>
```

➤ 运行效果如图 11-3 所示。

图 11-3　select 事件运行效果

➤ 源代码解释：

当文本框中内容被选中的时候就会自动弹出提示信息框，运行效果如图 11-3 所示。

11.2.4　focus 事件

得到焦点（focus）是指将焦点放在了网页中的对象之上。focus 事件即得到焦点，通常是指选中了文本框等，并且可以在其中输入文字。

```
onfocus=函数或处理语句
```

➤ 源代码清单（11-4 focus 事件.html）：

```
<html xmlns="http://www.w3.org/1999/xhtml">
<head>
<meta http-equiv="Content-Type" content="text/html; charset=utf-8" />
<title>focus 事件</title>
</head>
<body>
<form name="form1" method="post" action="">
    <input type="radio" name="RadioGroup1" value="北京" onfocus="alert('选择北京！')">    北京    <br>
    <input type="radio" name="RadioGroup1" value="上海" onfocus="alert('选择上海！')">    上海    <br>
    <input type="radio" name="RadioGroup1" value="长沙" onfocus="alert('选择长沙！')">    长沙    <br>
    <input name="Test" type="text" value="光标快来" onfocus="alert('我获得了焦点！')"/>
</form>
</body>
```

```
</html>
```

➢ 运行效果如图 11-4 所示。

图 11-4 focus 事件运行效果

➢ 源代码解释：

当用鼠标单击单选项或将鼠标单击文本框时，将触发它的 focus 事件，就会自动弹出提示信息框，运行效果如图 11-4 所示。

11.2.5 load 事件

加载（load）事件与卸载（unload）事件是两个相反的事件，在 HTML 4.01 中，只规定了 body 元素和 frameset 元素拥有加载和卸载事件，但是大多数浏览器都支持 img 元素和 object 元素的加载事件。

以 body 元素为例，load 加载事件是指整个文档在浏览器窗口中加载完毕后所激发的事件。unload 卸载事件是指当前文档从浏览器窗口中卸载时所激发的事件，即关闭浏览器窗口或从当前网页跳转到其他网页时所激发的事件。load 事件语法格式如下：

```
onLoad=函数或处理语句
```

➢ 源代码清单（11-5 load 事件.html）：

```
<html xmlns="http://www.w3.org/1999/xhtml">
<head>
<meta http-equiv="Content-Type" content="text/html; charset=utf-8" />
<title>load 事件</title>
</head>
<script type="text/JavaScript">
<!--
function MM_popupMsg(msg) { //v1.0
  alert(msg);
}
//-->
</script>
</head>
<body onLoad="MM_popupMsg('欢迎访问！')" onunload="MM_popupMsg('欢迎再来！')" >
</body>
</html>
```

➢ 运行效果如图 11-5 和图 11-6 所示。

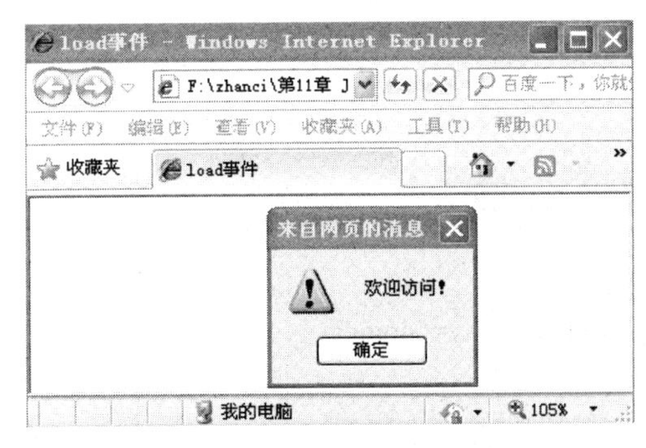

图 11-5　load 事件运行效果

图 11-6　unload 事件运行效果

➢ 源代码解释：

当浏览器显示本网页时，将触发它的 load 事件，就会自动弹出提示信息框“欢迎访问！”。当要关闭这个网页时，将触发它的 unload 事件，就会自动弹出提示信息框“欢迎再来！”。运行效果如图 11-5 和图 11-6 所示。

11.2.6　鼠标移动事件

鼠标移动事件包括 3 种，分别为 mouseover、mouseout 和 mousemove。其中 mouseover 是当鼠标移动到对象之上时所激发的事件，mouseout 是当鼠标从对象上移开时所激发的事件，mousemove 是鼠标在对象上移动时所激发的事件。基本语法格式如下：

```
onmouseover=函数或处理语句
onmouseout=函数或处理语句
onmousemove=函数或处理语句
```

➢ 源代码清单（11-6 鼠标移动事件.html）：

```
<html xmlns="http://www.w3.org/1999/xhtml">
<head>
<meta http-equiv="Content-Type" content="text/html; charset=utf-8" />
<title>鼠标移动事件</title>
<script type="text/JavaScript">
   var drag=false;
   var dis=false;
   function Event(x){
       var lf=document.getElementById("pos").style.posLeft;
      var tp=document.getElementById("pos").style.posTop;
       switch(x){
         case 1:
             drag=true;
         break;
         case 2:
             drag=false;
         break;
         case 3:
          if(drag){
             lf=event.clientX-50;
```

```
                tp=event.clientY-10;
               }
              break;
              case 4:
              dis=!dis;
              if(dis){
                 document.getElementById("intxt").style.display="block";
                 drag=false;
                 }else{
                 document.getElementById("intxt").style.display="none";
                 drag=false;
                 }
              break;
              case 5:
                document.getElementById("pos").style.backgroundColor="#fafafa";
              break;
              case 6:
                document.getElementById("pos").style.backgroundColor="#eee";
              break;
          }
          document.getElementById("pos").style.posLeft=lf;
          document.getElementById("pos").style.posTop=tp;
      }
    </script>
    <style type="text/CSS">
       *{margin:0px;
         padding:0px;}
       #all{height:600px;}
       #pos{width:140px;
             height:20px;
            background:#eee;
            border:1px solid #333;
            position:absolute;
            top:0px;
            left:0px;}
       #intxt{display:none;
                height:100px;
                margin-top:20px;
                border:1px dotted #333;
                font-size:12px;
                }
    </style>
    </head>
    <body>
    <div id="all"   onmousemove="Event(3);" onmouseup="Event(2);">
    <div id="pos" onmousedown="Event(1);" ondblclick="Event(4);" onmouseover="Event(5);"
onmouseout="Event(6);"   >
        <div id="intxt">
           <h4>标题</h4>
           <p>文本内容 PHP is a server-side scripting language, which can be embedded in
    HTML or used as a standalone binary.</p>
```

```
        </div>
    </div>
    </div>
    </body>
    </html>
```

➢ 运行效果如图 11-7 所示。

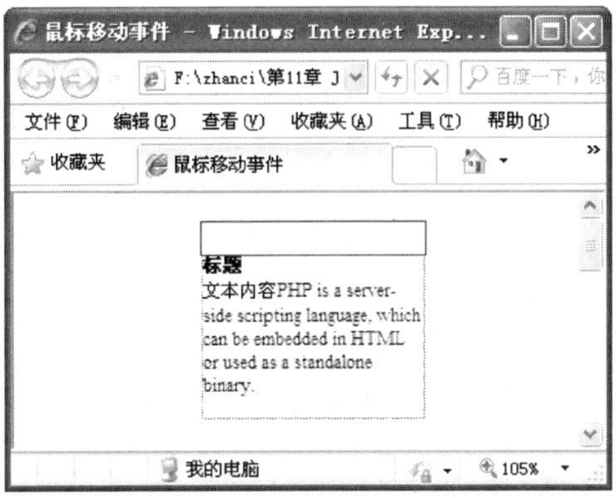

图 11-7　鼠标移动事件运行效果

➢ 源代码解释：

这个示例实现了鼠标随意拖动网页元素的功能。类似于 Windows 桌面对窗口的操作，不仅可以拖放 div 元素，还可以显示或隐藏其文本内容。

本例默认情况下显示一个灰色背景的 div 容器位于文档左上角，这个 div 容器中内含 1 个 id 名称为 intxt 的 div 容器，内部 div 在 CSS 中设置 display 属性为 none，即隐藏。当外部 div 触发 onmousedown 事件，将会打开一个开关（布尔值 drag 变量），这时只要鼠标移动，外部 div 将会跟随鼠标移动。当 div 触发 onmouseout 事件时，外部 div 将停止跟随，即达到了用户随意拖曳 div 容器的目的，运行效果如图 11-7 所示。

11.2.7　onblur 事件

失去焦点事件正好与获得焦点事件相对，失去焦点（blur）是指将焦点从当前对象中移开。当 text 对象、textarea 对象或 select 对象不再拥有焦点而退到后台时，将引发该事件。

基本语法格式如下：

```
onBlur=函数或处理语句
```

➢ 源代码清单（11-7 onblur 事件.html）：

```
<html xmlns="http://www.w3.org/1999/xhtml">
<head>
<meta http-equiv="Content-Type" content="text/html; charset=utf-8" />
<title>onblur 事件</title>
<script type="text/JavaScript">
<!--
function MM_popupMsg(msg) { //v1.0
  alert(msg);
}
//-->
```

```
</script>
</head>
<body>
<p>用户注册：</p>
<p>用户名:
  <input name="textfield" type="text" onBlur="MM_popupMsg('用户名文本域失去焦点！')" />
</p>
<p>密码:
  <input name="textfield2" type="text" onBlur="MM_popupMsg('密码文本域失去焦点！')" />
</p>
</html>
```

➢ 运行效果如图 11-8 所示。

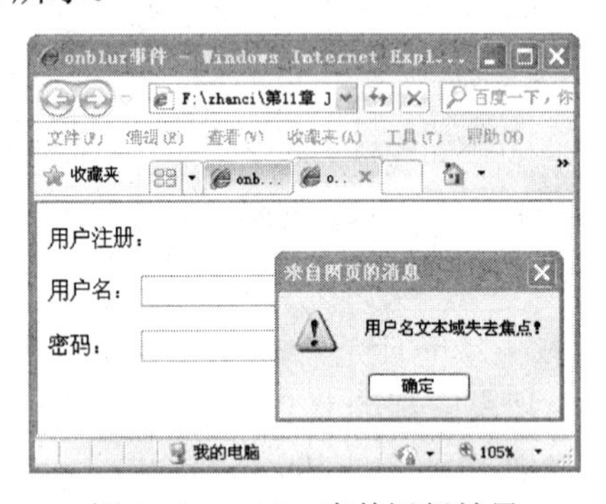

图 11-8　onblur 事件运行效果

➢ 源代码解释：

在代码中加粗部分代码应用了 onblur 事件，在浏览器中预览效果，将光标移动到任意一个文本框中，再将光标移动到其他的位置，就会触发 onblur 事件，执行函数 MM_popupMsg，弹出一个提示对话框，说明某个文本框失去焦点，运行效果如图 11-8 所示。

11.3　其他常用事件

在前面讲述的事件是 HTML 4.01 所支持的标准事件。除此之外，大多数浏览器都还定义了一些其他事件，这些事件为其他开发者开发程序带来了很大的便利，也使程序更为丰富和人性化。其他常用事件如表 11-1 所示。

表 11-1　JavaScript 事件列表

事　件		含　义
一般事件	onclick	鼠标点击时触发此事件
	ondblclick	鼠标双击时触发此事件
	onmousedown	按下鼠标时触发此事件
	onmouseup	鼠标按下后松开鼠标时触发此事件

续表

事　件		含　义
一般事件	onmouseover	当鼠标移动到某对象范围的上方时触发此事件
	onmousemove	鼠标移动时触发此事件
	onmouseout	当鼠标离开某对象范围时触发此事件
	onkeypress	当键盘上的某个键被按下并且释放时触发此事件
	onkeydown	当键盘上某个按键被按下时触发此事件
	onkeyup	当键盘上某个按键被放开时触发此事件
页面相关事件	onabort	图片在下载时被用户中断
	onbeforeunload	当前页面的内容将要被改变时触发此事件
	onerror	出现错误时触发此事件
	onload	页面内容完成时触发此事件
	onmove	浏览器的窗口被移动时触发此事件
	onresize	当浏览器的窗口大小被改变时触发此事件
	onscroll	浏览器的滚动条位置发生变化时触发此事件
	onstop	浏览器的停止按钮被按下时触发此事件或者正在下载的文件被中断
	onunload	当前页面将被改变时触发此事件
表单相关事件	onblur	当前元素失去焦点时触发此事件
	onchange	当前元素失去焦点并且元素的内容发生改变而触发此事件
	onfocus	当某个元素获得焦点时触发此事件
	onreset	当表单中 Reset 的属性被激发时触发此事件
	onsubmit	一个表单被递交时触发此事件
滚动字幕事件	onbounce	在 Marquee 内的内容移动至 Marquee 显示范围之外时触发此事件
	onfinish	当 Marquee 元素完成需要显示的内容后触发此事件
	onstart	当 Marquee 元素开始显示内容时触发此事件
编辑事件	onbeforecopy	当页面当前的被选择内容将要复制到浏览者系统的剪贴板前触发此事件
	onbeforecut	当页面中的一部分或者全部的内容将被移离当前页面[剪切]并移动到浏览者的系统剪贴板时触发此事件
	onbeforeeditfocus	当前元素将要进入编辑状态
	onbeforepaste	内容将要从浏览者的系统剪贴板传送[粘贴]到页面中时触发此事件
	onbeforeupdate	当浏览者粘贴系统剪贴板中的内容时通知目标对象
	oncontextmenu	当浏览者按下鼠标右键出现快捷菜单时或者通过键盘的按键触发页面菜单时触发的事件
	oncopy	当页面当前的被选择内容被复制后触发此事件
	oncut	当页面当前的被选择内容被剪切时触发此事件
	ondrag	当某个对象被拖动时触发此事件 [活动事件]
	ondragdrop	一个外部对象被鼠标拖进当前窗口或者帧
	ondragend	当鼠标拖动结束时触发此事件，即鼠标的按钮被释放了

续表

事　件		含　义
编辑事件	ondragenter	当对象被鼠标拖动的对象进入其容器范围内时触发此事件
	ondragleave	当对象被鼠标拖动的对象离开其容器范围内时触发此事件
	ondragover	当某被拖动的对象在另一对象容器范围内拖动时触发此事件
	ondragstart	当某对象将被拖动时触发此事件
	ondrop	在一个拖动过程中，释放鼠标键时触发此事件
	onlosecapture	当元素失去鼠标移动所形成的选择焦点时触发此事件
	onpaste	当内容被粘贴时触发此事件
	onselect	当文本内容被选择时的事件
	onselectstart	当文本内容选择将开始发生时触发的事件
数据绑定	onafterupdate	当数据完成由数据源到对象的传送时触发此事件
	oncellchange	当数据来源发生变化时
	ondataavailable	当数据接收完成时触发事件
	ondatasetchanged	数据在数据源发生变化时触发的事件
	ondatasetcomplete	当来自数据源的全部有效数据读取完毕时触发此事件
	onerrorupdate	当使用 onBeforeUpdate 事件触发取消了数据传送时，代替 onAfterUpdate 事件
	onrowenter	当前数据源的数据发生变化并且有新的有效数据时触发的事件
	onrowexit	当前数据源的数据将要发生变化时触发的事件
	onrowsdelete	当前数据记录将被删除时触发此事件
	onrowsinserted	当前数据源将要插入新数据记录时触发此事件
外部事件	onafterprint	当文档被打印后触发此事件
	onbeforeprint	当文档即将打印时触发此事件
	onfilterchange	当某个对象的滤镜效果发生变化时触发的事件
	onhelp	当浏览者按下 F1 键或者浏览器的帮助选择时触发此事件
	onpropertychange	当对象的属性之一发生变化时触发此事件
	onreadystatechange	当对象的初始化属性值发生变化时触发此事件

11.4　典型应用项目范例：Web 页面打印

Web 页面的打印功能在网站非常普遍了，请使用 JavaScript 方式完成页面的打印输出。运行效果如图 11-9 所示。

1. Web 页面打印功能的要求

Web 页面打印功能的基本要求：能调用系统打印设置、能控制打印过程。

图 11-9 Web 页面打印

2. 基于目标的设计分析

Web 页面的打印相对而言情况是比较复杂的，会因为浏览器的不同而不同，在本范例中，我们选取主流的 IE 浏览器作为页面打印的目标，通过网络搜索和查询，我们可以得到 IE 内置了一个 WebBrowser 控件，无须用户安装和下载就可以实现页面打印功能。

3. 实例功能编写

➢ 源代码清单（11-8 Web 页面打印.html）：

```
<head>
<meta http-equiv="Content-Type" content="text/html; charset=utf-8" />
<title>无标题文档</title>
</head>
<script language="JavaScript">
    // 打印页面设置
    function printsetup(){
            wb.execwb(8,1);
    }
    // 打印页面预览
     function printpreview(){
            wb.execwb(7,1);
    }
    //打印
     function printit() {
      if (confirm('确定打印吗？')) {
        wb.execwb(6,1);
      }
    }
</script>
<body>
```

```
<OBJECT classid=CLSID:8856F961-340A-11D0-A96B-00C04FD705A2 height=0 id=wb width=0></OBJECT>
<input type=button name=button_print value="打印" onclick="JavaScript:printit()">
<input type=button name=button_setup value="页面设置" onclick="JavaScript:printsetup();">
<input type=button name=button_show value="打印预览" onclick="JavaScript:printpreview();">
<input type=button name=button_fh value="关闭" onclick="JavaScript:window.close();">
</body>
</html>
```

➢ 源代码解释：

源代码中，在页面中创建了一个对象 Object，Object 为 IEWebBrowser 控件设定了 Width 和 Height 为 0，这在界面上是看不到控件形状的，然后，就可以使用这个 Object 实现打印设置和预览等功能了。

关于这个组件还有其他的用法，列举如下。

✧ wb.ExecWB(1,1) 打开。

✧ wb.ExecWB(2,1) 关闭现在所有的 IE 窗口，并打开一个新窗口。

✧ wb.ExecWB(4,1) 保存网页。

✧ wb.ExecWB(6,1) 打印。

✧ wb.ExecWB(7,1) 打印预览。

✧ wb.ExecWB(8,1) 打印页面设置。

✧ wb.ExecWB(10,1) 查看页面属性。

✧ wb.ExecWB(17,1) 全选。

✧ wb.ExecWB(22,1) 刷新。

✧ wb.ExecWB(45,1) 关闭窗体无提示。

11.5 综合练习

一、选择题

（1）在使用事件处理程序对页面进行操作时，最主要的是如何通过对象的事件来指定事件处理程序，其指定方式主要有（　　）。

A．直接在 HTML 标记中指定　　B．指定特定对象的特定事件

C．在 JavaScript 中说明　　D．以上 3 种方法都具备

（2）下面（　　）不是鼠标键盘事件。

A．onclick 事件　　B．onmouseover 事件　　C．oncut 事件　　D．onkeydown 事件

（3）当前元素失去焦点并且元素的内容发生改变时触发事件使用（　　）。

A．onfocus 事件　　B．onchange 事件　　C．onblur 事件　　D．onsubmit 事件

二、应用题

（1）应用字幕滚动标签<marquee>实现企业公告信息显示，公告信息至少 5 条以上，并进行测试。

（2）使用 JavaScript 编程实训，在 document 对象的 onclick 事件处理程序中判断用户是否同时按下 Ctrl 键。

第12章 JavaScript应用实例

基本介绍

JavaScript是一套完整的编程语言，具有一定的难度，读者需要在不断的实践中才能全面掌握。本章给出了5个精彩的实用实例，对JavaScript的实际使用方式进行详细讲解，以帮助读者对其编程思路进行理解。这些实例除了可供练习提高之用外，读者还可在实际应用中稍加修改，运用到自己的网页中。

需求与应用

本章列出的案例为网站设计中的常用案例，这些案例用户只要根据实际需求稍作修改就可直接使用。

学习目标

- 通过实例掌握JavaScript的编程思路。
- 能使用JavaScript编写状态栏跑马灯程序。
- 能使用JavaScript编写禁用鼠标右键程序。
- 能使用JavaScript编写随机播放背景音乐程序。
- 能使用JavaScript编写动态导航菜单程序。
- 能使用JavaScript编写具有提示效果的超链接程序。

12.1 状态栏跑马灯

状态栏跑马灯，即字符信息在状态栏中自右向左滚动。这种效果广泛用于门户网站。

- 目标效果如图12-1所示。

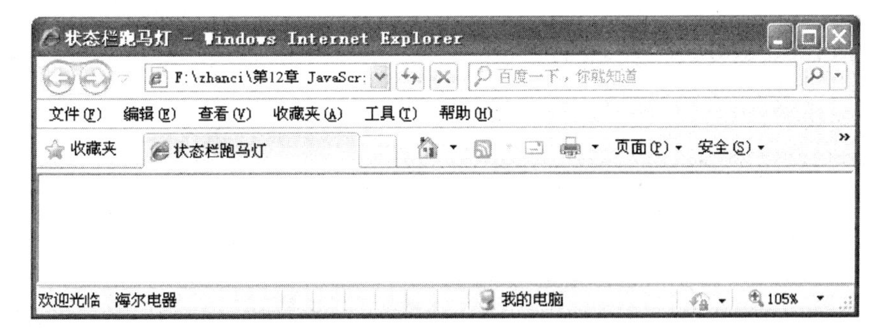

图12-1 状态栏跑马灯效果图

➢ 源代码清单（12-1 状态栏跑马灯.html）：

```
<html xmlns="http://www.w3.org/1999/xhtml">
<head>
<meta http-equiv="Content-Type" content="text/html; charset=utf-8" />
<title>状态栏跑马灯</title>
<SCRIPT Language="JavaScript">
    var msg="欢迎光临   海尔电器   集团网站";
    var interval = 300;
    seq = 0;
    function Scroll()
    {
        len = msg.length;//取显示文字的长度
        window.status = msg.substring(0, seq+1);
        seq++;
        if ( seq >= len ) { seq = 0 };
        window.setTimeout("Scroll();", interval );
    }
</SCRIPT>
</head>
<body onload="Scroll()">
</body>
</html>
```


➢ 源代码解释：

（1）变量 msg 定义了将要在状态栏显示的文字；变量 interval 定义了交互时间（或者称为延时时间，以毫秒为单位，1 秒=1000 毫秒）；变量 seq 定义了循环取文字的初始值。

（2）Scroll()函数完成了在状态栏循环显示文字的功能。window.status =msg.substring(0, seq+1);完成了取字符串的子字符，并显示在状态栏；如果 seq 的长度等于文字的长度，则说明显示完整的文字，若 seq = 0，则重新开始。

（3）window.setTimeout(表达式,交互时间)函数，执行时，它间隔指定的交互时间再执行表达式一次，本实例中是隔 300 毫秒再执行 Scroll()函数一次，所以状态栏的文字在不停地变化。

12.2 禁止使用鼠标右键

很多的网站制作者不希望访问者使用鼠标右键，例如禁止下载页面的图片、禁止查看网页的源代码等，这时就可以编写相应的脚本程序禁止使用鼠标右键了。

➢ 目标效果如图 12-2 所示。

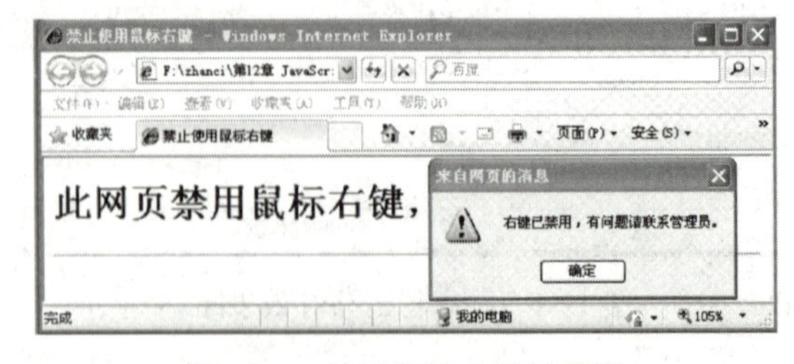

图 12-2 禁用鼠标右键效果图

➢ 源代码清单（12-2 禁止使用鼠标右键.html）

```
<html xmlns="http://www.w3.org/1999/xhtml">
<head>
<meta http-equiv="Content-Type" content="text/html; charset=utf-8" />
<title>禁止使用鼠标右键</title>
</head>
<script language="JavaScript">
//定义禁用鼠标右键函数
function disableRightClick(e)
 {
   var message = "右键已禁用，有问题请联系管理员。";
   if(!document.rightClickDisabled) //判断右键单击是否能使用，能使用则继续
   {
      if(document.layers)//如果是 netscape4.X 浏览器
      {//进行设置
        document.captureEvents(Event.MOUSEDOWN);
        document.onmousedown = disableRightClick;
      }else document.oncontextmenu = disableRightClick;        //IE5+浏览器
    return document.rightClickDisabled = true;
   }
   //如果是 netscape4.X 浏览器
   if(document.layers || (document.getElementById && !document.all))
   {
      if (e.which==2||e.which==3)//按下右键
      {
        alert(message);
        return false;
      }
   }else {        // IE5+浏览器
     alert(message);
     return false;
   }
 }
 //调用函数
 disableRightClick();
</script>
<body>
<h1>此网页禁用鼠标右键，不信您试一试！</h1><hr>
</body>
</html>
```

➢ 源代码解释：

（1）通过 disableRightClick()函数的定义与调用，完成了禁用鼠标右键的功能。

（2）变量 message 定义了单击右键显示的文字，读者可以改变文字替换为自己喜欢的。

（3）在第四代浏览器出现的时候，标准相当混乱，Netscape 和微软分别推出了它们的 Navigator 4.x 和 IE 4.0，这两个浏览器的巨大差异，也使开发者面临了一个使网页跨浏览器兼容的噩梦。而 document.layers 和 document.all 分别是两者最显著的标志之一，为了确定浏览者使用的是什么浏览器，通常用是否存在 document.layers 和 document.all 来判断。

通过判断浏览器的类型，分成两种设置右键属性，并显示提示信息。

12.3 随机播放背景音乐

很多的门户网站希望在用户打开网站后能播放美妙的音乐，留住用户的脚步。下面的源代码实现了随机播放 3 首音乐，读者可添加自己的音乐文件，并修改名称应用到自己的网站中。

➢ 源代码清单（12-3 随机播放背景音乐.html）：

```
<html xmlns="http://www.w3.org/1999/xhtml">
<head>
<meta http-equiv="Content-Type" content="text/html; charset=utf-8" />
<title>随机播放背景音乐</title>
</head>
<script type="text/javascript" language="JavaScript">
    //定义背景音乐
    var sound1="The Sacrifice.mp3"
    var sound2="The Sacrifice.mp3"
    var sound3="The Sacrifice.mp3"
    var sound4="Out Of Time.mp3"
    var sound5="Out Of Time.mp3"
    var sound6="Out Of Time.mp3"
    var sound7="The Heart Asks Pleasure First_The Promise.mp3"
    var sound8="The Heart Asks Pleasure First_The Promise.mp3"
    var sound9="The Heart Asks Pleasure First_The Promise.mp3"
    var sound10="The Heart Asks Pleasure First_The Promise.mp3"
    //获取随机数，并得到将要播放的音乐
    var x=Math.round(Math.random()*9)
    if (x==0) x=sound1
    else if (x==1) x=sound2
    else if (x==2) x=sound3
    else if (x==3) x=sound4
    else if (x==4) x=sound5
    else if (x==5) x=sound6
    else if (x==6) x=sound7
    else if (x==7) x=sound8
    else if (x==8) x=sound9
    else x=sound10
    //判断浏览器，添加背景音乐的 HTML 代码
    if (navigator.appName=="Microsoft Internet Explorer")
        document.write('<bgsound src='+'"'+x+'"'+' loop="infinite">')
    else
        document.write('<embed src='+'"'+x+'"'+'hidden="true" border="0" width="0" 
height="0" autostart="true" loop="true">')
</script>
<body>
</body>
</html>
```

➢ 源代码解释：

（1）sound1 至 sound10 可定义 10 首音乐，本代码中有 3 首，读者可自行添加音乐。

（2）var x=Math.round(Math.random()*9)获取了随机值，乘以 9，然后四舍五入取到 1 至 10 之间的值，确定要当前播放的音乐。

（3）根据浏览器类型的不同，添加不同的背景音乐 HTML 代码。

12.4 动态导航菜单

漂亮的导航菜单能吸引用户的眼球，方便用户找到网站中的内容，主流网站的导航菜单都非常精美，下面我们展示一个动态的导航菜单。

➢ 目标效果如图 12-3 所示。

图 12-3 动态的导航菜单效果图

➢ 源代码清单（12-4 动态导航菜单.html）：

```
<html xmlns="http://www.w3.org/1999/xhtml">
<head>
<meta http-equiv="Content-Type" content="text/html; charset=utf-8" />
<title>动态导航菜单</title>
</head>
<body>
<script language=javascript>
    var index = 7
    link = new Array(6);
    text = new Array(6);
    link[0] ='sample.htm'
    link[1] ='sample.htm'
    link[2] ='sample.htm'
    link[3] ='sample.htm'
    link[4] ='sample.htm'
    link[5] ='sample.htm'
    link[6] ='sample.htm'
    text[0] ='菜单一'
    text[1] ='菜单二'
    text[2] ='菜单三'
    text[3] ='菜单四'
    text[4] ='菜单五'
    text[5] ='菜单六'
```

```
        text[6] ='菜单七'
        document.write ("<marquee scrollamount='1' scrolldelay='100' direction= 'up'
width='150' height='150'>");
        for (i=0;i<index;i++){
            document.write (" <img src='more.png' width='12' height='12'> <a
href="+link[i]+" target='_blank'>");
            document.write (text[i] + "</a><br>");
        }
        document.write ("</marquee>")
    </script>
    </body>
    </html>
```

➢ 源代码解释：

（1）定义两个数组，及数组元素的内容。link 数组为菜单所要链接的内容。text 数组为菜单内容。

（2）使用 HTML 语言中的<marquee> 标签的属性，scrolldelay 属性表示菜单滚动速度，direction 表示菜单滚动方向，可以有 up、dowm、left 和 right。

（3）使用 for 语句循环显示输出菜单。

12.5 具有提示效果的超链接

具有提示效果的超链接，方便用户的操作，下面通过一个实例来展示它。

➢ 目标效果如图 12-4 所示。

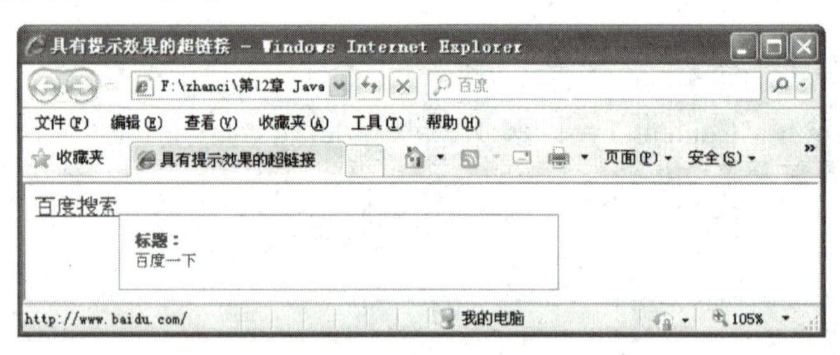

图 12-4 具有提示效果的超链接效果图

➢ 源代码清单（12-5 具有提示效果的超链接.html）：

```
<html xmlns="http://www.w3.org/1999/xhtml">
<head>
<meta http-equiv="Content-Type" content="text/html; charset=utf-8" />
<title>具有提示效果的超链接</title>
</head>
<script type="text/javascript">
//定义显示提示内容的 div
document.write("<div id='tip' style='position:absolute; width:300px; z-index:1;
background-color: #ffffff; border: 1px solid gray; overflow: visible;visibility:
hidden;font-size:12px;padding:12px;color:#333333'></div>");
//定义显示函数
function showtip(w){
```

```
    var x=event.x;
    var y=event.y;
    tip.innerHTML=w;
    tip.style.visibility="visible";
    tip.style.left=x+10;
        tip.style.pixelTop=y+document.body.scrollTop+10;
  }
  //隐藏功能函数
  function hidetip(){
    tip.style.innerHTML="";
    tip.style.visibility="hidden";
  }
  </script>
  <body>
  <a href='http://www.baidu.com' target="_blank"
    onmousemove="showtip('<b>标题: </b><br>百度一下<br>')"
    onmouseout="hidetip()" >百度搜索</a>
  </body>
  </html>
```


➢ 源代码解释：

源代码分为 3 部分，首先定义了一个 id 为 tip 的 div，它负责显示内容，然后当鼠标移动到超链接上时，触发 showtip()函数，显示提示内容，当鼠标离开当前超链接时，触发 hidetip()函数，实现提示的隐藏。

12.6 在网页上实现表单验证

表单的有效性检验是 JavaScript 中一个很有用的方面。它可以用于检查一个给定的表单，以及发现表单中的任何问题，比如一个空白的输入框或者一个无效的 E-mail（电子邮件）地址，然后通知用户，并且就不会将这些错误的表单传给服务器，因而能节省时间。请实现如图 12-5 所示的验证功能。

表单验证要求：姓名、电话号码、QQ 号码是必填项；其中电话号码要验证是否正确。

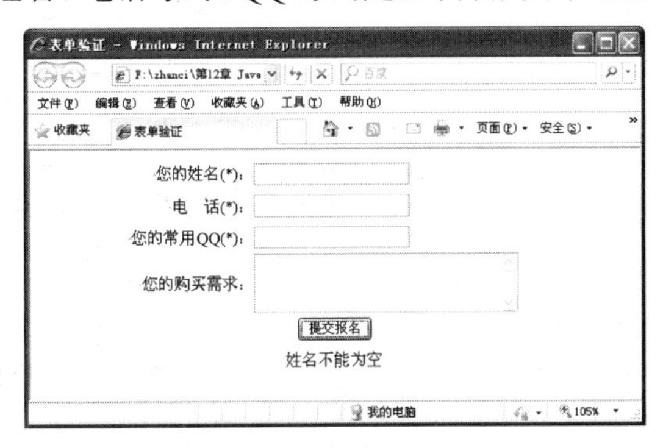

图 12-5 表单验证效果图

首先要在页面中添加表单，添加各表单项，可以通过<table>标签及其子标签来确定显示的格式。然后使用 JavaScript 获取表单域中的内容，并判断是否满足数据要求。在表单的 onsubmit 事件中触发表单的验证。

➢ 源代码清单（12-6 表单验证.html）：

```
<html xmlns="http://www.w3.org/1999/xhtml">
<head>
<meta http-equiv="Content-Type" content="text/html; charset=utf-8" />
<title>表单验证</title>
<script type="text/javascript">
  function check(){
//使用 DOM 对象方式获取表单对象
      var form=document.getElementById("loginform");
       //验证表单的姓名是否为空
        if(form.name.value==""){
             document.getElementById("checkinfo").innerHTML="姓名不能为空";
             return false;
        }
       //验证表单的电话号码是否为空
        if(form.tel.value==""){
           document.getElementById("checkinfo").innerHTML="电话号码不能为空";
             return false;
        }
       //验证表单的电话号码是否合法

       //验证电话号码合法的正则表达式
        var patrn=/(^0[0-9]{2,3}-[1-9]{8}$)|[1-9]{7,8}|(^0?1[0-9]{10}$)/;
        if (!patrn.exec(form.tel.value)) {
             document.getElementById("checkinfo").innerHTML="电话号码不合法";
             return false;
        }
       //验证表单的 QQ 号码是否为空
        if(form.cardid.value==""){
             document.getElementById("checkinfo").innerHTML="QQ 号码不能为空";
             return false;
        }
        return true;//全部验证通过返回真
  }
  </script>
</head>
<body>
<form id="loginform" method="post" action="#" onsubmit="return check();">
  <table width="400" border="0" align="center" cellpadding="0" cellspacing="0">
       <tr>
            <td    height="30"    align="right"><font    style="color:#f6892e;
font-weight:bold">·</font>您的姓名(*):  </td>
            <td height="30" align="left" ><input type="text" name="name" id="name"
class="sub2"></td>
       </tr>
       <tr>
            <td    height="30"    align="right"><font    style="color:#f6892e;
font-weight:bold">·</font>电    话(*):  </td>
```

```
            <td  height="30"  align="left"><input  type="text"  name="tel"  id="tel"
class="sub2"></td>
        </tr>
        <tr>
            <td   height="30"   align="right"><font   style="color:#f6892e;
font-weight:bold">·</font>您的常用 QQ(*): </td>
            <td height="30" align="left"><input type="text" name="cardid" id="cardid"
class="sub2"></td>
        </tr>
        <tr>
            <td  height="30"  align="right"  style="  vertical-align:  middle"><font
style="color:#f6892e; font-weight:bold">·</font>您的购买需求: </td>
            <td height="30" align="left">
                <textarea name="bz" cols="30" style="height:50px;"></textarea>
            </td>
        </tr>
        <tr>
            <td height="30" colspan="2" align="center"><input  type="submit" value="提
交报名"></td>
        </tr>
        <tr>
            <td height="30" colspan="2" align="center" id="checkinfo"></td>
        </tr>
    </table>
  </form>
  </body>
  </html>
```

➢ 源代码解释：

源代码中，首先创建了一个表单，使用表格方式将界面的内容展示出来；源代码中定义了一个验证表单数据有效性的函数 check()，它在表单的提交事件 onsubmit 中被调用，如果验证成功则可提交表单，否则不能提交表单。

12.7 综合练习

1．编程实现：当鼠标移动时，多个*号跟随。

2．编程实现：文字内容的自动滚屏。

3．编程实现：QQ 在线客户。

第13章 CSS

基本介绍

CSS 是 Cascading Style Sheets（层叠样式表）的简称，CSS 语言是一种标记语言，它不需要编译,可以直接由浏览器执行（属于浏览器解释型语言），用于定义网页数据的编排、显示、格式化及特殊效果，它能弥补 HTML 中相关格式化数据标签在格式化数据时的缺陷。在标准网页设计中 CSS 负责网页内容（XHTML）的表现。CSS 文件也可以说是一个文本文件，它包含了一些 CSS 标记，CSS 文件必须使用.css 为文件名后缀。可以通过简单地更改 CSS 文件，改变网页的整体表现形式，可以减少我们的工作量，所以它是每一个网页设计人员的必修课。CSS 是由 W3C 的 CSS 工作组产生和维护的。

需求与应用

一个项目需要使页面结构清晰，能使表现和内容相分离，统一布局，并且在一处定义，多处使用，方便维护。

有一门户网站需要在各个网页上设置级联式展开菜单，方便用户进行各栏目操作。

学习目标

- CSS 文件的创建及应用。
- CSS 常用属性的介绍。
- CSS 选择器的分类及应用。
- CSS 在项目中的应用。

13.1 CSS 文档制作与应用

13.1.1 CSS 文档制作

CSS 文档制作可以使用记事本创建，也可以采用其他工具创建，如常用的 Dreamweaver 工具，不管采用什么工具创建，最终只需把文件保存时的扩展名确定为.css 即可。下面通过本书门户网站项目中 CSS 文件的创建来掌握 CSS 文件的制作。

1. 新建 CSS 文件

打开 Dreamweaver，选择“文件”菜单下的“新建”命令，在弹出窗口的“类别”列表中选择“CSS”样式表，单击“创建”按钮，选择“文件”菜单下的“保存”命令（或按

Ctrl+S 组合键），在弹出的窗口中输入自定义的文件名（style.css）后即完成文件的创建。

2. CSS 语言定义与解释

➢ 在 CSS 文件中输入如下源代码。

```
body {
        font-family: "宋体";
        font-size: 40px;
        color: #333333;
        background-color: #256DF3;
        text-align: center;
}
```

➢ CSS 语言源代码解释。

font-family:"宋体"表示定义字体为“宋体”。

font-size:40px 表示文字大小为 12 像素。

color:#333333 表示定义颜色，采用 6 位十六进制数表示。

background-color:#256DF3 表示定义背景颜色。

text-align:center 表示定义文字对齐方式为居中。

13.1.2 CSS 语言在 HTML 文档中的应用方式

CSS 语言在 HTML 文档中的应用主要有四种方式：

第一种是链入外部样式表，即先创建一个独立的.css 文件，在该文件中书写样式，再在 HTML 文档的<head>…</head>中加入<link href="CSS 文件路径" rel="stylesheet" type="text/css" />;

第二种是内部样式表，即在 HTML 文档中的<head>…</head>加入<style type="text/css">…</style>标签，然后在<style>标签中直接书写样式，并在 HTML 中应用样式；

第三种是内嵌样式，如<tdstyle="border -left:#cccccc">设置表格左边框的颜色为灰色；

第四种是导入外部样式表，即先创建.css 文件，然后在<style >标签中使用@import 语句导入。

1. 在<head>标签中利用<link>标签将 CSS 文件导入到 HTML 中应用

➢ <link>标签介绍。

<link>标签中有以下三个重要属性

href：表示要链接指定的 CSS 文件的路径。

rel：规定当前文档与被链接文档之间的关系，如果要导入 CSS 文件，就使用 stylesheet。

type：规定被链接文档的 MIME 类型，如果要导入 CSS 文件，就使用 text/css。

➢ 目标效果如图 13-1 所示。

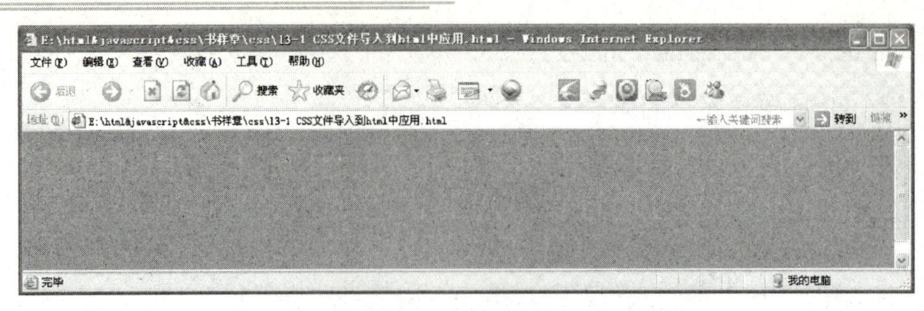

图 13-1　CSS 文件导入到 HTML 中应用的效果图

➢ 源代码清单（13-1 CSS 文件导入到 HTML 中应用.html）。

```
<html>
<head>
<link href="style.css" rel="stylesheet" type="text/css" />//样式文件为 style.css
</head>
<body>
这是利用 CSS 格式化出来的文字效果(字体为宋体，文字大小为 12 像素，颜色为红色，背景颜色为#256DF3，文本对齐方式为居中)。
</body>
</html>
```


注：方式二的特点是避免重复定义样式表导致原始文件过于冗长，维护方便。

➢ 源代码解释。

源代码中在<head>标签中通过<link>标签把 13.1.1 节中创建的 style.css 文件引入到 HTML 文件中。

在 style.css 文件中创建了一个名为 body 的样式，该样式采用元素选择器方式（选择器将在 13.2 节详细介绍）将自动匹配在 HTML 文件中的<body>标签上，将以在 style.css 文件 body 样式中设置的指定样式格式化<body>标签中的文字。

2．在<head>标签区域中利用<style>标签嵌入层叠样式表的定义

➢ <style>标签介绍。

<style>标签用于为 HTML 文档定义样式信息，它有两个属性。

其中，type 属性规定样式表 MIME 类型，是必须要指定的，type 属性指示<style>与</style>标签之间的内容，值“ext/css”指示内容是标准 CSS 内容。

➢ 目标效果如 13-2 所示。

图 13-2　利用<style>标签嵌入层叠样式表应用效果图

➢ 源代码清单（13-2 style 标签嵌入层叠样式表应用.html）：

```
<html>
<head>
<style type="ext/css"
body {
    font-family: "宋体"
    font-size: 20px;
    color:red;
    background-color: #256DF3;
    text-align: center;
}
</style>
</head>
<body>
这是利用 CSS 格式化出来的文字效果（字体为宋体，文字大小为 12 像素，颜色为红色，背景颜色为#256DF3，文本对齐方式为居中）。
</body>
</html>
```

注：方式一的特点是简单直观，缺点是重复性较多，修改维护麻烦。

➢ 源代码解释：

在 HTML 文件中利用<style>标签定义了样式，该样式同样是采用元素选择器方式匹配自动应用于 HTML 页面中的<body>标签元素上。

13.2 CSS 选择器

要使用 CSS 对 HTML 页面中的元素实现一对一、一对多或者多对一的控制，就需要用到 CSS 选择器。CSS 选择器的基本语法如下：

```
选择器{
    样式属性名：属性值
    …
        }
```

1. 元素选择器

直接以标签名作为样式名，表示的是该样式自动为 HTML 文档中的相同名字的标签设置样式，如 body{…}、th{…}、td{…}、h1{…}等分别表示为 body、th、td、h1 标签设置{…}中的指定样式并自动应用于该标签上。

2. 通配符选择器

通配符选择器使用“*”作为样式名，表示将文档目录树中的所有类型单一对象（如 body、th、td、h1 等）设置为同一样式，而不用一个一个单独设置，该方式的样式会自动应用于所有满足条件的标签上。

```
* { margin: 1px;   padding: 0px;}
```

为所有类型单一对象设置样式（设置所有外边距为 1 像素，设置内边距为 0 像素）。

3. id 选择器

使用“#”加自定义名字作为样式名，表示给 id 名的元素设置样式，该方式的样式会自动应用于所有满足条件的标签上。

```
#box{ width: 1004px; background-color: #ffffff; }
```

以上代码表示的是为 HTML 文档中 id=box 的标签设置样式（宽度设为 1004px，背景颜色为#ffffff)，对应的 HTML 文档中的代码可设为<div id="box">…</div>。

```
ul#menu{ width: 1004px;background-image: url(images/banner.jpg); }
```

以上代码表示的是为 HTML 文档中标签名为<ul>且 id=menu 的标签设置样式（宽度设为 1004px，背景图片为与该文件同目录下的 images 文件夹中的 banner.jpg 图片）。

```
ul#menu li a{ font-family: "宋体"; font-size: 13px; }
```

以上代码表示的是为 HTML 文档中标签名为<ul>且 id=menu 的标签下的名为<li>子标签下的<a>标签设置样式（字体设为宋体，字体大小为 13 像素）。

4. CSS 类选择器

使用“.”加自定义样式名作为样式名，该方式的样式不会自动应用于所有满足条件的标签上，需要在 HTML 文档中手动调用该样式。

```
.table01 {      height: 370px;  width: 753px;   margin-left: 3px;}
```

以上代码表示自定义了一个样式名为 table01 的样式，该样式的高为 370px，宽为 753px，距离左边界 3px。对应的 HTML 文档调用代码如下：

```
<table class="table01">…</table>
```

以上代码表示为表格设置了样式，高为 370px，宽为 753px，距离左边界 3px。

5. 属性选择器

可以为拥有指定属性的 HTML 元素设置样式，而不仅限于 class 和 id 属性。下面的例子为带有 title 属性的所有元素设置样式（使其颜色为红色）。

```
[title]{color:red;}
```

13.3 设置 CSS 样式

CSS 样式可以分成字体样式、文字样式、背景样式、区域样式和分类样式 5 种，分别用于格式化字体、文字、背景、区域和分类。

13.3.1 设置字体样式

字体样式用于格式化字体、大小、行距、粗体、斜体等样式，可以分成 font-family、font-style、font-variant、font-size、font-weight、line-height、font 等样式。

（1）font-family。

font-family 用于指定文字的字体，如下面源代码表示指定了字体为宋体。

```
body {   font-family: "宋体";}
```

font-family 可以指定多种字体，多个字体之间用“,”逗号分开，表示如果前面的字体没用就用后面的，如果有用就用前面的，如下面的代码表示如果没有“宋体”就用“仿宋”字体。

```
body {   font-family: "宋体","仿宋";}
```

（2）font-style。

font-style 用于指定文字是否加粗或斜体，设置值有 normal（正常）、oblique（粗体）和 italic（斜体）3 种。

```
body {   font- style: "italic";}
```

（3）font-variant。

font-variant 指定文字是否为小号大写字母，设置值有 normal（正常）和 small-caps（小号大写字母）两种。

```
body {   font- variant: "normal";}
```

（4）font-size。

font-size 用于指定文字的大小，其设置值如表 13-1 所示。

表 13-1　文字大小说明表

设置值	说明
绝对大小	CSS 默认定义的绝对大小有 xx-small、x-small、small、medium（默认值）、large、x-large、xx-large 7 个设置值
相对大小	CSS 默认定义的相对大小有 smaller 和 larger 两个设置值，这两个设置值所呈现出来的文字大小是相对于网页目前的文字大小来说的
绝对长度	用绝对值指定文字大小，例如 20px 表示文字的大小为 20 像素
百分比	将文字的大小设置为网页目前的文字大小的百分比

```
body {   font- size: 40;}
```

以上代码采用绝对长度设置文字大小为 40 像素。

（5）font-weight。

font-weight 用于指定文字的粗细，设置值如表 13-2 所示。

表 13-2　文字粗细说明表

设置值	说明
一般粗细	默认粗细的设置值为 normal
绝对粗细	CSS 默认定义的绝对粗细有 100、200、300、400（相当于 normal）、500、600、700（相当于 bold）、800 等 8 个设置值
相对粗细	CSS 默认定义的相对粗细有 bold、bolder、light、lighter 等 4 个设置值，这 4 个设置值的文字粗细是相对于目前网页的文字粗细来说的

（6）line-height。

line-height 用于指定文字的行距，设置值如表 13-3 所示。

表 13-3　文字行距说明表

设 置 值	说　　明
一般行距	一般行距的设置值为 normal（通常是行高的 1 ~ 1.2 倍）
几倍行高	例如“line-height：2”表示行距为 2 倍行高
绝对长度	用绝对值指定行距的大小，例如 20px 表示行距的大小为 20 像素
百分比	例如“line-height:150%”表示行距为目前行高的 1.5 倍

（7）font。

font 是 font-family、font-style、font-size、font-variant、font-weight、line-height 等样式的综合表示法，例如：

```
BODY {font:bold 20pt}
```

以上代码表示网页主体的字体为粗体 20 号，相当于：

```
BODY {font-variant:bold;font-size:20pt}
```

13.3.2　设置文字样式（Text Property）

层叠样式表提供的文字样式有 letter-spacing、word-spacing、line- height、text-align、vertical-align、text-decoration、text-indent、text-transform 等 8 种。

（1）letter-spacing。

letter-spacing 用于指定字符间距，设置值如表 13-4 所示。

表 13-4　字符间距说明表

设 置 值	说　　明
一般间距	一般间距的设置值为 normal，这是默认值
绝对长度	用绝对值指定字符间距的大小，例如“letter-spacing：2px”表示字符间距的大小为 2 像素

（2）word-spacing。

word-spacing 用于指定文字间距，设置值和 letter-spacing 样式相同。

（3）text-align。

text-align 用于指定文字的对齐方式，设置值有 left（靠左）、right（靠右）、center（居中）和 justify（左右对齐）4 种。

```
BODY { text-align:center; }
```

（4）vertical-align。

vertical-align 用于指定两个 HTML 组件间的对齐方式，这种样式通常用来指定图片和四周文字的对齐方式，设置值如表 13-5 所示。

表 13-5　对齐方式说明表

设 置 值	说　　明
baseline	对齐组件的文字底部（默认值）
sub	设置为下标（例如 H2O 的 2 为下标）

续表

设置值	说明
sup	设置为上标（例如 XY3 的 3 为上标）
top	对齐组件的顶端（不限图片或文字）
text-top	对齐组件的文字顶端（限文字）
middle	对齐组件的中点
bottom	对齐组件的底部（不限图片或文字）
text-bottom	对齐组件的文字底部（限文字）
百分比	例如 IMG.up {vertical-align:10%} 表示定义一个名称为 up 的样式类别。设置完成后套用此样式类别的图片，都会比四周的文字高出图片高度的 10%；而 IMG.bottom {vertical-align:-10%} 则是定义一个名称为 bottom 的样式类别。设置完成后套用此样式类别的图片，都会比四周的文字低出图片高度的 10%

（5）text-decoration。

text-decoration 用于指定加下画线、顶线、删除线等文字效果，设置值如表 13-6 所示。

表 13-6 文字效果说明表

设置值	说明
none	没有设置效果（默认值）
underline	设置下画线
overline	设置顶线
line-through	设置删除线

（6）text-indent。

text-indent 用于指定段落的首行缩进，设置值如表 13-7 所示。

表 13-7 段落首行缩进说明表

设置值	说明
绝对长度	用绝对值指定段落的首行缩进，例如 P {text-indent:8px} 表示段落的首行缩进为 8 像素
百分比	指定段落的首行缩进为每行长度的百分比，例如 P {text-indent:3%} 表示段落的首行缩进为每行长度的 3%

（7）text-transform。

text-transform 用于指定英文的大小写，设置值如表 13-8 所示。

表 13-8 英文的大小写说明表

范例	说明
<H2 STYLE="text-transform:uppercase">I am Jen</H2>	全部大写
<H2 STYLE="text-transform:lowercase">I am Jen</H2>	全部小写
<H2 STYLE="text-transform:capitalize">I am Jen</H2>	单字的第一个字母大写
<H2 STYLE="text-transform:none">I am Jen</H2>	不变

13.3.3 设置背景样式（Background Property）

层叠样式表提供的背景样式有下列几种。

（1）background-attachment。

background-attachment 用于指定 HTML 组件的背景图片是否随着网页内容卷动，设置值有 scroll 和 fixed，scroll 会随着网页内容卷动，fixed 不会卷动，故又称为水印。

（2）background-color。

background-color 用于指定 HTML 组件的背景颜色，而且背景颜色可以是#RRGGBB 颜色值或颜色名称，例如 P {background-color:yellow} 表示将段落的背景颜色设置为黄色。

（3）background-image。

background-image 用于指定 HTML 组件的背景图片，例如 P {background-image:url(a.jpg)} 表示将段落的背景图片设置为 a.jpg。

（4）background-repeat。

background-repeat 用于指定 HTML 组件的背景图片是否要重复排列。一般来说，背景图片通常都不大，所以默认的情况会在水平方向及垂直方向重复排列，好让背景图片填满指定的组件。background-repeat 样式的设置值如表 13-9 所示。

表 13-9 background-repeat 样式设置说明表

设 置 值	说 明
repeat	默认为在水平方向及垂直方向重复排列背景图片，以填满指定的组件
no-repreat	不做重复排列，背景图片原来有多大就显示多大
repeat-x	在水平方向重复排列背景图片，例如“P {background-image:url(a.jpg); background-repeat: repeat-x}”表示将段落的背景图片设置为图形文件 a.jpg，而且只在水平方向重复排列这张背景图片
repeat-y	在垂直方向重复排列背景图片

（5）background-position。

background-position 用于指定背景图片是要从 HTML 组件的哪个位置开始显示的，设置值如表 13-10 所示。

表 13-10 background-position 设置说明表

设 置 值	说 明
绝对长度	用绝对值指定背景图片是从 HTML 组件的哪个位置开始显示的，例如“P{background-image:url (a.jpg); background- repeat:no-repeat; background-position:值}”表示背景图片 a.jpg 是从段落的水平方向处及垂直方向处显示的，而且不重复排列。值有三种表示，分别为“百分比”、“水平方向起始点”和“垂直方向起始点”
百分比	例如“P {background-image:url(a.jpg); background-repeat:no- repeat; background- position:50% 20%}”表示背景图片 a.jpg 要从段落的水平方向 50% 处及垂直方向 20 %处开始显示，而且不重复排列
水平方向起始点	有 left、center 和 right 三个水平方向起始点
垂直方向起始点	有 top、center、bottom 三个垂直方向起始点，例如“P {background-image:url (a.jpg);background-repeat: no-repeat ; background-position:top right}”表示背景图片 a.jpg 从段落的右上方开始显示，而且不重复排列

（6）background。

background 是上述 5 种样式的综合表示法，各个属性值用空格表示，如下面的源代码。

```
body  {    background: #00FF00 url(bgimage.gif) no-repeat fixed top;    }
```

13.3.4 设置区域样式（Box Property）

层叠样式表提供的区域样式有下列几种。

（1）padding-bottom。

padding-bottom 用于指定区域文字与区域底部的间距，默认值为 0，至于间距的度量单位，如下面源代码表示设置 p 元素的下内边距为 2cm。

```
p  {  padding-bottom:2cm;  }
```

（2）padding-top。

padding-top 用于指定区域文字与区域顶端的间距，默认值为 0，下面源代码表示设置 p 元素的上内边距为 2cm。

```
p  {  padding-top:2cm;  }
```

（3）padding-left。

padding-left 用于指定区域文字与区域左边的间距，默认值为 0，下面源代码表示设置 p 元素的上内边距为 2cm。

```
p  {  padding-top:2cm;  }
```

（4）padding-right。

padding-right 用于指定区域文字与区域右边的间距，默认值为 0，设置 p 元素的右内边距为 2cm。

```
p  {  padding-right:2cm;  }
```

（5）padding。

padding 是 padding-top、padding-right、padding-bottom、padding-left 等样式的综合表示法。

```
p  {  padding:2cm 4cm 3cm 4cm;  }
```

（6）border-color。

border-color 用于指定边框的颜色。下面源代码表示设置 4 个边框的颜色：上下边框为红色，左右边框为绿色。

```
p  {   border-color:red green;  }
```

（7）border-style。

border-style 用于指定区域的边框样式，设置值如表 13-11 所示。

表 13-11 边框样式的说明表

设置值	说明	设置值	说明
none	不显示边框（默认值）	groove	3D 立体内凹边框
dotted	虚线点状边框	ridge	3D 立体外凸边框
dashed	虚线边框	inset	内凹边框
solid	实线边框	outset	外凸边框
double	双线边框		

（8）border-width。

border-width 用于指定区域的边框粗细，设置值如表 13-12 所示。

表 13-12　边框粗细说明表

设 置 值	说　明
thin	细边框
medium	中等粗细边框（默认值）
thick	粗边框
绝对长度	用绝对值指定边框粗细，例如 P{border-style:solid;border-color:teal;border-width:}

（9）border-bottom-width。

border-bottom-width 用于指定区域底部的边框粗细，设置值和 border-width 相同。

（10）border-top-width。

border-top-width 用于指定区域顶端的边框粗细，设置值和 border-width 相同。

（11）border-left-width。

border-left-width 用于指定区域左边的边框粗细，设置值和 border-width 相同。

（12）border-right-width。

border-right-width 用于指定区域右边的边框粗细，设置值和 border-width 相同。

（13）border-bottom。

border-bottom 用于指定区域底部的边框粗细、样式及颜色，用于同时设置 border-bottom-width、border-bottom-style 和 border-bottom-color 三个属性值。

```
{    border-bottom:thick dotted #ff0000;    }
```

（14）border-top。

border-top 用于指定区域顶端的边框粗细、样式及颜色，用于同时设置 border-top-width、border-top-style 和 border-top-color 三个属性的值。

```
.d2 {border-top:5px solid #FF0000;}
```

（15）border-left。

border-left 用于指定区域左边的边框粗细、样式及颜色。

```
p {    border-left:thick double #ff0000;    }
```

（16）border-right。

border-right 用于指定区域右边的边框粗细、样式及颜色。

```
p {    border-right:thick double #ff0000;    }
```

（17）border。

border 用于指定区域四周的边框粗细、样式及颜色。

```
p    {    border:5px solid red;    }
```

（18）margin-bottom。

margin-bottom 用于指定区域的下边界大小，设置 p 元素的下外边距。

```
p    {    margin-bottom:2cm;    }
```

（19）margin-left。

margin-left 用于指定区域的左边界大小。

```
p { margin-left:2cm; }
```

（20）margin-top。

margin-top 用于指定区域的上边界大小。

```
p { margin-top:2cm; }
```

（21）margin-right。

margin-right 用于指定区域的右边界大小。

```
p { margin-right:2cm; }
```

（22）margin。

margin 用于指定区域的边界大小，设置 p 元素的 4 个外边距。

```
p { margin:2cm 4cm 3cm 4cm; }
```

（23）clear。

clear 用于指定要清除区域左右边的组件，设置值如表 13-13 所示。

表 13-13　清除区域左右边组件说明表

设置值	说明	设置值	说明
none（默认值）	不清除区域左右边的组件	right	清除区域右边的组件
left	清除区域左边的组件	both	清除区域左右边的组件

（24）height。

height 用于指定组件的高度，设置段落的高度。

```
p { height:2cm; }
```

（25）width。

width 用于指定组件的宽度，设置段落的宽度。

```
p { width:2cm; }
```

（26）float

float 用于指定是否要做图形旁的字，设置值如表 13-14 所示。

表 13-14　float 设置说明

设置值	说明
none	不做图形旁的字（默认值）
left	令组件放在左边，组件后面的字从组件的右边开始显示
right	令组件放在右边，组件后面的字从组件的左边开始显示

13.3.5 设置分类样式（Classification Property）

层叠样式表提供的分类样式有下列几种。

（1）display。

display 用于指定 HTML 组件的显示方式，设置值如表 13-15 所示。

表 13-15 显示方式说明表

设 置 值	说 明
none	不显示组件
block	在组件的前后各自加上换行符号，使组件自成一个区域
inline	删除组件前后的换行符号，使组件与前后的组件组成同一区域
list-item	使组件成为列表中的一行

（2）list-style-image。

list-style-image 用于指定图片项目符号的图形文件名称。

（3）list-style-position。

list-style-position 用于指定图片项目符号是否对齐文字的左边界。

（4）list-style-type。

list-style-type 用于指定项目符号或编号，设置值如表 13-16 所示。

表 13-16 list-style-type 设置说明表

设 置 值	说 明	设 置 值	说 明
none	不显示项目符号或编号	upper-roman	显示大写罗马数字编号
disc	显示项目符号“●”	lower-alpha	显示小写英文字母编号
circle	显示项目符号“○”	upper-alpha	显示大写英文字母编号
square	显示项目符号“■”	decimal	显示阿拉伯数字编号
lower-roman	显示小写罗马数字编号		

（5）list-style。

list-style 是 list-style-image、list-style-position、list-style-type 等样式的综合表示法，简写属性在一个声明中设置所有的列表属性，下面源代码表示把图像设置为列表中的列表项目标记。

```
ul   {   list-style:square inside url('/i/arrow.gif');   }
```

13.4 典型应用项目范例：门户网站菜单列表的设计

1. 门户网站菜单列表的设计目标效果图如图 13-3 所示

图 13-3 门户网站菜单列表效果图

2. 基于目标效果图的设计分析

从目标效果图中看出本案例要实现的是一个下拉式的菜单栏，菜单栏中有9个菜单，当鼠标光标移动到某菜单条目上时，该菜单条目如果有子菜单，子菜单就以下拉的形式展开显示，当鼠标光标移开菜单时，该子菜单就隐藏。

3. 门户网站菜单列表的设计步骤

（1）利用<ul>、<li>、<dl>和<dd>标签创建级联菜单内容。

利用 Dreamweaver 新建一个 HTML 页面，名称为“13-1 菜单列表制作.html”。

在 HTML 页面代码的<body>标签中添加一个表格，表格中包含一行一列（一个<tr>，<tr>中一个<td>）。

在<td>单元格中利用<ul>和<li>标签设置9个菜单条目。

每个菜单条目都用<a>标签建立了超级链接，并用 href 属性指定了外国投资的目标文件。

其中在第二个菜单条目“公司概况”中包含两个子菜单，因此在该<li>标签中包含一个<dl>标签，在该<dl>标签中包含两个<dd>标签。

➢ 源代码清单：

```
<table  height="35"  width="100%">
  <tr  height="35">
      <td  height="35">
          <ul id="menu">
                <li><a id="a" href="index.html">首页</a></li>
                <li> </li>
                <li><a  id="b" href="intro/index(intro).html">公司概况</a>
                    <dl>
                     <dd><a href="intro/index(intro).html">公司简介</a></dd>
                     <dd><a href="intro/index(leader).html">公司领导</a></dd>
                    </dl>
                </li>
                <li> </li>
             <li><a id="c"  href="organ/index(organ).html">组织机构</a></li>
                <li> </li>
                <li><a  id="d" href="news/index(news-slxw).html">企业动态</a>
                </li>
                <li> </li>
        <li><a  id="e" href="achievement/index(zyyj-gh1).html">主要业绩</a>
                </li>
                <li> </li>
                <li><a  id="f" href="zShu/index(zShu).html">资质证书</a></li>
                <li> </li>
             <li><a  id="g" href="QualityC/index(ZL).html">质量管理</a></li>
                <li> </li>
          <li><a  id="h" href="culture/index(cul).html">企业文化</a> </li>
                <li> </li>
                <li> </li>
         <li><a  id="i" href="prize/index(science).html">获奖情况</a></li>
                <li> </li>
             </ul>
```

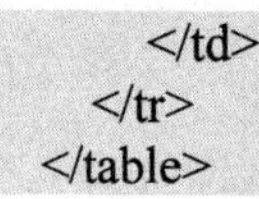

```
            </td>
        </tr>
    </table>
```

➢ 运行效果如图 13-4 所示

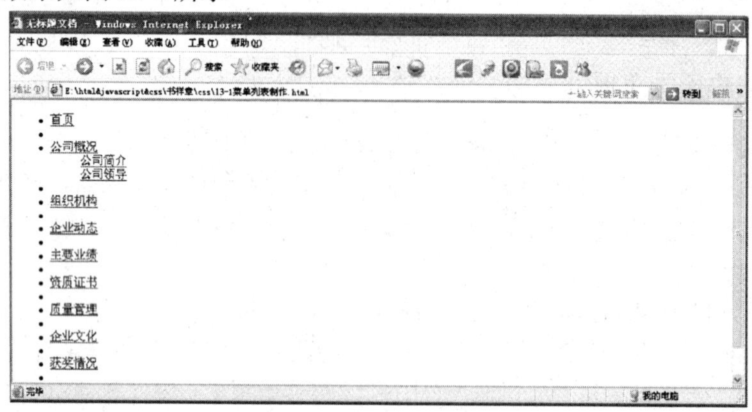

图 13-4　菜单条目效果图

（2）利用 CSS 格式化菜单整体栏目。

➢ CSS 源代码清单：

```
ul#menu {
    background-image: url(banner.jpg);
    width: 1004px;
    height: 35px;
    text-align: left;
    line-height: 35px;
    margin: 0px;
    }
```

➢ 源代码解释：

本源代码中采用 id 选择器，样式名为“ul#menu”，表示该样式将会自动应用于 HTML 文件中的 id 为“menu”的<ul>标签中的所有数据。

该样式通过 background-image 属性指定了菜单的背景图片为“banner.jpg”。

通过 width 和 height 属性指定了菜单的宽度和高度分别为 1004 像素、35 像素。

通过 text-align 属性指定了菜单栏中的数据对齐方式为“左对齐”。

通过 line-height 属性指定了文字行的高度（字体底端与字体内部顶端之间的距离）为 35 像素。

通过 margin:0px 使得菜单与外边标签元素的距离为 0 像素。

（3）利用 CSS 样式格式化子菜单。

➢ 源代码清单：

```
ul#menu li {
    float: left;
    text-align: center;
    visibility: visible;
}
```

➢ 源代码解释：

该样式将自动应用于 id 为“menu”<ul>标签下的<li>标签中的数据。

float:left：表示指定了菜单数据向左（从左至右）浮动。

text-align:center：表示指定菜单中的数据对齐方式为居中。

visibility:visible：表示指定菜单中的数据显示（hidden 表示不显示，但占据设计位置）。

（4）格式化<dl>标签元素。

➢ 源代码清单：

```
#menu li dl {
    display: none;
    position: absolute;
}
```

➢ 源代码解释：

该样式将自动应用于 id 为“menu”标签下的<li>标签下的<dl>标签中的数据元素。

display:none：表示将<dl>标签中的数据元素隐藏不显示。

position:absolute：表示将<dl>标签中的数据元素的位置设置为绝对方式显示，也就是采用指定的（x，y）坐标确定位置。

（5）格式化<a>标签元素。

➢ 源代码清单：

```
ul#menu li a {
    display: block;
    height:35px;
    width: 111px;
    font-family: "宋体";
    font-size: 13px;
    font-weight: bold;
    color: #FFFFFF;
    list-style-type: none;
    text-decoration: none;
}
```

➢ 源代码解释：

该样式将自动应用于 id 为“menu”标签下的<li>标签下的<a>标签中的数据元素。

display:block：表示将每个<a>标签中的数据元素都另起一行显示，display:inline 则表示将从对象中删除行，所有对象都在同一行。

height:35px：表示设置<a>标签的高度为 35 像素。

width:111px：表示设置每个<a>标签的宽度为 111 像素。

font-family:“宋体”：表示设置<a>标签的文字字体为宋体。

font-size:13px：表示设置文字大小为 13 像素。

font-weight:bold：表示设置字体为加粗。

color:#FFFFFF：表示设置文字颜色为#FFFFFF。

list-style-type:none：表示设置列表项标记的类型为无标记，disc 表示标记是实心圆，square 表示标记是实心方块，decimal 表示标记是数字。

text-decoration:none：表示给文字加下画线。

（6）为菜单元素添加下画线。

➢ 源代码清单：

```
ul#menu li a:hover{
    text-decoration: underline;
}
```

➢ 源代码解释：

源代码中设置样式，使其自动应用于 id 为“menu”标签下的<li>标签下的<a>标签中的数据元素，:hover 表示伪类，当鼠标光标移动停留到这些数据元素上时，添加以下数据效果。

text-decoration:underline：表示给文字加下画线。

（7）静态展开子菜单设置。

➢ 源代码清单：

```
#menu li dl.hover{
            display:block;
 }
```

➢ 源代码解释：

源代码中设置样式，该样式采用的是类选择器进行匹配应用，需要手动在 HTML 中用 class=“hover”来进行指定匹配应用。

display:block：表示以块的形式指定应用该样式的标签中的元素。

➢ 对应的 HTML 的源代码如下：

```
<dl class="hover">
        <dd><a href="intro/index(intro).html">公司简介</a></dd>
        <dd><a href="intro/index(leader).html">公司领导</a></dd>
</dl>
```

➢ 应用效果如图 13-5 所示。

图 13-5　静态展开子菜单效果图

（8）动态展开子菜单设置。

➢ 源代码清单：

```
<script language="javascript" type="text/javascript" >
window.onload=function(){
    var li_items=document.getElementsByTagName("li");
    for(var i=0;i<li_items.length;i++){
        li_items[i].onmouseover=function(){
            this.getElementsByTagName("dl")[0].className="hover";
            }
        li_items[i].onmouseout=function(){
            this.getElementsByTagName("dl")[0].className="";
```

```
            }
        }
    }
</script>
```

➢ 源代码解释：

因为第（7）步中设置的子菜单展开效果为静态展开，为了动态展开，当鼠标放上去时展开，鼠标移开时隐藏，在 HTML 页面中利用 JavaScript 代码动态为移动子菜单到有子菜单的菜单目录上时，为该<dl>标签设置其 class 属性值为“hover”，相当于 HTML 页面中的<dl class="hover">。

var li_items=document.getElementsByTagName("li")：表示在整个页面中查找<li>标签元素。

li_items[i].onmouseover=function(){
this.getElementsByTagName("dl")[0].className="hover";} 上述代码表示当鼠标移动光标到<li>标签上时查找当前<li>标签下的<dl>标签，为查找到的<dl>标签元素设置 class 属性值为“hover”。

➢ 对应的 HTML 的源代码如下：

```
<dl class="hover">
        <dd><a href="intro/index(intro).html">公司简介</a></dd>
        <dd><a href="intro/index(leader).html">公司领导</a></dd>
</dl>
```

➢ 应用效果如图 13-6 所示。

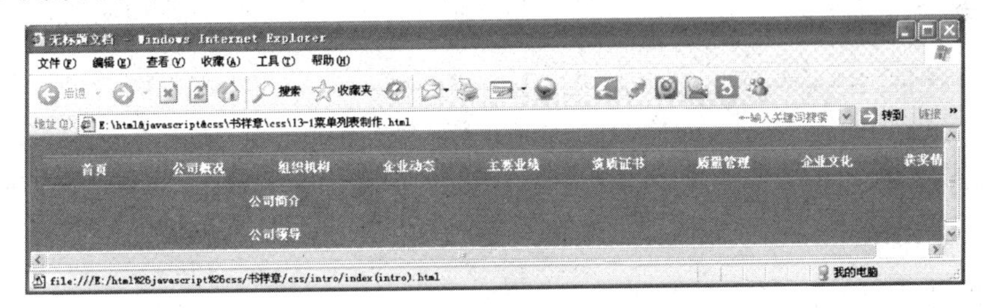

图 13-6　动态展开子菜单效果图

（9）子菜单格式设置。

➢ 源代码清单：

```
#menu li dl dd {
    height: 35px;
    width: 111px;
    background-color: #F0F0F0;
    border-top-width: 1px;
    border-top-style: solid;
    border-top-color: #999999;
    line-height: 35px;
    filter: Alpha(Opacity=80);
}
```

➢ 源代码解释：

该样式自动应用于 HTML 文件中的 id 为“menu”标签下的<li>标签中的<dl>子标签

中的子标签<dd>中的数据元素。

height:35px：表示设置标签高度为 35 像素。

width:111px：表示设置标签宽度为 111 像素。

background-color:#F0F0F0：表示设置背景颜色为#F0F0F0。

border-top-width:1px：表示该标签元素上边框宽度为 1 像素。

border-top-style: solid：表示该标签元素上边框样式为线条边框。

border-top-color:#999999：表示该标签元素上边框颜色为#999999。

line-height:35px：表示设置标签元素间（行间）的距离(行高)为 35 像素。

filter:Alpha(Opacity=80)：标签元素的滤镜设置，Alpha 表示设置标签元素的透明度为 80，blur 表示创建高速度移动效果，即模糊效果，Chroma 表示制作专用颜色透明，DropShadow 表示创建对象的固定影子，FlipH 表示创建水平镜像图片，FlipV 表示创建垂直镜像图片，glow 表示加光辉在附近对象的边外，gray 表示把图片灰度化，invert 表示反色，light 表示创建光源在对象上，mask 表示创建透明掩模在对象上，shadow 表示创建偏移固定影子，wave 表示波纹效果，Xray 表示使对象变得像被 X 光照射一样。

➢ 应用效果如图 13-7 所示。

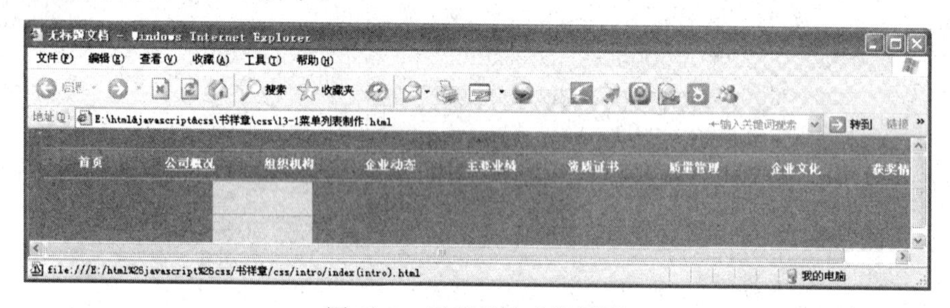

图 13-7　子菜单格式效果图

（10）子菜单文字格式设置。

➢ 源代码清单：

```
#menu li dl dd a {
    font-size: 12px;
    color: #000000;
    font-weight: lighter;
}
```

➢ 源代码解释：

该样式自动应用于 HTML 文件中的 id 为“menu”标签下的<li>标签中的子标签<dl>中的子标签<dd>中的子标签<a>中的数据元素。

font-size:12px：表示设置超级链接<a>标签中的文字大小为 12 像素。

color:#000000：表示设置超级链接<a>标签中的文字颜色为#000000。

font-weight:lighter：表示设置超级链接<a>标签中的文字为比标准字符更细的字符。

➢ 应用效果如图 13-8 所示。

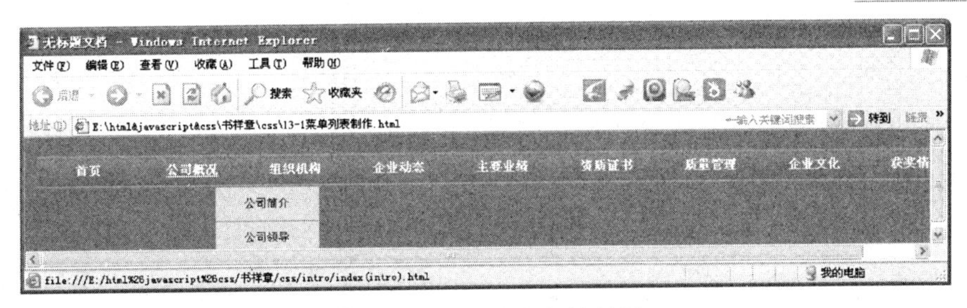

图 13-8　子菜单文字效果图

13.5　定位效果制作

CSS 为定位和浮动提供了一些属性，利用这些属性，可以建立列式布局，将布局的一部分与另一部分重叠，还可以完成多年来通常需要使用多个表格才能完成的任务。

定位的基本思想很简单，它允许您定义元素框相对于其正常位置应该出现的位置，或者相对于父元素、另一个元素甚至浏览器窗口本身的位置。

13.5.1　利用层制作图层叠加特殊效果

使用过 Photoshop 的人都知道，图片其实包含很多图层，多个图层组合成一张特殊效果的图片。在网页布局时，我们经常会使用<div>标签来布局，而<div>标签其实就是用来定义层元素的，可以使用层的属性来设置层的样式，层的属性主要包括层空间、层裁剪、层大小、层溢出和层是否可见等。

（1）新建 img.css 文件，在文件中输入 CSS 代码定义样式。

```
.a{width:300px;height:300px;background:#F00;z-index:-1; position:absolute;}
.b{width:300px;height:300px;margin:10px;background:#FF0;position:absolute;}
.c{width:300px;height:300px;margin:20px;background:#00F;z-index:1;position:absolute;}
```

以上代码表示定义了三个区域，区域大小为宽 300 像素，高 300 像素，背景颜色分别为#F00、#FF0 和#00F，都采用绝对位置方式显示，分别放置在底部、中间和上面。

position：该属性有三种定位方式 absolute、relative 和 fixed，absolute 表示采用绝对位置方式显示，会根据 z-index 属性指定的位置显示，如果采用 relative，z-index 属性指定的位置就无效，就不会有重叠效果，会先按顺序排列方式显示，而 fixed 表示会根据 top、left、right 和 bottom 属性值的位置来显示。

z-index：该属性设置元素的层叠顺序，拥有更高层叠顺序的元素总是会处于层叠顺序较低的元素的前面，该属性设置一个定位元素沿 z 轴的位置，z 轴定义为垂直延伸到显示区的轴。如果为正数则表示离用户更近，为负数则表示离用户更远。

（2）新建 HTML 文件（13-3 图层叠加.html），并在<body></body>标签中输入以下代码：

```
<html>
<head>
<link href="img.css" rel="stylesheet"  type="text/css" />//引进方式文件
</head>
```

```
<body>
<div class="a"></div>
<div class="b"></div>
<div class="c"></div>
</body>
</html>
```

以上源代码在<body>标签中定义了三个<div>标签，分别用 class 属性采用类选择器引用了 a、b、c 三个样式，也就是定义了三个区域。

在浏览器中打开页面查看效果如图 13-9 所示。

图 13-9　图层叠加效果图

13.5.2　制作图片透明效果

1．新建 HTML 文件，并在<body></body>标签中输入以下代码

```
<html>
<head>
<title>半透明 div</title>
<style>
#div1 { margin:0px auto; width:500px; height:370px ; text-align:center;
background:url(fenlifadian.jpg);}
#div2 { height:330px; filter:alpha(Opacity=80); background-color:#ffffff; }
</style>
</head>
<body>
<div id="div1">
  <div style="padding:20px;"><div id="div2">这里是透明的 DIV</div></div>
</div>
</body>
</html>
```

2．源代码解释

本案例采用直接在 HTML 文件中定义样式并引用，表示在<body>标签中定义了一个 id 为 div1 的大 div，并在里面定义了一个子 div，子 div 的 4 个内边距都是 20 像素，并在子 div 中又定义了一个子 div。在<head>标签中加入<style>标签为 HTML 文档中 id 为 div1 和 div2 的两个元素定义了两个样式，并自动应用，其中 div1 样式为外边距 0 像素，宽 500 像素，高 370 像素，文本对齐方式为居中，并应用 fenlifadian.jpg 图为背景；div2 样式为高 330 像素，透明度为 80（Opacity 代表透明度等级，可选值从 0 到 100，0 代表完全透明），背景颜色为#ffffff。

3. 运行效果如图 13-10 所示

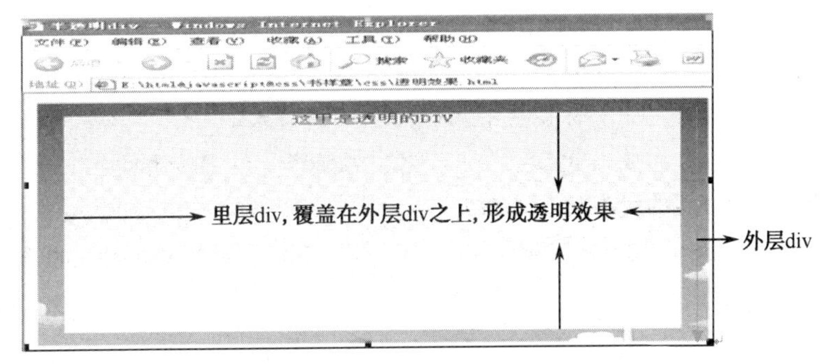

图 13-10 图片透明效果图

13.5.3 鼠标指针变换

1. 新建 HTML 文件，并输入以下代码

```
<html>
<body>
<p>请把鼠标移动到单词上，可以看到鼠标指针发生变化。</p>
<span style="cursor:help">
help</span>
</body>
</html>
```

2. 源代码解释

本案例采用直接在 HTML 文档元素中定义引用样式，如<span style="cursor:help">help</span>表示在当鼠标放在“help”上时指针变为问号形状，还有更多，如 auto、crosshair、default、pointer、move、e-resize、ne-resize、nw-resize、n-resize、se-resize、sw-resize、s-resize、w-resize、text 和 wait。

3. 运行效果如图 13-11 所示

请把鼠标移动到单词上，可以看到鼠标指针发生变化。

help

图 13-11 变换鼠标指针效果图

13.6 综合练习

一、选择题

（1）下面哪个属性用于设置文字字体？（ ）

A．font-family B．font-size C．text-align D．font-color

（2）下面哪个标签用于将独立 CSS 文件引入 HTML 页面中？（ ）

A．<link>　　B．<style>　　C．<head>　　D．<body>

（3）<link>标签中的（　　）属性用于指定 CSS 文件的位置。

A．href　　B．type　　C．rel　　D．src

（4）在 HTML 页面的（　　）标签中可以直接书写 CSS 样式。

A．<link>　　B．<style>　　C．<head>　　D．<body>

（5）用于指定文字间距的属性为（　　）。

A．letter-spacing　　B．word-spacing　　C．text-align　　D．text-decoration

二、填空题

（1）CSS 文档的扩展名为________。

（2）使用“#”加自定义名字作为样式名为________选择器 。

（3）使用“.”加自定义样式名作为样式名为________选择器。

（4）________用于格式化字体、大小、行距、粗体、斜体等样式。

（5）background-color 用于指定 HTML 组件的________。

第 14 章 认识 HTML5

基本介绍

HTML5 是 HTML 标准的下一个版本，HTML5 将成为 HTML、XHTML 及 HTML DOM 的新标准。越来越多的程序员开始用 HTML5 来构建网站。如果您同时使用 HTML4 和 HTML5 的话，您会发现用 HTML5 从头构建，比从 HTML4 迁移到 HTML5 要方便很多。虽然 HTML5 没有完全颠覆 HTML4，它们还是有很多相似之处，但也有一些关键的不同，HTML5 是 W3C 与 WHATWG 合作的结果，WHATWG 致力于 Web 表单和应用程序，而 W3C 专注于 XHTML 2.0。在 2006 年，双方决定进行合作，来创建一个新版本的 HTML。目标就是要能够创建更简单的 HTML 程序（由提供得更好的 API 来实现），编写更简易的 HTML 代码（原来很多功能必须用 JavaScript 才能实现，现在可由标签来直接实现），并使得页面结构更加清楚（原来的 div 不再使用，而是采用更加语义化的结构标签来实现）。

需求与应用

某 Web 项目需要提供让用户在离线状态下继续访问 Web 应用的功能。

学习目标

- 认识 HTML5 语法上的变化。
- HTML5 中新增的元素和删减的元素介绍。
- HTML5 中新增的属性和删减的属性介绍。

14.1　HTML5 语法的改变

与 HTML4 相比，HTML5 在语法上发生了很大的变化，之前的 HTML 因为是在 SGML（Standard Generalized Markup Language）标准通用标记语言上发展起来的，但因为 SGML 语法非常复杂，很多浏览器不包含 SGML 的分析器，所以使得各浏览器在执行 HTML 程序时没有一个统一的标准。而在 HTML5 中，就围绕着这个 Web 标准，重新定义了一套在现有的 HTML 的基础上修改而来的语法，使它运行在各浏览器时各浏览器都能够符合这个通用标准。

14.1.1　HTML5 中的标记方法

1. 内容类型（ContentType）

首先，HTML5 的文件扩展名与内容类型保持不变，也就是说，扩展名仍然是“.html”

或“.htm”，内容类型（ContentType）仍然为“text/html”。

2. DOCTYPE 声明

DOCTYPE 声明位于文件第一行。在 HTML4 中，它的声明方法如下：

```
(<!DOCTYPE html PUBLIC "-//W3C//DTD XHTML 1.0 Transitional//EN" "">)
```

在 HTML5 中，刻意不使用版本声明，一份文档将会适用于所有一种版本的 HTML。HTML5 中的 DOCTYPE 声明方法（不区分大小写）如下：

```
(<!DOCTYPE html>)
```

另外，当使用工具时，也可以在 DOCTYPE 声明方式中加入 SYSTEM 识别符，声明方法如下面的代码所示：

```
(<!DOCTYPE html SYSTEM "about:legacy-compat">)
```

在 HTML5 中，像这样的 DOCTYPE 声明方式是允许的（不区分大小写，引号不区分是单引号还是引号）。

3. 指定字符编码

在 HTML4 中，使用 meta 元素的形式指定文件中的字符编码，如下所示：

```
<meta http-equiv="Content-Type" content="text/html; charset=utf-8" />
```

在 HTML5 中，可以使用对<meta>元素直接追加 charset 属性的方式来指定字符编码，如下所示：

```
<meta charset="utf-8">
```

以上两种方法都有效，可以继续使用前一种方式（通过 content 元素的属性来指定），但是不能同时混合使用两种方式。

14.1.2 HTML5 与早期版本 HTML 的兼容性

1. 可以省略标记的元素

在 HTML5 中，元素的标记可以省略。具体来说，元素的标记分为“不允许写结束标记”、“可以省略结束标记”和“开始标记和可以省略全部结束标记”三种类型。

（1）不允许写结束标记的元素：area、base、br、col、command、embed、hr、img、input、keygen、link、meta、param、source、track、wbr。

（2）可以省略结束标记的元素：li、dt、dd、p、pr、rt、rp、optgroup、option、colgroup、thead、tbody、tfoot、tr、td、th。

（3）可以省略全部结束标记的元素：html、head、body、colgroup、tbody。

2. 具有 boolean 值的属性

对于具有 boolean 值的属性，例如 readonly，当只写属性而不指定属性值时，表示属性值为 true；如果想要将属性值设为 false，则可以不使用该属性。另外，要想将属性值设定为 true 时，也可以将属性名设定为属性值，或将空字符串设定为属性值。例如：

```
<!--只写属性不写属性值代表属性为 true-->
<input type=checkbox checked>
<!--不写属性代表属性为 false-->
<input type=checkbox>
<!--属性值=属性名，代表属性为 true-->
<input type=checkbox checked=checked>
<!--属性值=空字符串，代表属性为 true-->
<input type=checkbox checked>
```

3. 省略引号

在 HTML4 中指定属性值的时候，属性值两边可以用双引号，也可以用单引号。HTML5 在此基础上做了一些改进，当属性值不包括空字符串、“<”、“>”、“=”、单引号、双引号等字符时，属性值两边的引号可以省略。

14.2 新增的和废除的元素

1. 新增的元素

HTML5 新增了很多标签元素，这些标签元素功能强大，灵活多变，大大简化了原来 HTML4 在多媒体应用方面的烦琐的设置，加强了多媒体的应用功能，如表 14-1 所示列出了 HTML5 中新增的所有标签及标签应用的描述。

表 14-1 HTML5 新增标签表

标　签	描　述
<article>	表示一块与上下文不相关的独立内容，如博客中的一篇文章或报纸中的一篇文章，类似于 HTML4 中的<div>
<aside>	表示 article 元素的内容之外的、与 article 元素的内容相关的辅助信息，类似于<div>
<audio>	定义音频，比如音乐或其他音频流，对应 HTML4 中的<object>标签
<bdi>	定义文本的文本方向，使其脱离其周围文本的方向设置
<canvas>	定义图形，比如图表和其他图像，这个元素本身没有行为，仅提供一块画布，以使 JS 能够在此绘图
<command>	定义命令按钮，比如单选按钮、复选框或按钮
<datalist>	表示可选数据的列表，与 input 元素配合使用，可以制作出输入值的下拉列表
<datagrid>	表示可选数据的列表，它以树形列表的形式来显示
<details>	表示用户要求得到并且可以得到的细节信息，和第一个子元素<summary>（提供标题或图例）一起使用，用户点击标题时显示出细节信息
<embed>	定义外部交互内容或插件，用来插入各种多媒体，可以是 midi、wav、aiff、au、mpe 等，类似<object>标签
<figcaption>	定义 figure 元素的标题
<figure>	表示一段独立的流内容，表示文档主体流内容中的一个独立单元，定义媒介内容的分组，以及配合<figcaption>定义标题
<footer>	定义 section 或 page 的页脚，一般包含创作者的姓名、日期及创作者联系信息

续表

标　签	描　述
<header>	定义 section 或 page 的页眉，表示页面中的一个内容区块或整个页面的标题，类似<div>
<hgroup>	用于对整个页面或页面中的一个内容区块的标题进行组合
<keygen>	用于生成密钥
<mark>	定义有记号的文本，一个比较典型的应用就是在搜索结果中向用户高亮显示搜索关键词，对应 HTML4 中的<span>
<meter>	定义预定义范围内的度量
<menu>	表示菜单列表，当希望列出表单控件时使用该元素
<nav>	定义导航链接，表示页面中的导航链接的部分
<output>	表示不同类型的输出，比如脚本的输出
<progress>	表示运行中的进程，可以用来显示 JavaScript 中耗费时间的函数的进程
<rp>	定义若浏览器不支持 ruby 元素时显示的内容
<rt>	定义 ruby 注释的解释中，表示字符的解释或发音，HTML5 新增的功能
<ruby>	定义 ruby 注释（中文注音或字符），为 HTML5 新增的功能
<section>	表示页面中的一个内容区块比如章节、页眉、页脚或页面中的其他部分对应 HTML4 中的<div>标签
<source>	表示为媒介元素（如<video>和<audio>）定义媒介资源
<summary>	定义 details 元素的标题
<time>	定义日期/时间
<track>	定义用在媒体播放器中的文本轨道
<video>	定义视频，比如电影片段或其他视频流
<wbr>	表示软换行，与 的区别是， 表示此处必须换行，而<wbr>表示宽度不足时才换行，对于中文没多大用处

2．新增的 input 元素的类型

HTML5 中新增的 input 元素的类型如下。

- Email：必须输入 E-mail 地址的文本输入框。
- URL：必须输入 URL 地址的文本输入框。
- number：必须输入数值的文本输入框。
- range：必须输入范围内数字值的输入文本框。
- Date Pickers：拥有多个可供选取的日期和时间的新型输入文本框，包括 date—日、月、年；month—月、年；week—周和年；time—选取时间（小时和分钟）；datetime—选取时间、日、月、年（ITC 时间）；datetime-local—选取时间、日、月、年（本地时间）。

3．废除的元素

HTML5 中也废除了很多 HTML4 中原来使用的标签，这些标签分别是<acronym>、<applet>、<basefont>、<big>、<center>、<dir>、<font>、<frame>、<frameset>、<isindex>、<noframes>、<s>、<tt>、<u>、<xmp>、<small>、<strike>等。

14.3 新增的和废除的属性

1. 新增的属性

HTML5 中新增了很多属性，这些新增属性的值及描述如表 14-2 所示。

表 14-2 HTML5 新增属性表

属　性	值	描　述
contenteditable	true 或 false	规定是否允许用户编辑内容
contextmenu	menu_id	规定元素的上下文菜单
data-yourvalue	value	创作者定义的属性 HTML 文档的创作者可以定义他们自己的属性 必须以“data-”开头
draggable	true 或 false 或 auto	规定是否允许用户拖动元素
hidden	hidden	规定该元素是无关的。被隐藏的元素不会显示
item	empty 或 url	用于组合元素
itemprop	url 或 group value	用于组合项目
lang	language_code	规定元素中内容的语言代码
spellcheck	true 或 false	规定是否必须对元素进行拼写或语法检查
subject	id	规定元素对应的项目
onafterprint	script	在打印文档之后运行脚本
onbeforeprint	script	在文档打印之前运行脚本
onbeforeonload	script	在文档加载之前运行脚本
onblur	script	当窗口失去焦点时运行脚本
onfocus	script	当窗口获得焦点时运行脚本
onhaschange	script	当文档改变时运行脚本
onload	script	当文档加载时运行脚本
onmessage	script	当触发消息时运行脚本
onoffline	script	当文档离线时运行脚本
ononline	script	当文档上线时运行脚本
onpagehide	script	当窗口隐藏时运行脚本
onpageshow	script	当窗口可见时运行脚本
onpopstate	script	当窗口历史记录改变时运行脚本
onredo	script	当文档执行再执行操作（redo）时运行脚本
onresize	script	当调整窗口大小时运行脚本
onstorage	script	当文档加载时运行脚本
onundo	script	当 Web Storage 区域更新时（存储空间中的数据发生变化时）运行脚本
onunload	script	当用户离开文档时运行脚本

续表

属　性	值	描　述
oncontextmenu	script	当触发上下文菜单时运行脚本
onformchange	script	当表单改变时运行脚本
onforminput	script	当表单获得用户输入时运行脚本
oninput	script	当元素获得用户输入时运行脚本
oninvalid	script	当元素无效时运行脚本
ondrag	script	当拖动元素时运行脚本
ondragend	script	当拖动操作结束时运行脚本
ondragenter	script	当元素被拖动至有效的拖放目标时运行脚本
ondragleave	script	当元素离开有效拖放目标时运行脚本
ondragover	script	当元素被拖动至有效拖放目标上方时运行脚本
ondragstart	script	当拖动操作开始时运行脚本
ondrop	script	当被拖动元素正在被拖放时运行脚本
onmousewheel	script	当转动鼠标滚轮时运行脚本
onscroll	script	当滚动滚动元素的滚动条时运行脚本
oncanplay	script	当媒介能够开始播放但可能因缓冲而需要停止时运行脚本
oncanplaythrough	script	当媒介能够无须因缓冲而停止即可播放至结尾时运行脚本
ondurationchange	script	当媒介长度改变时运行脚本
onemptied	script	当媒介资源元素突然为空时（网络错误、加载错误等）运行脚本
onended	script	当媒介已抵达结尾时运行脚本
onerror	script	当在元素加载期间发生错误时运行脚本
onloadeddata	script	当加载媒介数据时运行脚本
onloadedmetadata	script	当媒介元素的持续时间及其他媒介数据已加载时运行脚本
onloadstart	script	当浏览器开始加载媒介数据时运行脚本
onpause	script	当媒介数据暂停时运行脚本
onplay	script	当媒介数据将要开始播放时运行脚本
onplaying	script	当媒介数据已开始播放时运行脚本
onprogress	script	当浏览器正在取媒介数据时运行脚本
onratechange	script	当媒介数据的播放速率改变时运行脚本
onreadystatechange	script	当就绪状态（ready-state）改变时运行脚本
onseeked	script	当媒介元素的定位属性不再为真且定位已结束时运行脚本
onseeking	script	当媒介元素的定位属性为真且定位已开始时运行脚本
onstalled	script	当取回媒介数据过程中（延迟）存在错误时运行脚本
onsuspend	script	当浏览器已在取媒介数据但在取回整个媒介文件之前停止时运行脚本
ontimeupdate	script	当媒介改变其播放位置时运行脚本
onvolumechange	script	当媒介改变音量亦或当音量被设置为静音时运行脚本
onwaiting	script	当媒介已停止播放但打算继续播放时运行脚本

2. 废除的属性

HTML5 中也废除了很多 HTML4 中原来使用的属性，如表 14-3 所示。

表 14-3 HTML5 废除的属性

标 签 名	HTML5 中废除的属性
<body>	text、bgcolor、background、bgproperties link、alink、vlink、topmargin、leftmargin
<table>	全部废除
<tr>	全部废除
<td><th>	仅支持“colspan”和“rowspan”，其他全部废除
<img>	border、vspace、hspace、align
<font>	face、size、color
<form>	onreset

14.4 全局属性

1. contenteditable 属性

➢ 属性说明。

一般在 HTML 页面运行后，在页面中的非文本框中的内容是不能被修改的，但使用 contenteditable 属性规定是否可编辑元素的内容，为 on 时可编辑，默认值为 off 或 inherit。

➢ 源代码清单：

```
<body>
<p contenteditable="true">这是一段可编辑的段落。请试着编辑该文本。
 </p>
</body>
```

➢ 运行效果如图 14-1 所示。

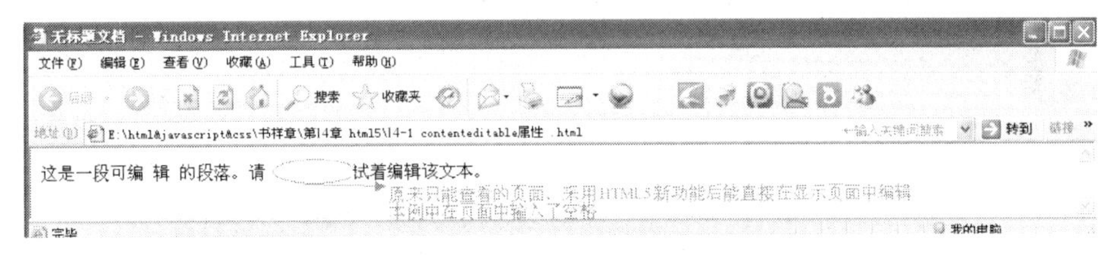

图 14-1 contenteditable 属性效果图

2. designmode 属性

➢ 属性说明。

要将整个文档设置为设计模式，可以对文档对象本身设置 designmode 属性，但只能在 HTML 文档中用 JavaScript 代码来设计该属性。

➢ 源代码清单：

```
<html >
<head>
<meta http-equiv="Content-Type" content="text/html; charset=gb2312" />
<title>无标题文档</title>
<script>
    document.designMode="on";
</script>
</head>
<body >
<p >这是一段用 designmode 实现的可编辑的段落。请试着编辑该文本。</p>
</body>
</html>
```

➢ 运行效果如图 14-2 所示。

图 14-2 designmode 属性效果图

3. hidden 属性

➢ 属性说明。

hidden 属性规定对元素进行隐藏，隐藏的元素不会被显示，如果使用该属性，则会隐藏元素，可以对 hidden 属性进行设置，使用户在满足某些条件时才能看到某个元素（比如选中复选框，等等）。然后，可使用 JavaScript 来删除 hidden 属性，使该元素变得可见。

➢ 源代码清单：

```
<body>
<p  hidden="hidden">这是一段用 hidden 属性实现了隐藏的段落。</p>
<p>这是一段可见的段落。</p>
</body>
```

➢ 运行效果如图 14-3 所示。

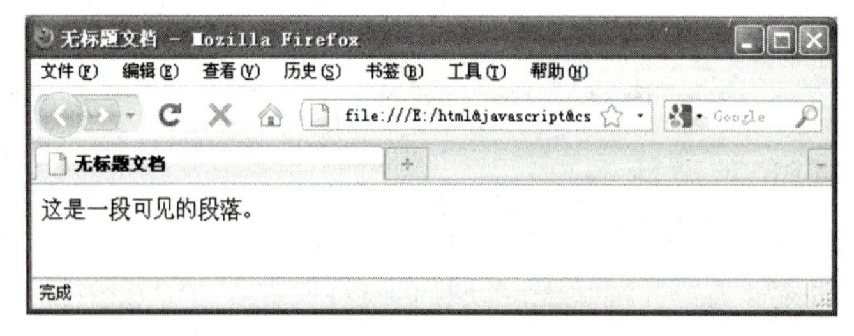

图 14-3 hidden 属性效果图

4. spellcheck 属性

➤ 属性说明。

spellcheck 属性规定是否对元素内容进行拼写检查，可对以下文本进行拼写检查，为 true 时检查，为 false 时不检查，类型为 text 的 input 元素中的值（非密码），textarea 元素中的值，可编辑元素中的值。

➤ 源代码清单：

```
<body bgcolor="red">
<p contenteditable="true" spellcheck="true">这是可编辑的段落。请试着编辑文本。</p>
</body>
```

➤ 运行效果如图 14-4 所示。

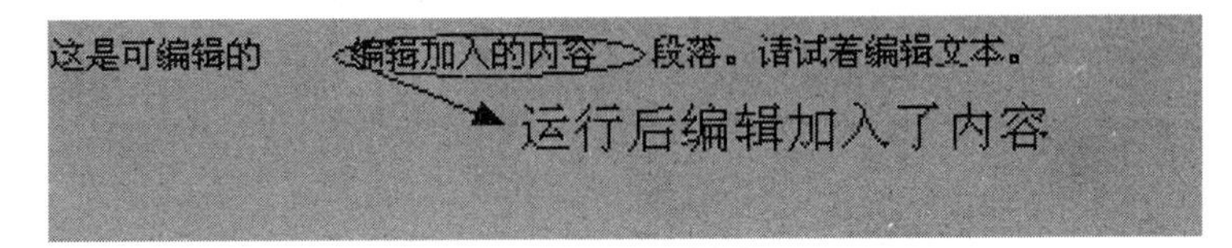

图 14-4　spellcheck 属性效果图

5. tabindex 属性

➤ 属性说明。

tabindex 属性规定当使用“tab”键进行导航时元素的顺序，值为一个数字，规定元素的 tab 键控制顺序（1 是第一）。

➤ 源代码清单：

```
<a href="http://www.w3school.com.cn/" tabindex="2">W3School</a>
<a href="http://www.google.com/" tabindex="1">Google</a>
<a href="http://www.microsoft.com/" tabindex="3">Microsoft</a>
```

➤ 运行效果如图 14-5 所示。

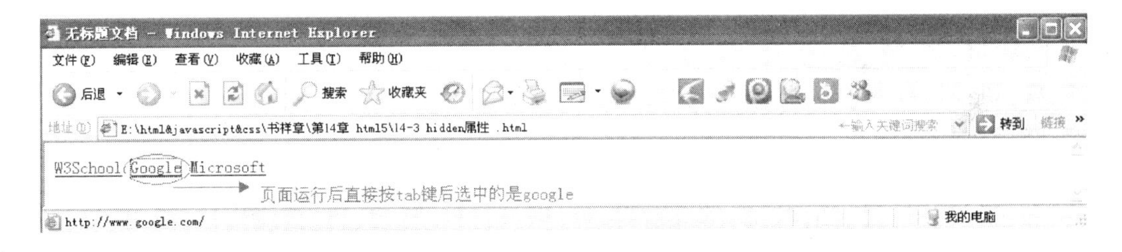

图 14-5　tabindex 属性效果图

14.5　典型应用项目范例：HTML5 离线访问功能的实现

本案例主要是实现在用户打开某个在线网页（该网页主要是实现显示系统时间和图片）后，在离线状态下也能访问该页面，并且访问效果跟在线访问类似。

1. 设计普通 HTML 网页实现显示系统时间和图片

➢ 目标效果如图 14-6 所示。

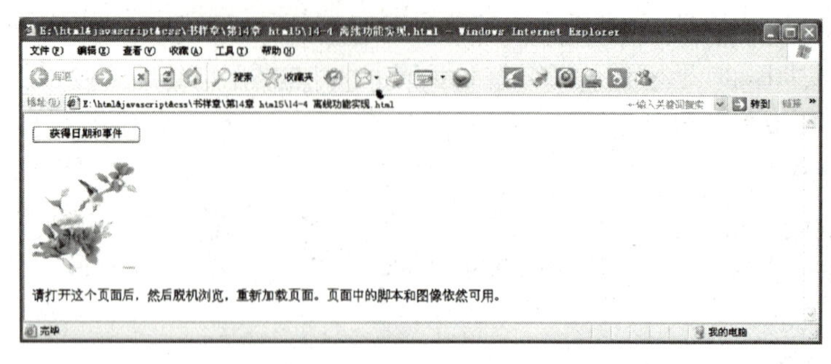

图 14-6　离线显示系统时间和图片效果图 1

➢ 源代码清单（14-4 离线功能实现.html）：

```
<html >
<body>
<input type="button" id="timePara"      onClick="getDateTime()" value="显示系统日期和时间"/>
<p><img src="hua.jpg" /></p>
<p>请打开这个页面后，然后脱机浏览，重新加载页面。页面中的脚本和图像依然可用。
</p>
</body>
</html>
```


➢ 源代码解释：

源代码中实现了以下功能。

（1）用“type=button”在页面中添加了一个按钮控件，该控制将会在后面实现单击时调用 JavaScript 函数 getDateTime()来显示系统日期和时间。

（2）用<img>标签显示了一张和 HTML 在同一目录的名为“hua.jpg”的图片。

2. 创建 JavaScript 文件代码实现单击显示系统日期和时间功能

➢ 目标效果如图 14-7 所示。

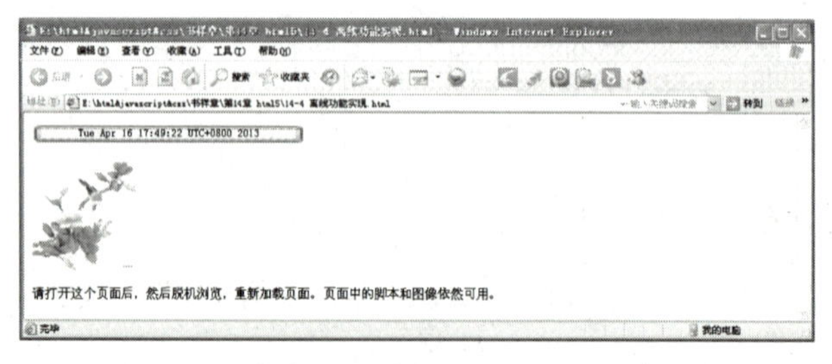

图 14-7　离线显示系统时间和图片效果图 2

➢ 源代码清单（demo_time.js）：

```
function getDateTime()
{
var d=new Date();//取得系统时间赋值给变量 d
/*把变量 d 中的系统日期时间赋值给 HTML 页面中 id 为'timePara'控件的 value 属性*/
```

```
document.getElementById('timePara').value=d;
}
//在 HTML 页面中引入 JavaScript 文件
<html manifest="demo_html.appcache">
<body>
<script type="text/javascript" src="demo_time.js">
</script>
<input type="button" id="timePara" onClick="getDateTime()" value="显示系统日期和时间"/>
<p><img src="hua.jpg" /></p>
<p>请打开这个页面后，然后脱机浏览，重新加载页面。页面中的脚本和图像依然可用。
</p>
</body>
</html>
```

➢ 源代码解释：

通过利用<script>标签在 HTML 页面中引入 demo_time.js 文件，再在<button>中用 onClick 属性指定 demo_time.js 文件中要执行的名为 getDateTime()的 js 函数，而该函数实现了取得系统日期时间并赋值给 button 控件的 value 属性。

3．添加离线显示功能

前面步骤实现了普通网页在线显示系统日期时间和图片的功能，但一旦离线，该页面就不能再显示，下面实现离线显示功能。

➢ 添加 Manifest 文件（demo_html.appcache）：

```
CACHE MANIFEST
14-4  离线功能实现.html
hua.jpg
demo_time.js
```

➢ manifest 文件源码解释。

manifest 文件是简单的文本文件，它告知浏览器被缓存的内容及不缓存的内容。manifest 文件可分为三个部分：

cache manifest——在此标题下列出的文件将在首次下载后进行缓存，本例中要缓存的文件有“14-4 离线功能实现.html”、“hua.jpg”和“demo_time.js”三个文件。

network——在此标题下列出的文件需要与服务器连接，且不会被缓存。

fallback——在此标题下列出的文件规定，当页面无法访问时的回退页面。

➢ cache manifest 格式。

下面说明书写 cache manifest 文件需要遵循的格式。

（1）首行必须是 cache manifest。

（2）其后，每一行列出一个需要缓存的资源文件名。

（3）可根据需要列出在线访问的白名单。白名单中的所有资源不会被缓存，在使用时将直接在线访问。声明白名单使用 network：标识符。

如果在白名单后还要补充需要缓存的资源，可以使用 cache：标识符。

如果要声明某 URL 不能访问时的替补 URL，可以使用 fallback：标识符。其后的每一行包含两个 URL，当第一个 URL 不可访问时，浏览器将尝试使用第二个 URL。

注释要另起一行，以“#”号开头。

4. 在 HTML 中指定 manifest 文件

添加了 cache manifest 文件后，还需要修改 HTML 文件，把<html>标签的 manifest 属性设置为“demo_html.appcache”。

➢ 源代码清单：

```
<html manifest="demo_html.appcache">
<body>
<script type="text/javascript" src="demo_time.js">
</script>
<input type="button" id="timePara" onClick="getDateTime()" value="显示系统日期和时间"/>
<p><img src="hua.jpg" /></p>
<p>请打开这个页面后，然后脱机浏览，重新加载页面。页面中的脚本和图像依然可用。</p>
</body>
</html>
```

➢ 源代码解释：

当用户在线访问“clock.html”时，浏览器会缓存“14-4 离线功能实现.html”、“hua.jpg”和“demo_time.js”文件；而当用户离线访问时，这个 Web 应用也可以正常使用了。

14.6 综合练习

一、选择题

（1）HTML5 中不允许写结束标记的元素为（ ）。

A．li　B．dd　C．dt　D．input

（2）HTML 5 中可以省略但也可以书写结束标记的元素为（ ）。

A．img　B．link　C．dt　D．input

（3）HTML 5 中可以省略全部标记的元素为（ ）。

A．img　B．link　C．html　D．input

（4）HTML 5 中属性值为（ ）类型时，可以只写属性不写值。

A．布尔　B．整型　C．字符型　D．实数型

（5）HTML 5 中当属性值不包括空字符串（ ）时，属性值两边的引号可以省略。

A．<　B．>　C．=　D．a-z

二、填空题

（1）HTML5 中新增 input 元素________，必须输入 E-mail 地址。

（2）HTML5 中使用________属性规定是否可编辑元素的内容。

（3）HTML5 中设置_______属性，将整个文档设置为设计模式。当文档处于设计模式时，将不运行脚本。

（4）HTML5 中______ 属性规定当使用“tab”键进行导航时元素的顺序。

（5）HTML5 中______属性规定是否对元素内容进行拼写检查。

第15章 认识CSS3

基本介绍

CSS3是CSS技术的升级版本，CSS3语言开发是朝着模块化发展的。以前的规范作为一个模块实在太庞大而且比较复杂，所以，把它分解为一些小的模块，更多新的模块也被加入进来，这些模块包括盒子模型、列表模块、超链接方式、语言模块、背景和边框、文字特效、多栏布局等。

需求与应用

某项目中需要应用圆角边框，并且有边框渐变和四个边有阴影的效果。

学习目标

- CSS3新特性介绍。
- CSS3模块化分类介绍。
- CSS3在项目中的应用。

15.1 概要介绍

15.1.1 CSS3新特性

CSS3语言开发是朝着模块化发展的。CSS3将完全向后兼容，所以没有必要修改现在的设计来让它们继续运作。网络浏览器也还将继续支持CSS2。CSS3主要的影响是将可以使用新的可用的选择器和属性，这些会允许实现新的设计效果（譬如动态和渐变），而且可以很简单地设计出现在的设计效果（比如说使用分栏）。CSS3包括以下多种新特性。

（1）以往对网页上的文字加特效只能用filter这个属性，在CSS3中专门制订了一个加文字特效的属性，而且不止加阴影这种效果。对应属性：font-effect。

（2）可用属性border-radius定义圆角表格，如图15-1所示。

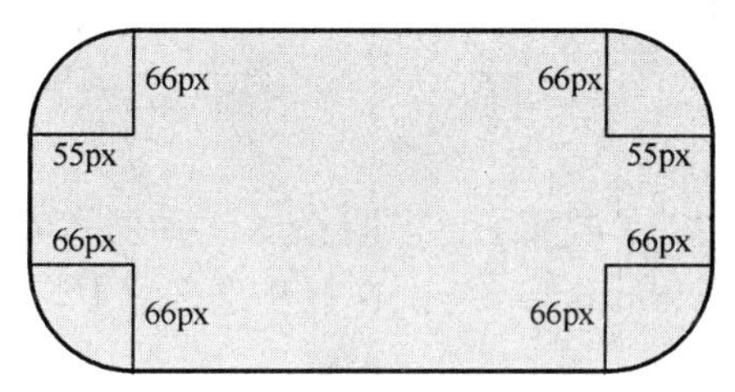

图15-1 圆角表格效果图

（3）丰富了对链接下画线的样式，HTML4 的下画线都是直线，而 HTML5 有波浪线、点线、虚线等，更可对下画线的颜色和位置进行任意改变（还有对应顶线和中横线的样式，效果与下画线类似）。对应属性：text-underline-style，text-underline-color，text-underline-mode，text-underline-position。

（4）文字下点几个点或打个圈以示重点，这在某些特定网页上很有用。对应属性：font-emphasize-style 和 font-emphasize-position。

（5）在边框设置方面，可用 border-color 属性设置颜色并产生渐变效果，可用 border-image 控制边框图像，border-corner-image 控制边框边角的图像，border-radius 能产生类似圆角矩形的效果。

（6）在背景设置方面，可用 background-origin 属性决定背景在盒模型中的初始位置，提供了 3 个值，border、padding 和 content，分别表示控制背景起始于左上角的边框、始于左上角的留白、始于左上角的内容；用 background-clip 属性决定边框是否覆盖住背景（默认不覆盖），提供了两个值，border 和 padding，分别表示会、不会覆盖住背景；用 background-size 属性可以指定背景大小，以像素或百分比显示，当指定为百分比时，大小会由所在区域的宽度、高度，以及 background-origin 的位置决定；用 multiple backgrounds 属性决定多重背景图像，可以把不同背景图像只放到一个块元素里。

（7）在文字效果方面，可用 text-shadow 属性为文字投影，可能是因为 MAC OSX 的 Safari 浏览器开始支持投影才特意增加的，可用 text-overflow 属性，当文字溢出时，用“…”提示。包括 ellipsis、clip、ellipsis-word、inherit，前两个 CSS2 就有了，目前还是部分支持，但有趣的是 IE6 居然也支持。ellipsis-word 可以省略掉最后一个单词，对中文意义不大，inherit 可以继承父级元素。

（8）在颜色应用方面，可用 HSL colors 属性，除了支持 RGB 颜色外，还支持 HSL（色相、饱和度、亮度）。以前一般都是做图的时候用 HSL 色谱，但这样一来会包括更多的颜色。H 用度表示，S 和 L 用百分比表示，比如 hsl（0,100%,50%）；可用 HSLA colors 属性，加了个不透明度（Apacity），用 0 到 1 之间的数来表示，比如 hsla（0,100%,50%,0.2）；可用 opacity 属性，直接控制不透明度，用 0 到 1 之间的数来表示；可用 RGBA colors 属性，和 HSLA colors 类似，加了个不透明度。一直以来，浏览器的透明一直无法实现单纯的颜色透明，每次使用 Alpha 后就会把透明的属性继承到子节点上。换句话说，很难实现背景颜色透明而文字不透明的效果。直到 RGBA 颜色的出现这一切成为现实。

实现这样的效果非常简单，设置颜色的时候使用标准的 rgba()单位即可，例如 rgba(255,0,0,0.4)，这样就出现了一个红色同时拥有 Alpha 透明为 0.4 的颜色。经过测试 Firefox3.0、Safari3.2 和 Opera10 都支持了 rgba 单位。

（9）在用户界面方面，可用 resize 属性，由用户自己调整 div 的大小，有 horizontal（水平）、vertical（垂直）或者 both（同时），或者同时调整。如果再加上 max-width 或 min-width 的话还可以防止破坏布局。

（10）在选择器方面，CSS3 增加了更多的 CSS 选择器，可以实现更简单但是更强大的功能，如 nth-child()等，而 Attribute selectors 属性选择器中，在属性中可以加入通配符，包括^,$,* ，如：

[att^=val]：表示开始字符是 val 的 att 属性。

[att*=val]：表示包含至少有一个 val 的 att 属性。

15.1.2 CSS 的发展历史

CSS1：1996 年 12 月，CSS1 正式推出，在这个版本中，已经包含了 font 的相关属性、颜色与背景的相关属性、box 的相关属性等。

CSS2：1998 年 5 月，CSS2 正式推出，在这个版本中开始使用样式表结构。

CSS2.1：2004 年 2 月，CSS2.1 正式推出。它在 CSS2 的基础上略微做了改动，删除了许多诸如 text-shadow 等不被浏览器所支持的属性。

现在所使用的 CSS 基本上是在 1998 年推出的 CSS2 的基础上发展而来的，十多年前在 Internet 刚开始普及的时候，就能够使用样式表来对网页进行效果的统一编辑，但十年间没有很大变化，直到 2010 推出的 CSS3。

15.2 CSS3 的功能

15.2.1 模块与模块化结构

在 CSS3 中，并没有采用总体结构，而是采用了分工协作的模块化结构，这些模块如表 15-1 所示。

表 15-1 CSS3 模块列表

模 块 名	功 能 描 述
Basic box model	定义各种与盒相关的样式
line	定义各种与直线相关的样式
lists	定义各种与列表相关的样式
Hyperlink prosentation	定义各种与超链接相关的样式，如锚显示方式、激活效果等
Presentation Levels	定义页面中元素的不同样式级别
Speech	定义各种与语音相关的样式，如音量、音速、说话间歇时间
Background and border	定义各种与背景和边框相关的样式
Text	定义各种与文字相关的样式
Color	定义各种与颜色相关的样式
Font	定义各种与字体相关的样式
Paged Media	定义各种页眉、页脚、页数等页面元素相关的样式
Cascading and inheritance	定义怎么对属性进行赋值
Value and Units	将页面中各种各样的值与单位进行统一定义，以供其他模块使用
Imag Values	对于对 image 元素的赋值方式
2D Transforms	在页面中实现二维空间上的变形效果
3D Transforms	在页面中实现三维空间上的变形效果
Animations	在页面中实现动画
CSSOM View	查看管理页面中或页面的视觉效果，处理元素的位置信息

续表

模 块 名	功 能 描 述
Syntax	定义CSS样式表的基本结构、样式表中的语法细节、浏览器样式表的分析规则
Generated and Replaced Content Marquee	定义怎样在元素中插入内容
Marquee	定义当一些元素的内容太大，超出了指定的元素尺寸时，是否显示溢出部分
Ruby	定义页面中ruby元素（用于显示拼音文字）的样式
Writing Modes	定义页面中文本数据的布局方式
Basic User Interface	定义在屏幕、纸张上进行输出时页面的渲染方式
Namespaces	定义使用命名空间时的语法
Media Queries	根据媒体类型来实现不同样式
'Reader' Media Type	定义用于屏幕阅读器之类的阅读程序时的样式
Multi-column Layout	在页面中使用多栏布局方式
Template-Layout	在页面中使用特殊布局方式
Flexible Box Layout	创建自适应浏览器窗口的流动布局或自适应字体大小的弹性布局
Grid Position	在页面中使用网格布局方式
Generated Content for Paged Media	在页面中使用印刷时使用的布局方式

采用模块化进行管理主要是为了避免产生浏览器对于某个模块支持不完全的情况，如果只有一个总体结构，这个总体会过于庞大，在对其支持的时候很容易造成扶持不完全的情况，如果把总体结构分成几个模块，各浏览器可以选择对于哪个模块进行支持，对哪个模块不进行支持，支持的时候也可以集中把某一个模块全部支持完了再支持另一个模块，以减少支持不完全的可能性。

例如台式计算机、笔记本和手机上用的浏览器应该针对不同的模块进行支持，如果采用模块分式协作的话，台式计算机，其他各种设备上所用的浏览器都可以选用不同模块进行支持。

15.2.2 CSS3 自动拉伸背景图片新功能应用

在 CSS3 中，添加了很多新的样式，譬如可以创建圆角边框，可以在边框中使用图像，可以修改背景图像的大小，可以对背景指定多个图像文件，可以修改颜色的透明度，可以给文字添加阴影，可以在CSS中重新指定表单的尺寸等。

现在，我们已经对 CSS3 的模块和模块化结构有了一个初步的认识，那么，究竟我们能够用CSS3来做些什么呢？我们通过一个案例来将CSS2与CSS3做一个对比，借此对CSS3有一个理解。

在这个示例中，我们给页面上的某个 div 区域添加一个彩色图像边框，这样可以使这个区域看上去漂亮很多，生动很多。

➢ CSS2 程序源代码清单。

```
<html >
<head>
<meta http-equiv="Content-Type" content="text/html; charset=gb2312" />
```

```
<style type="text/css">
#image-boarder{
margin:4px;
padding-left:16px;
padding-top:22px;
background:url(xue.jpg);
background-repeat:no-repeat;
color:red;
}
</style>
</head>
<body>
  <div id="image-boarder">
   《静夜思》<br/> <br/>
   床前明月光<br/>
   疑是地上霜<br/>
   举头望明月<br/>
   低头思故乡<br/>
   --诗人李白<br/>
  </div>
</body>
</html>
```

➢ 运行效果如图 15-2 所示。

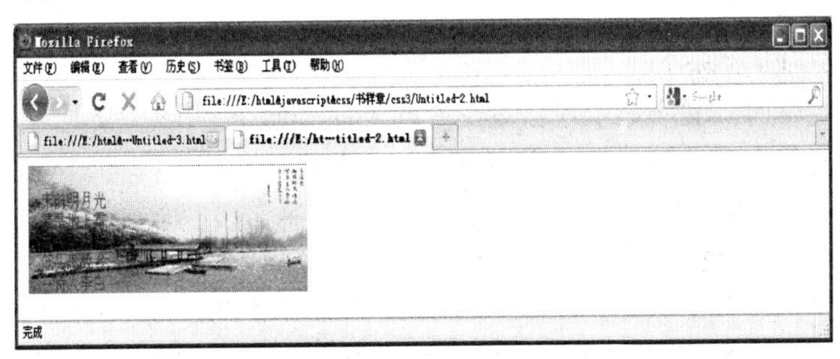

图 15-2 给 div 区域添加彩色图像边框的效果图

➢ CSS3 程序源代码清单：

```
<html>
<head>
<meta http-equiv="Content-Type" content="text/html; charset=gb2312" />
<style type="text/css">
#image-boarder{
margin:4px;
padding-left:16px;
padding-top:22px;
-moz-border-image:url(xue.jpg) 3 stretch stretch;
color:red;

}
</style>
</head>
```

```
<body>
  <div id="image-boarder">
  《静夜思》<br/> <br/>
   床前明月光<br/>
   疑是地上霜<br/>
   举头望明月<br/>
   低头思故乡<br/>
   --诗人李白<br/>
  </div>
</body>
</html>
```

➢ 运行效果如图 15-3 所示。

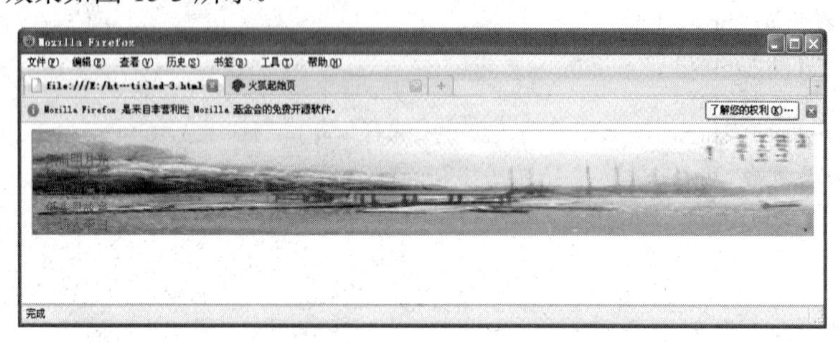

图 15-3　给 div 区域添加的彩色图像边框自动拉伸的效果图

➢ CSS2 与 CSS3 对比分析：

以上案例分别用 CSS2 和 CSS3 实现的效果有所不同，在 CSS2 中，当文字的高度超过背景图片的高度时，文字显示在背景图片的外面，而在 CSS3 中，当文字的高度超出背景图片时，背景图片自动拉伸，文字全部显示在背景图片上面。

因此，当 div 区域中的文字高度处于不断变化的状态时，使用 CSS2 样式表添加边框图像的操作相对来说就比较麻烦，而使用 CSS3 就不会有这种麻烦。

通过这个示例展示了 CSS3 解决了 CSS2 中难以解决的问题，CSS3 摆脱了现在界面设计中存在的许多束缚，从而使整个网站或 Web 应用程序的界面设计迈上一个新的台阶。

15.3　典型应用项目范例：CSS3 文字特殊效果制作

1．设计要求

有一个网站页面上需要显示文字阴影效果，但是设计员不懂 Photoshop 图片处理工具。

2．目标效果图如图 15-4 所示

图 15-4　网页文字阴影效果

3．基于目标效果图的设计分析

由于目标效果图中的文本有阴影效果，而CSS3中有用来设计文本阴影效果的功能，因此可以采用CSS3中的新功能来实现。

4．设计步骤

（1）利用Dreamweaver新建名为“15-3 css3 文字阴影效果.html”的文件，在文件源码中的<head>标签中利用<style>标签中添加一样式，在样式中利用text-shadow属性设计阴影效果。

➢ 源代码清单（15-3 css3 文字阴影效果.html）：

```
<html>
<head>
 <style>
     h1
     {
          text-shadow: 5px 7px 3px #FF0000;
     }
 </style>
</head>
<body>
     <h1>文本阴影效果！</h1>
</body>
</html>
```

➢ 源代码解释：

在<head>标签中为html页面中所有<h1>标签定义了一个样式，该样式设置了文本的阴影效果为：水平阴影的位置为5像素，垂直阴影的位置为7像素，模糊的距离为3像素，颜色为#FF0000。

➢ 目标效果如图15-4所示。

15.4 综合练习

一、选择题

（1）CSS3中专门添加了一个增加文字特效的属性（　），而且不止加阴影这种效果。

A．font-effect　B．text-shadow　C．h-shadow　D．v-shadow

（2）CSS3中可用属性（　）定义圆角表格。

A．font-effect　B．text-shadow　C．h-shadow　D．border-radius

（3）CSS3中可用属性（　）和（　）实现在文字下点几个点或打个圈以示重点。

A．font-emphasize-style　B．font-emphasize-position　C．h-shadow　D．border-radius

（4）在边框设置方面，可用（　）属性设置颜色并产生渐变效果。

A．border-color　B．border-radius　C．h-shadow　D．border-radius

（5）CSS3 中的（　）属性，除了支持 RGB 颜色外，还支持 HSL。

A．border-color　B．HSL colors　C．h-shadow　D．border-radius

二、填空题

（1）CSS3 在用户界面方面，可用_________属性，由用户自己调整 div 的大小。

（2）CSS3 在文字效果方面，可用_________属性设置文字投影。

（3）HTML5 有波浪线、点线、虚线等，还可对下画线的颜色和位置进行任意改变,对应属性有_________、_________、_________和_________。

（4）在 CSS3 中并没有采用总体结构，而是采用了分工协作的_________结构。

（5）在 CSS3 中用_________属性决定背景在盒模型中的初始位置。

附 录 A

表 A-1 标签列表与描述

标 签	描 述
<!--...-->	定义注释，注释内容不会在网页中显示，如<!--开发日期=2013-3-12；作者="谢英辉"-->。
<!DOCTYPE>	定义文档类型，<!DOCTYPE>声明位于文档中最前面的位置，处于<html>标签之前。此标签可告知浏览器文档使用哪种 HTML 或 XHTML 规范，该标签可声明三种 DTD 类型，分别表示严格版本、过渡版本以及基于框架的 HTML 文档，分别为 Strict、Transitional 以及 Frameset。 1．如果需要干净的标记，免于表现层的混乱，可使用此类型。与层叠样式表（CSS）配合使用，如： <!DOCTYPE HTML PUBLIC "-//W3C//DTD HTML 4.01//EN" "http://www.w3.org/TR/html4/strict.dtd"> 2．如果需要使用不支持层叠样式表（CSS）的浏览器，以至于不得不使用 HTML 的呈现特性时，可使用此类型，如： <!DOCTYPE HTML PUBLIC "-//W3C//DTD HTML 4.01 Transitional//EN" "http://www.w3.org/TR/html4/loose.dtd"> 3．Frameset DTD 应当被用于带有框架的文档。除 frameset 元素取代了 body 元素之外，Frameset DTD 等同于 Transitional DTD，如： <!DOCTYPE HTML PUBLIC "-//W3C//DTD HTML 4.01 Transitional//EN" "http://www.w3.org/TR/html4/frameset.dtd">
<a>	定义超链接，如网页中的单击某个主题跳转到另外的页面的操作，如<a href=http://www.sina.com.cn>转到新浪网</a>
<abbr>	表示一个缩写形式，比如"Inc."、"etc."。通过对缩写词语进行标记，能够为浏览器、拼写检查程序、翻译系统以及搜索引擎分度器提供有用的信息,如<abbr title="etcetera">etc.</abbr>
<acronym>	定义只取首字母的缩写，如：<acronym title="World Wide Web">WWW</acronym>
<address>	定义文档作者或拥有者的联系信息，如：<address>上海赢科投资有限公司 金桥开发区 789 号 </address>
<applet>	定义嵌入的 java applet 程序，不赞成使用
<area>	定义图像映射内部的区域
<b>	定义粗体字
<base>	定义页面中所有链接的默认地址或默认目标
<basefont>	定义页面中文本的默认字体、颜色或尺寸，不赞成使用
<bdo>	定义文字方向
<big>	定义大号文本
<blockquote>	定义长的引用
<body>	定义文档的主体
 	定义简单的折行
<button>	定义按钮（push button）
<caption>	定义表格标题
<center>	定义居中文本，不赞成使用
<cite>	定义引用（citation）

续表

标　签	描　述
<code>	定义计算机代码文本
<col>	定义表格中一个或多个列的属性值
<colgroup>	定义表格中供格式化的列组
<dd>	定义列表中项目的描述
<del>	定义被删除文本
<dir>	定义目录列表，不赞成使用
<div>	定义文档中的节
<dfn>	定义项目
<dl>	定义列表
<dt>	定义列表中的项目
<em>	定义强调文本
<fieldset>	定义围绕表单中元素的边框
<font>	定义文字的字体、尺寸和颜色，不赞成使用
<form>	定义供用户输入的 HTML 表单
<frame>	定义框架集的窗口或框架
<frameset>	定义框架集
<h1> to <h6>	定义 HTML 标题
<head>	定义关于文档的信息
<hr>	定义水平线
<html>	定义 HTML 文档
<i>	定义斜体字
<iframe>	定义内联框架
<img>	定义图像
<input>	定义输入控件
<ins>	定义被插入文本
<isindex>	定义与文档相关的可搜索索引，不赞成使用
<kbd>	定义键盘文本
<label>	定义 input 元素的标注
<legend>	定义 fieldset 元素的标题
<li>	定义列表的项目
<link>	定义文档与外部资源的关系
<map>	定义图像映射
<menu>	定义菜单列表，不赞成使用
<meta>	定义关于 HTML 文档的元信息
<noframes>	定义针对不支持框架的用户的替代内容
<noscript>	定义针对不支持客户端脚本的用户的替代内容

续表

标　签	描　述
<object>	定义内嵌对象
<ol>	定义有序列表
<optgroup>	定义选择列表中相关选项的组合
<option>	定义选择列表中的选项
<p>	定义段落
<param>	定义对象的参数
<pre>	定义预格式文本
<q>	定义短的引用
<samp>	定义计算机代码样本
<script>	定义客户端脚本
<select>	定义选择列表（下拉列表）
<small>	定义小号文本
<span>	定义文档中的节
<strike>	定义加删除线文本，不赞成使用
<strong>	定义强调文本
<style>	定义文档的样式信息
<sub>	定义下标文本
<sup>	定义上标文本
<table>	定义表格
<tbody>	定义表格中的主体内容
<td>	定义表格中的单元
<textarea>	定义多行的文本输入控件
<tfoot>	定义表格中的表注内容（脚注）
<th>	定义表格中的表头单元格
<thead>	定义表格中的表头内容
<title>	定义文档的标题
<tr>	定义表格中的行
<tt>	定义打字机文本。
<u>	定义下画线文本，不赞成使用
<ul>	定义无序列表
<var>	定义文本的变量部分
<xmp>	定义预格式文本，不赞成使用

表 A-2　可选属性表

属 性 名	可 取 值	功 能 描 述
align	left center right	规定表格相对周围元素的对齐方式为左对齐、居中对齐和右对齐。不赞成使用，请使用样式代替
bgcolor	rgb(x,x,x) #xxxxxx colorname	规定表格的背景颜色。三种表示法。rgb(x,x,x)：是计算机里表示色彩的一种方式，RGB 分别是红（red）绿（green）蓝（blue），值为 0～255，如 rgb（255，0，0）表色红色，不赞成使用，请使用样式代替 #xxxxxx：是 6 位 16 进制数表示颜色，如#ff0000 表示红色 colorname：是直接用颜色的英文名字表示，如 red 表示红色
border	pixels	规定表格边框的宽度
cellpadding	Pixels | %	单元边沿与内容之间的空白宽度，可用直接赋值和用百分比两种方式
cellspacing	Pixels | %	规定单元格之间的空白宽度
frame	void | above |below |hsides | lhs | rhs | vsides | box | border	控制表格外边框的显示与隐藏，只对表格的外边框起作用，对内部边、线不起作用。 above 只显示上边框，below 只显示下边框，vsides 只显示左、右边框，hsides 只显示上、下边框。lhs 只显示左边框，rhs 只显示右边框，void 不显示任何边框。Box 和 border 在所有四个边上显示外侧边框
rules	none | groups | rows | cols | all	表格内部分隔线的属性，规定内侧边框的哪个部分是可见的。 当 rules=cols 时，表格会隐藏横向的分隔线，只能看到表格的列；当 rules=rows 时，就隐藏了纵向的分隔线，只能看到表格的行；而当 rules=none 时，纵向分隔线和横向分隔线将全部隐藏，只能看到一个表格的外框了，all 全部显示
summary	text	规定表格的摘要描述
width	pixels | %	规定表格的宽度，可用直接赋值和用百分比两种方式
height	Pixels | %	规定表格的高度，可用直接赋值和用百分比两种方式

表 A-3　标准属性表

属　性	值	描　述
class	classname	规定元素的类名（classname），用于对表格设定样式
id	id	规定元素的唯一标识 id，相当于人的身份证号码
style	style_definition	规定元素的行内样式（inline style）
title	text	规定元素的额外信息（可在工具提示中显示）
dir	ltr | rtl	设置元素中内容的文本方向，ltr 代表左到右的排列方式。
lang	language_code	设置元素中内容的语言代码，如 lang="en-us"表示“美国英语”

表 A-4　事件属性表

属　性	值	描　述
onload	脚本	当文档被载入时执行脚本
onunload	脚本	当文档被卸下时执行脚本
onchange	脚本	当元素改变时执行脚本
onsubmit	脚本	当表单被提交时执行脚本
onreset	脚本	当表单被重置时执行脚本

续表

属　性	值	描　述
onselect	脚本	当元素被选取时执行脚本
onblur	脚本	当元素失去焦点时执行脚本
onfocus	脚本	当元素获得焦点时执行脚本
onkeydown	脚本	当键盘被按下时执行脚本
onkeypress	脚本	当键盘被按下后又松开时执行脚本
onkeyup	脚本	当键盘被松开时执行脚本
onclick	脚本	当鼠标被单击时执行脚本
ondblclick	脚本	当鼠标被双击时执行脚本
onmousedown	脚本	当鼠标按钮被按下时执行脚本
onmousemove	脚本	当鼠标指针移动时执行脚本
onmouseout	脚本	当鼠标指针移出某元素时执行脚本
onmouseover	脚本	当鼠标指针悬停于某元素之上时执行脚本
onmouseup	脚本	当鼠标按钮被松开时执行脚本

表 A-5　<th>可选属性表

属　性	值	描　述
abbr	text	规定单元格中内容的缩写版本，普通浏览器没有效果变化，屏幕阅读器才有
axis	category_name	对单元格进行分类，用于对相关的信息列进行组合
char	character	规定根据哪个字符来进行内容的对齐
charoff	number	规定对齐字符的偏移量
colspan	number	设置单元格可横跨的列数
headers	idrefs	由空格分隔的表头单元格 ID 列表，为数据单元格提供表头信息
nowrap	nowrap	不推荐使用。请使用样式取而代之。规定单元格中内容是否折行
rowspan	number	规定单元格可横跨的行数
scope	col | colgroup | row | rowgroup	定义将表头数据与单元数据相关联的方法
valign	top、middle、bottom、baseline	规定单元格内容的垂直排列方式，分别表示顶端对齐、中间对齐、与基线对齐
align bgcolor height、width	各属性的值相同于<table>标签中的相同属性	各属性的值设置的功能相同于<table>标签中的相同属性功能

参 考 文 献

[1] 叶青．HTML+CSS+JavaScript 实用详解．北京：电子工业出版社，2008.

[2] 赵辉．HTML+CSS 网页设计指南．北京：清华大学出版社，2010.

[3] 黄围围．HTML+CSS+JavaScript 标准教程．北京：电子工业出版社，2011.

[4] （英）Ben Frain．响应式 Web 设计：HTML5 和 CSS3 实战．北京：人民邮电出版社，2013.

[5] 张洪斌．网页设计与制作（HTML+CSS+JavaScript）．北京：高等教育出版社，2013.

[6] （美）Jon Duckett．HTML & CSS 设计与构建网站．北京：清华大学出版社，2013.

[7] 陈惠贞．网页程序设计 HTML • JavaScript • CSS • XHTML • Ajax（第三版）．北京：清华大学出版社，2013.

[8] （美）Jon Duckett．HTML、XHTML、CSS 与 JavaScript 入门经典．北京：清华大学出版社，2013.

[9] 高洪涛．HTML+CSS 网站开发兵书．北京：电子工业出版社，2013.

[10] 刘瑞新．网页设计与制作教程-HTML+CSS+JavaScript．北京：机械工业出版社，2013.

[11] 陈恒．HTML 与 CSS 网页设计教学做一体化教程．北京：清华大学出版社，2013.

[12] 刘智勇．HTML+CSS 开发指南．北京：人民邮电出版社，2013.